U0397274

WITTGENSTEIN ON
MATHEMATICS

维特根斯坦
论数学

Severin Schroeder

［德］塞弗伦·施罗德◎著

梅杰吉◎译

上海人民出版社

目录

1

第二部分　维特根斯坦的成熟的数学哲学（1937—1944）

序　言

本书旨在为维特根斯坦的成熟的数学哲学提供一个连贯的说明。正如呈现在《哲学研究》中的维特根斯坦后期语言哲学和心灵哲学在很大程度上比他在第一本书（《逻辑哲学论》）中发展的那些思想要更胜一筹一样——实际上，他的后期作品可以被看成是对他早期作品之缺点的一个更深入理解的结果——我认为，在维特根斯坦对数学的思考中类似的认知上的进步也可以被期待和发现。可以肯定的是，维特根斯坦自己把他的数学思想的巨大变化和发展当成是一个重要的进步：当 1944 年他被要求为一部传记词典修订一个关于他自己的条目时，他补充了这句话："维特根斯坦的主要贡献是在数学哲学领域。"（Monk 1990，466）与此相应，我将聚焦于他最深思熟虑的那些看法上，即聚焦于他在 20 世纪 30 年代和 40 年代成熟的哲学，而对他的早期看法只作简要描绘。

然而，虽然维特根斯坦认为他在数学上的工作相对来说是重要的，但他并没有成功写出像一本书的东西，或者对他在该领域内的思想作出一个全面且完善的表述。在《哲学研究》的序言（日期是 1945 年）中，他允诺了读者会对各种话题作出评论，其中就包括"数学基础"，但维特根斯坦后来改变了主意，他决定在另一卷中单独处理数学哲学。写作这样一本书的计划直到 1949 年依旧存在（MS 169，37），但从未被执行过。我们拥有的全部就是带有维特根斯坦数学哲学思想的一份打字稿和大量未修订手稿（或者手稿部分），这些材料的一个文集在维特根斯坦死后以《数学基础评论》为名出版。维特根斯坦后期的数学哲学能否称得上"呈现了相当于一个连贯立场的某种东西"（Potter 2011，135），有人曾怀疑过这一点。我将试图表明这种怀疑过于夸大了。虽然他的思想从未达到全面完工和彻底打磨的程度，他的一般看法是足够清楚的。在他的注意力转移到心灵哲学中的那些问题之后的某个时刻，鲁什·里斯（Rush Rhees）曾问他，他在数学方面的工作会变成什么样，他轻轻地回答道："哦，留给别人去做吧。"（Monk 1990，466）也许他自认为：他至少已经给出了对数学进行合理哲学说明的大纲，而他可以让其他人去充实细节。

不过话说回来，在维特根斯坦的数学哲学中，在被试验性地思考的不同答案之间无疑存在相当大的鸿沟、各种开放性问题和不一致性，而在一些关键看法之间甚至存在张力。因此，从他的评论中得出一个前后一致的数学哲学立场，就不止于一个诠释上的挑战，也包含哲学上的考量。哪些试验性或临时性评论要在解释上加以重视，哪些要被斥为表述粗糙或者死胡同，读者必须要作出决断。此外，在最有希望和最有说服力的那些评论依旧非常粗略的那些地方，就需要某种外推来把它们呈现为一个可信的立场（的一部分）。因此，我呈现的东西尽管总是跟随维特根斯坦的看法的一般主旨，但偶尔会在细节上超出那些看法。而既然我感兴趣的是一个可信的哲学立场，那我就不止于呈现维特根斯坦的看法，也要讨论和评价他

ix

2

的看法。总的来说，我发现我能够为维特根斯坦的观点辩护，主要依赖从他自己的评论中得出的论证，有时则诉诸我自己的额外思考。有时我仍旧不能被他的思考说服，于是便提出问题或者反驳。

维特根斯坦对哲学的兴趣似乎是在他学习工程学时遇到的数学问题使他开始反思数学哲学时才真正被唤醒的。他被逻辑主义的基础主义计划所吸引，1911 年在耶拿第一次拜访了弗雷格，然后在剑桥成为了罗素的学生（von Wright 1954，5—6）。他在《逻辑哲学论》中对数学的说明可以被当成是"没有集合的逻辑主义"（Marion 1998，21）的一种形式，而他后来的数学思想则（消极地）始于他对逻辑主义的批评和反驳。因此，似乎有必要先简要介绍一下逻辑主义和维特根斯坦对逻辑主义的反驳。他也反对数学哲学中的其他基础主义立场，比方说形式主义和直觉主义，但他对它们的批评性讨论在他思想的发展中起着不太重要的作用，这将会在呈现他的正面观点（形式主义）或者只是顺带提及（直觉主义）**以后**进行考虑。

为了完成这本书的预备部分，我将简要概述他早前思想的发展：首先是他在《逻辑哲学论》中对数学的看法；然后是他在 20 世纪 30 年代早期的中期思想。

第二部分尝试对维特根斯坦成熟的数学哲学给出一幅连贯的（虽然绝不是完整的）图画。这幅图画意在涵盖维特根斯坦立场的所有主要面相，但肯定无法包括他对哲学上有趣的数学问题的所有讨论。

《哲学研究》的作者认为语言本质上是嵌入人类生活之中并且由人类的需要和兴趣塑造的——这取代了《逻辑哲学论》中把语言视为水晶般逻辑纯洁性的一个抽象系统的看法（*PI* §107）——与此类似，后期维特根斯坦把数学当成一种"人类学现象"（*RFM* 399e）。一方面，他强调数学是一种人类活动——计算——而不是一种理论

（*BT* 749）。另一方面，他把这些计算的结果当成是（类似于）语法命题（*RFM* 162d）：作为我们对语言的使用的规范。这是维特根斯坦数学哲学的两个关键看法：对数学的**演算观**（calculus view）和**语法观**（grammar view）。前者支配了他在20世纪30年代早期的思想，而后者则成为了他20世纪30年代晚期和40年代最重要的思想，遮蔽了演算观，但从未完全取代它。给出对维特根斯坦后期数学哲学一个连贯说明的困难在很大程度上就是解决这两个看法之间明显张力的困难。

维特根斯坦对数学的人类学进路——把数学既当成一种活动，也当成针对其他活动的一个规范来源——显然使他成为了柏拉图主义的对立面（柏拉图主义的看法是：数学对象独立于我们而存在）。维特根斯坦在他的这个口号中表达了这种对立："数学家是发明者而不是发现者"（*RFM* I §168：99）。他的立场非常接近形式主义，但也存在来源于维特根斯坦对人类学维度的强调的一个至关重要的差异，尤其是：他坚持认为数学不仅仅是一个演算网络，而且本质上是带着如下这种看法被制造出来的一些概念和演算，即在数学之外要有（可能的）应用（*RFM* 257de）。

考虑到维特根斯坦哲学观念的总体（见Schroeder 2006，151—168），不用说，他回避任何种类的修正主义。他毫不隐讳地说，哲学"让数学如其所是"（*PI* §124），再者，在对他的讲演的预备评论中，他说"最重要的是不要干涉到数学家们"（*LFM* 13）。他只会在数学家们就他们的主题提出可疑的哲学主张的那些地方才会和他们意见相左。维特根斯坦似乎至少在一个例子中，即在他对集合论的严厉批评中，忽视了他自己的不干涉原则（见Rodych 2000；参Bouveresse 1988，47—51）。然而，正如他反复解释的那样，他挑错的不是实际的数学（集合论的演算）（*PG* 469—470，*LFM* 141），而是对它的哲学解释：集合论提供了对实际的无限总体（infinite totalities）的描述这个看法（参 Dawson 2016，326—332）。因此，在一次讲演中，针对希尔伯特的著名口号"没人能把我们从康托尔（Cantor）创造的那个［超限集合论的］天堂里驱赶出去"，他评论说他"并不梦想尝试把任何人从这个天堂里赶出去"——

> 我会尝试去做一些相当不同的事情：我会尝试向你们表明它并不是一个天堂——那样的话，你们就会自动离开。我会说："对此请自便，就看你自己了。"
>
> （*LFM* 103）

在维特根斯坦看来，集合论中并没有什么数学错误；只不过它是无意义的罢了：并没有真正为数学的其他部分提供一个基础，并且还缺乏任何真正的应用（*RFM* 260a，378bc）。不过，他并没有因此就否认集合论的数学地位［请罗迪奇（Rodych 2000，305—308）**原谅**］。因为，尽管他坚持认为：数学总体上需要数学之外的应用，但他也完全意识到：并非**每一个**数学演算都能被期望找到一个应用，更别说**立即**找到了（RR 132；*RFM* 399d）。

我要感谢汉诺克·本雅明（Hanoch Ben-Yami）、帕特里克·法瑞尔（Patrick Farrell）、西蒙·弗里德里希（Simon Friederich）、彼得·哈克（Peter Hacker）、菲利克斯·哈根斯特拉姆（Felix Hagenström）、沃尔夫冈·肯策勒（Wolfgang Kienzler）、菲利克斯·穆尔霍尔泽（Felix Mühlhölzer）、安东尼奥·斯卡拉夫纳（Antonio Scarafone）、哈利·涂曼尼（Harry Tomany）以及科斯明·瓦杜瓦（Cosmin Vaduva），他们评论了我一些章节的草稿，或者回应了我的一些问题。感谢布拉德·胡克（Brad Hooker）为我的工作张罗了一些基金。感谢卑尔根维特根斯坦档案馆的阿洛伊斯·皮希勒（Alois Pichler）让获得维特根斯坦手稿变得容易。我还要感谢一位匿名评论者，他提出了有用的批评和建议。我最要感谢卡伊·布特纳（Kai Büttner）和大卫·杜比（David Dolby），他们阅读了这本书的每一部分，他们的评论和讨论对我帮助极大。

这本书的一些部分基于我之前发表过的材料。第 6 章包含来自《作为语法规则的数学命题》（Mathematical Propositions as Rules of Grammar，2014）的一些段落。第 7 章来自《直觉、决定与强制性》（Intuition，Decision，Compulsion，2016）。第 8 章使用了来自《论对数学约定论的一些标准反驳》（On some Standard Objections to Mathematical Conventionalism，2017a）和《数学与生活形式》（Mathematics and Forms of Life，2015）中的材料。10.2 的一些段落首次出现是在《猜想、证明以及维特根斯坦数学哲学中的意义》（Conjecture, Proof, and Sense in Wittgenstein's Philosophy of Mathematics, 2012）中。

缩略语表

路德维希·维特根斯坦著作

AL   *Wittgenstein's Lectures* [《维特根斯坦剑桥讲演集（1932—1935）》]，*Cambridge, 1932—1935*, ed.: A. Ambrose, Oxford: Blackwell, 1979.

BB   *The Blue and Brown Books*（《蓝皮书与棕皮书》）, Oxford: Blackwell, 1958.

BT   *The Big Typescript: TS 213*（《大打字稿：TS 213》）, ed. & tr.: C.G. Luckhardt & M.A.E. Aue, Oxford: Blackwell, 2005.

CL   *Cambridge Letters: Correspondence with Russell, Keynes, Moore, Ramsey and Sraffa*（《剑桥书信集：与罗素、凯恩斯、摩尔、拉姆齐以及斯拉法的通信》）, eds.: B. McGuinness & G.H. von Wright, Oxford: Blackwell, 1995.

LFM   *Wittgenstein's Lectures on the Foundations of Mathematics*

Cambridge, 1939 [《维特根斯坦剑桥数学基础讲演集（1939）》]，ed.: C. Diamond, Hassocks, Sussex: Harvester Press, 1976.

LC   *Lectures and Conversations on Aesthetics, Psychology and Religious Belief*（《关于美学、心理学以及宗教信仰的讲演与谈话录》），ed.: C. Barrett, Oxford: Blackwell, 1978.

LL   *Wittgenstein's Lectures, Cambridge, 1930—1932* [《维特根斯坦剑桥讲演集（1930—1932）》]，ed.: D. Lee, Oxford: Blackwell, 1980.

LW I   *Last Writings on the Philosophy of Psychology. Volume I* [《关于心理学哲学的最后著作》（第一卷）]，eds.: G.H. von Wright & H. Nyman, tr.: C.G. Luckhardt & M.A.E. Aue, Oxford: Blackwell, 1982.

MS   Manuscript in *Wittgenstein's Nachlass: The Bergen Electronic Edition* [《维特根斯坦遗著集》（卑尔根电子版）中的手稿]，Oxford: OUP, 2000.

NB   *Notebooks 1914—1916* [《战时笔记（1914—1916）》]，ed.: G.H. von Wright & G.E.M. Anscombe, tr.: G.E.M. Anscombe, rev. ed. Oxford: Blackwell 1979.

PG   *Philosophical Grammar*（《哲学语法》），ed.: R. Rees, tr.: A.J.P. Kenny, Oxford: Blackwell, 1974.

PI   *Philosophical Investigations*（《哲学研究》），eds.: P.M.S. Hacker & J. Schulte, tr.: G.E.M. Anscombe; P.M.S. Hacker, J. Schulte, Oxford: Wiley-Blackwell, 2009.

PLP   *The Principles of Linguistic Philosophy*（《语言分析哲学原

理》）by F. Waismann [based on dictations by Wittgenstein]，London: Macmillan, 1965.

PPF "Philosophy of Psychology—a Fragment"（《心理学哲学片段》）, in *PI* [= "Part II" of previous editions]．

PR *Philosophical Remarks*（《哲学评论》）, ed.: R. Rhees, tr.: R. Hargreaves & R. White, Oxford: Blackwell, 1975.

RFM *Remarks on the Foundations of Mathematics*（《数学基础评论》）, eds.: G.H. von Wright, R. Rhees, G.E.M. Anscombe; tr.: G.E.M. Anscombe, rev. ed., Oxford: Blackwell, 1978.

RPP II *Remarks on the Philosophy of Psychology* [《心理学哲学评论》（第二卷）]，Volume II, eds.: G.H. von Wright & H. Nyman; tr.: C.G. Luckhardt & M.A.E. Aue, Oxford: Blackwell, 1980.

RR "On Continuity: Wittgenstein's Ideas, 1938" [《论连续性：维特根斯坦的看法（1938）》] [notes of Wittgenstein's conversations taken by Rush Rhees]，in: Rush Rhees, *Discussions of Wittgenstein*, London: Routledge, 1970; 104—157.

TLP *Tractatus Logico-Philosophicus*（《逻辑哲学论》）, tr.: D.F. Pears & B.F. McGuinness, London: Routledge & Kegan Paul, 1961.

WVC *Ludwig Wittgenstein and the Vienna Circle*（《维特根斯坦与维也纳学派》）, Conversations recorded by Friedrich Waismann, ed.: B. McGuinness, tr.: J. Schulte & B. McGuinness, Oxford: Blackwell, 1979.

Z *Zettel*（《字条集》）, eds.: G.E.M. Anscombe & G.H. von Wright, tr.: G.E.M. Anscombe, Oxford: Blackwell, 1967.

对引用《数学基础评论》（*RFM*）的一个说明

　　只有《数学基础评论》第一部分的评论是维特根斯坦亲自排序和编了号的（在 TS 222 中）。该书的其余部分是几位编辑从各种各样的手稿中选编出来的。他们的编号方式和维特根斯坦自己的编号方式有些不同：那些小节经常包含**一系列**的评论（有时 3 或 4 段，有时 13 或 14 段）；然而，维特根斯坦会给每段评论一个新的编号。因此，我只对第一部分采用小节号加页码的引用方式（例如：*RFM* I §162：98），对其他部分的引用则采用页码加段落字母的方式（例如：*RFM* 257de），这相比于从头到尾都引用部分与小节，既更加方便又更加准确。

第一部分

背　　景

1 数学的基础

数学哲学一直以来在很大程度上就是对数学**基础**的讨论，即对如下尝试的讨论，这些尝试旨在表明数学上的所有发展都真实可靠，旨在消除对未经证明的假设或者隐藏矛盾的任何担忧。关于数学哲学的论著往往包含三个主要部分，涵盖了为数学提供全新和更严格基础的三个主要流派：逻辑主义、形式主义和直觉主义。至少第一眼看上去，维特根斯坦的写作也不例外于这个潮流。当然，维特根斯坦《数学基础评论》这本书的名字是由三位编者［安斯康姆（Anscombe）、里斯（Rhees）以及冯·赖特（von Wright）］选定的，他们也对包含在这部维特根斯坦死后才出版的文集中那些评论的选编负责。不过，鉴于维特根斯坦对他自己著作的一些刻画，这个题目并非不恰当（参 Mühlhölzer 2010，1—10）。维特根斯坦《哲学研究》的序言承诺了对诸多话题的评论，其中就包括"数学基础"（最终他决定移除这部分而单独出版）。维特根斯坦 1939 年关于数学基础的讲演集的第一句话就是："我提议现在谈谈数学的基础。"（*LFM* 13）

另一方面，维特根斯坦的数学哲学的主要关注点之一就是要抵制任何一种基础主义方案：

> 数学需要一个基础为的是什么？我认为，它不需要一个基础，就像关于物质对象——或者关于感觉印象——的那些命题不需要一种**分析**一样。数学命题确实需要的是对它们的语法的一个澄清，就像其他那些命题需要这种澄清一样。
>
> 对我们而言，被称之为基础的那些**数学**问题并不是数学的基础，就像画出的岩石并不是画出的宝塔的基础一样。
>
> （ *RFM* 378bc）

4　　要是维特根斯坦对把他自己在该领域内的工作描述为关乎数学基础这一点没有疑虑（尽管他对逻辑主义、直觉主义或者形式主义这样的方案持反对态度），那无疑有一部分是因为他［作为逻辑主义领头羊之一的伯特兰·罗素（Bertrand Russell）的一位朋友和合作者］认为，为这样的基础主义尝试（尤其是逻辑主义）提供一个批评性讨论是重要的。然而，维特根斯坦经常在一个不同的意义上使用"数学基础"这个表达：因为恰恰是对数学表达的这种"语法澄清"会表明那种奠基方案是误导人的。[1] 因此，在《大打字稿》中，他写道：

> 必须要做的是描述演算——比方说，基数演算。这就是说，它的规则必须被给定，而借此算术的基础就被规定了。

---

[1]　维特根斯坦对"含义"（meaning）这个术语也展现出了同样的矛盾心理。在一位指称论者的意义上看待这个词（这由奥古斯丁的看法阐明了），他将含义问题斥为无关紧要："在此谈论的根本不是［含义］这回事，而只是'五'这个词是怎样被使用的"（ *PI* §1）。但随后他给出了含义作为用法的一个正面说明（ *PI* §43）。

把它们教授给我们，那时你就已经为它奠基了。

（*BT* 540）

而且，在出版为《哲学研究》"第二部分"的打字稿的最后一则评论中，他解释了"基础"（*Grundlagen*）这个表达的这种不同含义：

> 一种完全类似于我们对心理学的研究，对数学也是可能的。它不是一种**数学的**研究，正如我们的研究不是一种心理学的研究一样。它**不**会包含计算，因此它就不是形式逻辑之类。它也许有被称作"数学基础"研究的资格。

（PPF xiv）

本书的主要部分会被用来呈现和讨论维特根斯坦自己在后面这种意义上对"数学基础"这个表达的解释：作为对数学语言的角色和功能的澄清，以及对数学命题的含义与地位的澄清。不过，我首先会转到逻辑主义这项维特根斯坦最为熟悉的基础主义方案，在呈现和讨论维特根斯坦的反驳之前，简要刻画它的动机并对其基本看法给出一个大致的轮廓。维特根斯坦对逻辑主义——这正是他哲学上的父系人物弗雷格和罗素所持有的立场——的反驳，可以被视作为他自己的观点的发展清理了地基。还有两种其他关乎基础主义尝试的当代主要观点，不一致性证明据说所具有的重要性以及哥德尔第一不完备定理，维特根斯坦也对之加以讨论和批评。不过，在这些情况中，维特根斯坦的回应在很大程度上是他对数学的正面说明的一个必然结果，因此，我将只在本书的最后考查它们。

***

为什么会认为数学需要一个基础？这项基础主义方案的动机可能是（i）认识论上的或者（ii）本体论上的。我将依次简要考查它们。

（i）**认识论上的担忧。**莫里斯·克莱因（Morris Kline）将数学史描述为一场悲剧：数学家们在经历了最初的数学化各门科学——以阅读用数学语言写成的自然之书——的胜利之后，持续地感到"确定性的丧失"。因为，由于分析在 17 世纪的发展，

> 数学发展得不合常理。它的不合常理的发展不仅包括错误证明、推理中的疏漏以及稍加注意就能避免的无意的错误。这些错漏大量存在。这种不合常理的发展还包括对概念理解的不足，没有认识到所需的全部逻辑原理，以及证明的严格性的不足；这就是说，直觉、物理论证以及诉诸几何图表取代了逻辑论证的位置。
>
> （Kline 1980，5）

微积分曾经是物理学中一件强有力的工具，但它的那些概念被错误理解了，而且似乎是不合常理的。人们能够计算瞬时速率，即一个物体在时间为零的间距内的速度（这时这个物体实际上并没有移动），这个看法教人相当难以理解。

而且，在 18 世纪出现了关于无限序列的奇怪问题。请考虑下面这个饱受争议的计算无限数字序列之和的问题：

[S] $1-1+1-1+1-1\cdots$

一方面，可以说 S 必定等于 0，因为它能够被写成下面这样：

$$(1-1)+(1-1)+(1-1)\cdots$$

即括号中所有等于 0 的无限序列之和。

另一方面，它也能被写成下面这样：

$$1-(1-1)-(1-1)-(1-1)\cdots$$

由于 $-1+1=-(1-1)$，所以结果必定是 1，因为人们不断地从 1 中减去 0。

但是，通过运用同样的算术规则（根据该规则，括号前的减号反转括号里面的减号和加号），S 也能被重写成下面这样：

$$1-(1-1+1-1+\cdots)$$

因此：

$$S=1-S$$

于是得出 $S=1/2$（Kline 1980，142；Giaquinto 2002，6）。从这三个互相矛盾的结果中，似乎可以看出 18 世纪数学的某些重要部分包含不一致性。

为了应对这种概念上的困惑和公然的不一致性，19 世纪下半叶

7

的数学家们努力将数学建立在一个定义明确且严格的基础之上。基础主义计划来源于 19 世纪数学的严格化。因此，罗素将他把数学还原为逻辑的努力描述为对绝对确定性（这正是传统数学经常缺少的东西）的渴望：

> 我想要确定性就像人们想要宗教信仰。相比于其他地方，我认为这种确定性更有可能在数学中找到。但是，我发现我的师长们期望我接受的许多数学证明（demonstrations）都充斥着谬误。

> （Russell 1956，53）

逻辑主义计划有两部分：（1）表明所有的原始数学概念都能用纯粹逻辑术语来定义；（2）证明作为数学之基础的所有公理都可以通过证明从若干纯粹的逻辑原理推导出来。然而，尽管将所有数学都成功地还原为清晰的逻辑概念和规则，这的确会为数学提供我们所期望的那种确定性，但这并不是实现这一目标的必要条件。为了避免上面说的那种概念上的混淆和不一致性，数学家必须对他们的基本概念给出足够精确且严格的定义；但这并不意味着这些概念必须被还原为纯粹的逻辑概念。事实上，对分析的那些基本原理——这里正是概念问题与矛盾显得如此成问题的地方——所欲求的严格化主要是通过 19 世纪末卡尔·魏尔施特拉斯（Karl Weierstrass，1815—1897）的工作完成的：

> 魏尔施特拉斯的工作最终使分析摆脱了对动机、直觉理解以及几何概念的所有依赖，这些在魏尔施特拉斯的时代肯定是受到质疑的。

> （Kline 1980，177）

不过，这种必要的澄清和严格化并不要求或者包含任何一种逻辑主义还原论。换句话说，罗素对确定性的关注，让逻辑主义方案为何吸引他变得从心理学上来说可以理解，但这并没有提供令人信服的理由来认为该方案是必要的。

尽管如此，对不一致性的担忧似乎证明了为所有数学领域提供一个一致性证明的努力是合理的，于是有了大卫·希尔伯特（David Hilbert）的基础主义纲领。我将在第十一章中回到这一点。

（ii）**本体论上的担忧**。戈特洛布·弗雷格（Gottlob Frege）作为逻辑主义的创始人，他的相关写作早于罗素和怀特海（Whitehead）的尝试几十年，他受到一个相当不同的考量的激发。不像罗素，他似乎并不为现存的数学之缺少确定性而担忧。他主要的关切不是认识论上的而是本体论上的。[1] 在大多数情况下，他对（不管是初等数学还是在高等数学中的）计算或者证明结果的**确定性**都毫不怀疑，他怀疑的是我们对其**内容**的哲学理解：这些内容关乎数学命题的**真正含义**。介怀于数学家们引入他们的基本概念（尤其是关于数和运算的那些概念）时的那种哲学上的粗心大意，弗雷格写道：

> 所以［数学］科学并不知道要把什么思想内容归属到它的那些定理之上；它并不知道它的主题是什么；它对自己的本性一无所知。这难道不是一个丑闻吗？
>
> （Frege 1889，133）[2]

让弗雷格感到羞耻的是数学家们对"数是什么？"这个问题都不能给

---

[1] 尽管有时他也表达了认识论上的担忧（Frege 1884，xxi）.

[2] *Die Wissenschaft weiß also nicht, welchen Gedankeninhalt sie mit ihren Lehrsätzen verbindet; sie weiß nicht,womit sie sich beschäftigt; sie ist über ihr eigenes Wesen völlig im unklaren. Ist das nicht ein Skandal?*

出一个貌似可信的回答，这个问题被理解为要求对特殊种类的对象的确认："数字词所指示的对象是什么？"他毫不费力地表明，将数字词解释为心理或者物理实体名称的说法是不可信的。随后他小心翼翼地发展了他自己远为复杂的数作为抽象对象的看法，即作为等势（equinumerous）概念的集合。因此，在弗雷格看来，"7"这个符号就是由七个对象所具体化的所有概念的集合的名称。

有两点值得强调。首先，弗雷格的动机是哲学上的而不是数学上的。在大多数情况下，他似乎并不十分担心：缺乏恰当的基础可能会导致数学问题或者破坏数学研究的有效性。毋宁说，他旨在对数学研究内容之本性（*Wesen*）有一个更加深刻的（即哲学的）理解。

其次，弗雷格的数学哲学不偏不倚地立基于他关于语言的指称主义观念之上：这一看法认为，语词之所以有意义是因为它们是某物（对象或者概念）的名称。他对这个看法的天真信奉反映在他对"含义"（*Bedeutung*）这个词的使用——指称（reference），被指示的对象（the object denoted）——之上。在弗雷格看来，只有在含义是指称（或者含义是由指称决定的）这个假设之下，数学家们才无法对"'7'这个符号是什么意思？"这个问题给出任何可信的回答。相比之下，要是人们认为这个问题能够通过解释"7"这个符号的算术用法来回答（参 *PI* §1），那显然任何一位有能力的数学教师都至少能给出一个**大差不差**的回答（尽管提供一个精确且全面的**定义**可能更难——就如同其他普通概念的情况一样）。

2 逻辑主义

2.1 弗雷格的逻辑主义

弗雷格非常令人信服地将（存在多少个 F 的）数字陈述分析为关于一个概念的陈述（1884，§46；参 *RFM* 300c）。[1] 因此，下面两个命题的句法结构上的齐整性是具有欺骗性的：

（1）阿森纳一队是一些经验丰富的运动员（Arsenal's first team are experienced players）。

（2）阿森纳一队有十六名队员（Arsenal's first team are sixteen players）。

尽管"经验丰富"这个形容词刻画的是主语所指示的那些对象，但"十六"这个词——虽然它看起来占据着同样的形容词位置——并

---

[1] 对弗雷格的分析的反驳，请参 Rundle 1979，254—271。

没有刻画主语所指示的那些对象，它刻画的是（阿森纳一队的成员）这个概念。（1）说的是阿森纳一队的每一位成员都是经验丰富的队员；（2）并没有说一队的每一位成员是十六位（成员），而是说"阿森纳一队的队员"这个概念适用于十六人（Frege 1884，§45）。

　　这一评论可以被用来主张数起到二阶概念的作用（尽管这不是弗雷格的最终看法）：用来刻画其他概念的概念，用来说有多少东西落在那些概念之下。因此，它们可以被合理地当成是类似于形式逻辑中的存在量词，只是更加具体罢了。实际上，使用存在量词（以及由存在量词和否定定义的全称量词）[1]，数字陈述能够很简单地被形式化：

（3）

$\sim \exists x Fx$ 　　　　　　　　　　　　　存在 0 个 F。

$\exists x[Fx.(y)[Fy \supset x=y]]$ 　　　　　　　存在恰好 1 个 F。

$\exists x \exists y[Fx.Fy.x \neq y.(z)[Fz \supset [z=x \lor z=y]]]$ 　存在恰好 2 个 F。

以此类推。

而下一步，运用弗雷格式的洞见，我们可以相应地使用索引来定义数量词：

（4）

$\exists_1 xFx \quad =df \quad \exists x[Fx.(y)[Fy \supset x=y]]$

$\exists_2 xFx \quad =df \quad \exists x \exists y[Fx.Fy.x \neq y.(z)[Fz \supset [z=x \lor z=y]]]$

---

[1]　$(x)Fx = df \sim \exists x \sim Fx$

以此类推。[1]

然而，弗雷格并不满足于这样将数词分析为数量词，因为尽管这解释了数词的定语用法，比方说"有 7 栋房子"（或者，正如弗雷格说的那样，"7 这个数属于房子这个概念"），这并没有给我们提供"作为自存对象"（Frege 1884，§56）的数的一个定义。因此，我们有对像"7 栋房子"这样的表达的一种解释，而且我们也可以发展自然数序列，但是我们没有标准来决定尤利乌斯·凯撒（Julius Caesar）是不是也是一个数（用弗雷格的这个奇怪的例子）。

弗雷格确信数词是自存对象的专名，而我们必须为其指定同一性标准（1884，§62）。毕竟，数词也能出现在主语的位置上——比方说，"163 这个数是素数"而且它们也频繁出现在等式之中，而弗雷格将其解释为关于这些对象的同一性陈述：例如，"*7+5=12*"，这意味的是 *7+5 这个对象*等同于 *12 这个对象*（Frege 1884，§57）。

因此，数词的定语用法也应该被分析为同一性陈述。与其说"木星有四颗卫星"，像下面这样说更恰当（Frege 1884，§57）：

（5）木星的卫星数 =4 这个数。

换句话说，弗雷格不说 4 是木星的卫星这个概念的谓项，而是主张**等同于对象 4** 是这个数的谓项，而这个数是属于木星的卫星这个概

---

　　[1]　进一步发展这种分析，人们就可以提议将算术命题表达成逻辑真理，比方说，"3+2=5"就可以被重写成下面这样：

　　(7)　　　　　*[∃₃xFx . ∃₂xGx . ~ ∃x[Fx . Gx]] ⊃ ∃₅x[Fx∨Gx]*

维特根斯坦把对算术等式的这种分析归功于罗素（*WVC* 35，*LFM* 159，*RFM* 142—155），尽管这并没有直接出现在《数学原理》之中，在该著作中罗素用一个相应的集合论的分析取而代之（参 Marion 1998，230：n. 24；Mühlhölzer 2010，133—135）。

念的。

那数究竟是何种对象呢？它们是等势的那些概念的概念的外延（Frege 1884，§68）：

（6）*F* 的数量 =*df* "与 *F* 概念等势"的概念的外延。

11　　　　换句话说：

（8）*F* 的数量 =*df* 所有与 *F* 概念等势的概念的集合。

比方说，季节的数量属于下面这些概念的集合：**四福音书作者，甲壳虫乐队的成员，罗盘的基点，伯特兰·罗素的妻子，一副牌中的花色，埃塞尔沃夫王（*King Aethelwulf*）的加冕了的儿子**……简而言之，二这个数是所有适用于两个对象的那些概念的集合，三这个数是所有适用于三个对象的那些概念的集合，四这个数是所有适用于四个对象的那些概念的集合，等等。

在定义了"*F* 的数量"这个表达之后，弗雷格就能给出下面这个对一个基数的一般定义（Frege 1884，§72）：

（9）*n* 是一个基数（*Anzahl*），当且仅当存在一个 *F* 概念以至于 *n*=*F* 的数量。

但是，难道定义（8）不是循环吗？看起来好像是一个数的概念是由"等势"定义的，而"等势"恰恰意味的是：具有相同的数量。弗雷格预见到了这个反驳并且强调："等势"并不是由数来解释的，而是由一一对应来解释的（1884，§63）。毕竟，为了核实一张桌子上的盘子和餐刀是否是等势的，没必要去数一下它们：弄清楚每个盘子的边上放着一把餐刀就足够了（并反之亦然）（Frege 1884，§70）。

下一步，弗雷格定义了从 *0* 开始的特殊数字。显然，他的逻辑主义方案要求他的定义不使用任何经验概念（这些概念的外延是依情况而定的），比方说，英国国王或者哲学家的妻子们。于是弗雷格定义（Frege 1884，§74）：

（10）*0*=*df* **不与自身相等同**的概念的数量。

然后，弗雷格像下面这样定义了数之间的直接承继关系（1884，§76）：

（11）*n* 是 *m* 的直接承继者，当且仅当 *n* 是 *F* 概念的数量，并且 *x* 是落在 *F* 概念之下的一个对象，并且 *m* 是"落在 *F* 之下但不等同于 *x*"这个概念的数量。

最终，弗雷格呈现了像下面这样一种定义自然数的方式（Frege 1884，§77）：

（12）*1*=*df* 与 *0* 等同的概念的数量。
（13）*2*=*df* 与 *0* 或 *1* 等同的概念的数量。
（14）*3*=*df* 与 *0* 或 *1* 或 *2* 等同的概念的数量。

如此等等。

考虑到弗雷格的数是对象的假设，他要求对象的无限供应来定

12

义自然数序列。不过可以这么说，它们是些可以被当成是自动产生它们的承继者的抽象对象。此外，弗雷格能够为如此定义为没有终点的数列大致给出一个正式的证明（1884，§§82—83）。

2.2　集合悖论以及罗素的类型论

弗雷格主张从上述定义以及他认为是诸逻辑公理的一个特定的系统中推导出"基数的最简单定律"，在这些逻辑公理中有弗雷格的基本规则 V（Basic Law V），它允许一个概念过渡到它的外延（Frege 1893，1；I §20：36）。1902 年 6 月，罗素写信给弗雷格指出他的系统中的一个矛盾。他让弗雷格考虑"是一个不能谓指自身的谓词"这个（明显的）谓词，然后再考虑相应的关于外延或者集合的看法。既然询问一个给定的集合是否属于自身看起来是合法的，那你就可以——根据基本规则 V——定义（并因此确立）：

（15）R：所有不属于自身的那些集合的集合。

然而，要是你考虑这个集合 R 是否属于它自身，你就会得到下面这个被称为**罗素悖论**的矛盾：

（16）R 属于自身当且仅当 R **不**属于自身。（p iff ~p）[1]

---

[1]　举例来说，假设一位村庄理发师只给村里所有不自己刮胡子的男人刮胡子。那这位理发师给自己刮胡子吗？要是他给自己刮胡子，那他就不给自己刮胡子；要是他不给自己刮胡子，那他就要给自己刮胡子！不过，正如罗素所指出的那样，这只是一个近似的例子（Russell 1918，261），因为，和原初的悖论不同，这种情况可以有如下简单的解决，即这样的一个理发师必定是一个女人或者不存在，但是原初悖论中存在一个被正确定义的集合是不能被否认的。

这样的话，弗雷格的旨在为算术提供一个稳固逻辑基础的公理系统就出错了，因为它允许了对一个矛盾的证明（而从一个矛盾中你能推论出任何什么东西）。迫切需要找到一种方法来避免罗素悖论，要不然为算术提供一个逻辑基础的计划就必须得放弃。

就像维特根斯坦被建造和驾驶飞机的挑战吸引到工程学中一样，他被寻找罗素悖论解决方案的挑战吸引到哲学中来。早在 1909 年，当时维特根斯坦还在做他的引擎推进器实验，他就已经尝试过了，并把他的尝试解决方案寄给了罗素的朋友、数学家菲利普·茹尔丹（Philip Jourdain），但没有成功（McGuinness 1988，74—76）。

罗素自己在他的《数学原理》（1910—1913）中主张通过一种类型论（Theory of Types）来避免他的矛盾。对象和集合在类型的层次结构中排序：

> 类型 0：个体对象；
> 类型 1：对象的集合；
> 类型 2：类型 1 集合的集合；
> 类型 3：类型 2 集合的集合；等等。

集合的组成被如此限制，以至于一个集合的子项必须总是一个低一级的类而不是该集合自身。这样的话，一个集合属于它自身这种可能性就被排除了，因此罗素悖论也就不复存在了。

然而，考虑到集合组成的这个限制，当罗素开始用集合的形式给出他自己对数的定义的时候，他不能将数定义为**所有**等势集合的集合，而不理会其子项的类型（对应于弗雷格将数定义为等势概念的集合）。作为替代，罗素在由他的类型论定义的狭义"类型 0"的意义上，将数定义为等势**对象**之集合的集合，把集合排除在外了。

不过，这意味无限的数就需要无限的（类型 0）经验对象。所以罗素不得不依赖**无限公理**（Axiom of Infinity），该公理说世界上的（类型 0）对象的数量不是有限的。维特根斯坦有很好的理由对这个解决方案感到不满，因为即便无限公理为真，它肯定不是逻辑上的真，因此把它包含在《数学原理》中就挫败了该书为算术提供一个纯粹逻辑基础的雄心壮志。[1]

2.3 《逻辑哲学论》：没有集合的逻辑主义

维特根斯坦认为罗素的类型论应该"被一种恰当的符号系统理论弄得多余"（*CL* 24）；但更具戏剧性的是，虽然他对作为"一种逻辑方法"（*TLP* 6.234）的数学持逻辑主义态度，他还是继续反对弗雷格-罗素将集合理论作为算术基础的进路（*TLP* 6.031）。在他的第一本书（《逻辑哲学论》）中给出的对算术的说明中，集合的观念被**逻辑运算**的观念所取代。[2] 数被解释成运算的幂次，即符号过程的应用次数（*TLP* 6.02f.）。[3] 然而，对数学的逻辑重构在《逻辑哲学论》中占据极小的位置。当维特根斯坦重返剑桥的时候，他的主要兴趣似乎已经从数学的逻辑本性转到逻辑自身的本性上去了。

14

---

[1]　我们会在第三章回到这个批评。

[2]　罗迪奇（Rodych，2018，§1）正确地指出了《逻辑哲学论》对数学的说明并不是弗雷格或者罗素意义上的逻辑主义，"因为维特根斯坦并没有以弗雷格或罗素的方式'逻辑地'定义数，而重言式与真数学等式之间的相似性（或者类比）既不是同一性（identity）关系也不是可归约性（reducibility）关系"，但是，把它贴上一种（非还原的）逻辑主义标签看起来还是很自然的（Frascolla 1994，37；Marion 1998，Ch.2；参 4.1）。

[3]　对《逻辑哲学论》中的维特根斯坦数学哲学的一个一般性说明，见 Frascolla 2001，Ch.1。

3 维特根斯坦对逻辑主义的批评

维特根斯坦的写作、对话和讲演包含对（还原的）逻辑主义的六个主要反驳，我将依次考查它们。

3.1 数相等能被定义为一一对应吗？

请记住弗雷格（以及罗素）对数的定义中的关键看法：

（1）F 的数量 = G 的数量，**当且仅当** F 与 G 之间存在一种一一对应关系 ϕ。

1931 年，维特根斯坦在与维也纳小组成员的对话中就提出了对该步骤的如下反驳：

想象一下我有十几个杯子。现在我想要告诉你我有同样多

19

的汤匙。我该怎样做呢？

要是我想说，我给每一个杯子分配一把汤匙，那我并没有表达出说下面这话的意思，即我有正好和杯子一样多的汤匙。因此，我最好这样说，我能够把这些汤匙分配给这些杯子。"能够"这个词在这里是什么意思？如果我是在身体的意义上说的，这就是说，要是我意味的是我有体力将汤匙分配给杯子——那你就会告诉我，我们已经知道你能那样做了。我的意思显然是：我能够把那些汤匙分配给那些杯子，正是因为有正确数量的汤匙。但为了解释这一点，我必须预设数的概念。情况并不是一种对应定义了数；毋宁说，是数让一种对应成为可能。这就是为什么你不能用对应（等势性）来解释数。你一定不能用对应来解释数；你可以用可能的对应来解释它，而这恰恰预设了数。

你不能把数的概念建立在对应之上。

……

16　　当弗雷格和罗素尝试通过对应来定义数的时候，下面这话必须要说：

只有当对应**被制造出来**的时候，它才存在。弗雷格认为，要是两个集合有同样多的子项，那就已经也存在一种对应了……没有这种事！只有当我实际上把集合对应起来，这就是说，一旦我具体规定一种确定的关系，这个对应才存在。但要是在整个推理链条中意味的是对应的**可能性**，那这恰好预设了数的概念。因此，试图把数奠基于对应，这什么也没有得到。

（*WVC* 164—165）

在杯子和汤匙以及它们**靠在一起**的这种关系的例子中，说等势性就在于那种关系的存在，这显然是不正确的。那将意味的是，只有杯子和汤匙这样平摆在桌子上的时候它们才是相同的数量，而要是它们被放回到它们相应的橱柜中，它们就不再是等势的了。不，我们用等势性所意味的东西肯定是独立于对象在哪里以及如何摆放的。因此，要是我们意味的是空间上的对应，那我们就不能要求**实际的**对应，而只能要求**可能的**对应。

然而，在这个节点上，弗雷格和罗素会反驳，他们心中所想的不必是一种**空间的**或者物理上的对应（比如放在旁边）。是的，他们确实谈到一种实际的对应——谈到关联起两个集合的一种现存关系 φ（Frege 1884，§72；参 *LFM* 161）——但对他们来说，只要存在着一种仅依赖被牵涉进来的那些事物的属性而成立的关系（比方说，**具有相同的重量**）就足够了。但在杯子和汤匙的例子中，哪种现存的对应会是这种关系呢？也许陶器和餐具在一个特定的家庭中是个性化了的，那样的话，每一把汤匙和每一个杯子上面都有一个不同的家庭成员的名字。那么，我们的确可以说这个家庭里的杯子和汤匙是等势的，当且仅当它们由**具有同样的姓名标签**这种关系一一对应起来。但这显然不是我们能在所有情形下假定为真的事情。我们关注的往往是没有个性化特征（实际上是无法区分）的那些事物的数量，就像一套没有瑕疵的汤匙那样。罗素尝试克服这个问题，维特根斯坦写道，"和弗雷格一样，罗素用同一性（identity）关系越过了这个问题"（*LFM* 161）：

　　任意两个事物 a 和 b 之间都存在一种关系，且这种关系只存在于两者之间，即关系 x=a. y=b。（如果你用 a 以外的任何东西替代 x，或者用 b 以外的任何东西替代 y，那这个等式就是错误的，因此逻辑积也是错误的。）你可以把这推广到 2- 集合上：

$$ab \qquad\qquad c\,d$$
$$x = a\,.\,y = c\,.\vee.\,x = b\,.\,y = d$$

这样，你可以不断把它推广到任意子项数目的集合上去。于是，我们就得到了下面这样一个惊人的事实，即所有具有相等子项数目的集合就已经一一对应起来了。

（*LFM* 162；参 *PG* 356）

罗素主张你总是可以将一个列表变成一种属性——即属于那个列表的属性。因此，他写道，包含布朗（Brown）、琼斯（Jones）以及鲁宾逊（Robinson）这三人的集合可以由他们都占有的一个共同的属性来定义，而这个属性"不被整个宇宙任何别的东西占有，即要么是布朗要么是琼斯要么是鲁宾逊的属性"（Russell 1919，12—13）。与此类似，按照罗素的看法，你可以将两个集合子项之间任何可能的一一对应变成一种现存的关系。即便你对找到［比方说，在汤姆（Tom）和玛丽（Marry）之间］任何特定的相似性（或者不相似性）感到绝望，你总是可以将它们作为唯一一对处于 *x*= 汤姆 . *y*= 玛丽这种关系中的两个对象单独列出。而你要是需要一种关系，该关系专门一一对应起两个集合，比方说甲壳虫乐队和埃塞尔沃夫（Aethelwulf）的加冕了的儿子，那你只需要以同样的析取方式把它们相应的名称一一对应起来即可，即：

x= 约翰（John）.*y*= 埃塞尔巴德（Aethelbald）.∨. *x*= 保罗（Paul）.*y*= 埃塞尔伯特（Aethelbert）.∨. *x*= 乔治（George）.*y*= 埃塞尔烈德一世（Aethelred I）.∨. *x*= 林戈（Ringo）.*y*= 阿尔弗雷德大帝（Alfred the Great）

这种关系（即一个二元谓词 Rxy）只适用于下面这四对：

> 约翰，埃塞尔巴德
>
> 保罗，埃塞尔伯特
>
> 乔治，埃塞尔烈德一世
>
> 林戈，阿尔弗雷德大帝

因此，这就是为甲壳虫乐队与埃塞尔沃夫的加冕了的儿子之间提供了一种一一对应的关系。

　　维特根斯坦在 1931 年对这个步骤的反驳似乎基于如下根据，即他对同一性符号的使用还心存顾虑（*WVC* 165），正如在《逻辑哲学论》中所解释的那样（*TLP* 5.53ff.）。在 1939 年他更加有效地反驳道，把以这种方式对应起名称的可能性称为"现存的一种关系"，这是相当误导人的。这说到底说的就是约翰是约翰，埃塞尔巴德是埃塞尔巴德。这当真意味着这两者之间存在一种关系吗？（*LFM* 163）显然，"关系"这个词在这里是在人为扩展的意义上被使用的。这个词本身可能并不令人反感，但要记住以下要点，即一一对应是被弗雷格作为**同一性**的一个**标准**而引入的——该标准为作为对象的数服务——这就是说，作为告诉我们 x 和 y 是否数量相同的一种方式。正如卡伊·布特纳（Kai Büttner）所评论的，罗素设想存在的那种"外延关系"真正说来意味的只是：在这两个名称列表之间制造一种一一对应关系是**可能的**（Büttner 2016b，161—162）。因此，我们实际上可以同意维特根斯坦说的下面这句话，即在这些（我们找不到数量或者空间关联的）情况下："只有当对应**被制造出来**的时候，它才存在。"（*WVC* 165）

　　那么，接下来的问题就是：说把杯子和汤匙对应起来是**可能**

18

23

的，这是什么意思？维特根斯坦建议了三种回答。首先，这可以意味的是"我有把汤匙分配给杯子的体力"。这不消说，维特根斯坦反驳道。更严肃地来说，布特纳补充道，这会让数字陈述变得很主观（subjective）（Büttner 2016b，153），虽然可以通过把它变成下面这样一个一般性陈述来加以弥补，即**从人力上来讲**（*humanly*）是可能的。但是，说从人力上来讲是可能的，这话又排除了什么呢？好吧，我们不能在我们能对应起杯子和汤匙（通过把它们并排摆开）的意义上对应起杯子和星星（Waismann 1982，45）。但是罗素所谓的外延关系指明了一条出路：当我们处理笨重的、非空间的、历史的或者别的没有进路的那些对象的时候，我们赋予它们以名称，然后我们对应起这些名称的标记（tokens）。在任何情况下，体能在此明显不是我们感兴趣的东西。

因此，第二，对于说**可能**产生一种一一对应这话是什么意思，维特根斯坦提出一种更有关联的解读："我能把汤匙分配给杯子是因为有正确数量的汤匙。"然后进一步反驳："但为了解释这一点我必须预设数的概念"（*WVC* 164）。——的确，要是弗雷格试图用可能的一一对应来定义数量相同，那他最好不要用数量相同来解释一一对应的可能性——否则整个方案就会是循环的了。

稍早时候维特根斯坦这样表达他的反驳：

> 在罗素的理论中，只有一种**实际的**对应能够表明两个集合的"相似性"。而不是对应的那种**可能性**，因为这恰恰在于数量上的相等。
>
> （*PR* 140）

不过，弗雷格和罗素可能会接受这第二句话。一一对应的可能性意在成为数量相等的一个充要条件。因此，说汤匙和杯子能够被一一对应起来是因为它们数量相等（或者反过来说也一样），这当然是正确的。[1] 只不过正是出于弗雷格的定义的目的，我们必定不能用一一对应要去解释的东西来**解释**一一对应**它自己**。难道我们就找不到另一种——非循环的——对所需要的一一对应之可能性的解释吗？

维特根斯坦给出的第三个建议 [魏斯曼（Waismann）追随他支持这个建议] 是："**可能把杯子和汤匙对应起来**"意味的是**说**它们一一对应起来是**有意义的**（*makes sense to say*）（*PR* 141b；Waismann 1936，104；1982，50）。这就回过头来和构成《逻辑哲学论》基础的主要学说之一，即二极性原则（Bipolarity principle）关联起来了。根据该原则，要让一个命题是有意义的（meaningful），该命题必须是视条件而定的（contingent）：它必须可能为真，也可能为假。虽然在《逻辑哲学论》中这个原则是用来解释有意义性（meaningfulness）的，但这里似乎被用在一个相反的方向上：作为对可能性的一个解释。

然而，按照对"可能"的这种解释，就会有太多的对应是可能的。因为，当两个集合通过经验概念（而不是通过列表）被等同起来的时候，是否有同样数量的对象落在这两个概念之下，这是一件视条件而定的事。[2] 例如，可能有和马一样多的猫，或者多一些或者少一些——这是一件视条件而定的事。因此，根据两极性原则，"猫和马是一一对应起来的"这个命题是有意义的——它可以为真，

---

[1] 同样，在 *WVC* 164 的措辞中也存在种类对立（species opposition）："情况并不是一种对应定义了数；毋宁说，是让一种对应成为可能。"对应当然是由于数 [的一样性] 而可能的；不过，这也是人们为**什么**可以合理地给出如下建议的原因，即根据可能的对应来定义相同的数。

[2] 当然，除非它们不一致或包含数字限定词。

也可以为假。因此，在"可能"的这个含义上，把猫和马一一对应起来是可能的——这就是说，说它们是一一对应的是有意义的——即便（正如可能会发生的那样）猫比马要多得多（那样的话，对应起来的这个主张就恰好是错误的）(Waismann 1936，104)。

不过，正如布特纳所指出的那样（2016b，158），还有另一种人们可以解释"有可能在杯子和汤匙之间制造一种一一对应"这个陈述的方式。这个任务就是具体指出那些周边环境，其中实现一一对应是可能的——不用数的概念（这样就不会让对数的整个解释变成循环）。而这可以通过程序（反事实）条件句来实现：

> "有可能在 F 和 G 之间制造一种一一对应"**意味的是**："如果人们要把所有的 F 和 G 或者所有的 G 和 F 一一对应起来（不管是从物理上把它们并置在一起，还是从符号上把它们的名字并置在一起），那就不会有没被对应起来的 G 或者 F 剩下。"

换句话说，用"可能"这个词，我们并不想把体能上的不足排除在外；我们想排除在外的是一个集合的对象多于另一个集合的对象这种情况——但还不用数的概念。因此，反过来我们把下面这种情况描述为是排除在外的，即在这种情况中要是最大限度的对应做完了还剩下一个集合中没被对应起来的什么东西。

鉴于对对应之可能性的这种解释，在弗雷格的解释中就不存在循环，该解释将数的一样性（并且最终来说是数）理解为可能的一一对应。

与此相反，布德维恩·德布鲁因（Boudewijn de Bruin）认为，维特根斯坦的反驳成功指出了弗雷格的程序中的一个循环之处。他的关键主张是：要是我没有实际上把 F 和 G 对应起来，那我就只

20

能凭借知道它们的数量而**知道**它们能被对应起来（de Bruin 2008，365）。这是真的，但无助于维特根斯坦的论证，而且在我看来，对弗雷格的解释策略不构成问题（参 Büttner 2016b，172—173）。毕竟，为了理解可能的对应这个概念，我不一定要知道在任何给定的例子中它是否适用。最多我需要知道怎样发现它，而我不用知道数量就能做到这一点（正如已经解释过的那样）：通过产生一种一一对应。

在 1939 年讲演的某个时刻，维特根斯坦表明一一对应并不总是可能的（这也许正是德布鲁因心中所想的东西），这是真的：

> 一开始的时候你想到的是这些情况，在这些情况中对应就是标准。但是，如果对应行不通，这时就倒过来了：如果用如此这般的一个标准来衡量，它们的数量一样，那把它们对应起来这就是可能的。

（*LFM* 158）

没问题，但为什么对应是不可能的呢？

马里昂和冈田（Marion & Okada 2014）认为，维特根斯坦对弗雷格-罗素使用一一对应概念来定义数［他们称之为"形态论证"（modality argument）］的反驳，是和他的"可综观性论证"（surveyability argument）是紧密联系在一起的（参 3.5）。他们说，所有制造一种一一对应的标准"一旦数增长到足够大就逐渐消失了"（2014，72）。例如：

> 用画线对应起有三百万个元素的两个集合的时候，人们就不会有任何确定性……［因此，最终］人们别无选择而只能

27

数数。

（Marion & Okada 2014，72）

不过，马里昂和冈田只考虑了三种一一对应程序：替换，以我们熟悉的模式排列集合，以及画线。但正如已经指出的那样，还有通过名称间接对应的可能性。为什么这对于哪怕是相当大的集合来说是不可行的，这并不清楚。当然，在居间对应起有上**百万**个对象的集合时，错误很容易发生，但那时正如布纳特指出的那样，用这些非常大的数数数也变得不可靠（2016b，172）。

实际上，如布纳特所评论，数两个集合本身就是居间对应的一种方法（2016b，172）：你通过把 F 中的一个和 G 中的一个都和同样的计数词联系起来而把它们对应起来了。而不管在何处你能做到这一点，你就显然也能产生一种仍旧不是数数的对应：通过选择其他一些符号序列来作为关联中介。因此，你可以将一座教堂的钟声和安德鲁·马维尔（Andrew Marvell）的诗《致羞怯的情人》(To his Coy Mistress)[1] 中的词对应起来，然后对一片田里的羊也做同样的事。如果在两种情况下你都到"crime"这个词这里为止（假设这个词只出现一次），那你就表明了钟声和羊是等势的。

维特根斯坦能说下面这话来回应吗？即这实际上是把诗里的词用作我们的数字的一种形式。好吧，一旦这种程序变成了普通的操作，而我们学会了直接说出哪个词在前哪个词在后——比方说，"enough"小于"this"，但大于"but"——那这首诗里的词的确可以被当成是我们的数字序列。然而，只要还没有一首特别的诗被像一种惯例那样作为计数工具接受下来，那说羊群能够和《致羞怯的情

---

[1] 这首诗的第一句是："Had we but world enough, and time, this coyness, Lady, were no crime."。——译者注

人》里的词对应起来直到"crime"，这话除了赋予羊群以名称并把它们写在一张表上就什么也没说。但是，一张有 13 个词的列表并不是 13 这个数。[1]

总而言之，维特根斯坦对逻辑主义的第一个反驳失败了。因为一一对应的可能性不用诉诸数就能被解释，用可能的一一对应来定义等势性不必是循环的。

3.2 弗雷格（以及罗素）将数定义为对等集合，这并不是构成性的：这并没有提供确认数的一种方法

在弗里德里希·魏斯曼记录维特根斯坦的解释的笔记中，我们也发现了下面这则对数的逻辑主义定义的批评性讨论：

定义是路标。它们指示朝向证实的道路。
……

根据弗雷格-罗素的抽象原则，3 这个数是所有由三个东西组成的那些集合的集合。在此我们要问：这个定义指明了朝向证实的道路了吗？

我们是通过把这些椅子的集合和世界上其他所有由三个东西组成的那些集合相比较来证实"这里有 3 把椅子"这个命题

22

---

[1] 关于弗雷格-罗素基于一一对应对数的定义，维特根斯坦表达了另一个担忧，即这并没有告诉我们在一个给定的情况下什么要被算作是一一对应（*LFM* 156—160；参 Bangu 2016，§3）。这与其说是对引入一一对应程序（在这方面它并不比数数本身更成问题）的反驳，还不如说是对什么能够被恰如其分地称为算术的一个**基础**的一个建议：对应对象或者数对象的一种实际的技术〔正如几何学可以被说成是基于某种特定的测量长度的技术的（*LFM* 158）〕。

的吗？不！但是，要是我们不用以如此这般的方式证实就能理解这个命题的含义，那这个命题**本身**就必定已经包含所有必不可少的东西，而且对那些由三个东西组成的集合的援引就不可能和 3 这个数相关。

要是我问："这个房间里有多少把椅子？"，而我得到的回答是："和那个房间里的一样多"，那我就能正确地说："这不是对我的问题的回答。我问的是这里有多少把椅子，而不是我在哪里能找到同样的数量。"

罗素的定义恰恰没有做到最重要的事情。给出一个数必须包含获得该数的一种方法。而这正是那个定义所缺乏的东西。

（*WVC* 221）

维特根斯坦的论点是：在我们的数的概念和我们的计数技术之间存在一个概念上的联系。一个自然数从本质上来说是一次数数的结果。你是像这样得到 *3* 这个数的：通过数 *1*，*2*，*3*。换句话说，*3* 这个数是由它在计数的序列中处于第三位定义的。

想象一个部落的人不会数数，但是他们有一个词可以翻译为："可以和一只手的手指对应起来"。维特根斯坦的论点会是：这个词不会有和我们的 "5" 这个词一样的意义，它对我们意味的是：*4* 的后承者——这个表达是这个部落里的人所缺乏的。他们的表达相比于我们的数词从语义上来讲更加贫乏。

3.3　柏拉图主义

为弗雷格辩护的一个可能的回应是下面这样的，即尽管他对数的定义总体上并不是构成性的，但这应该和他后来对特定的数的定义一起来看待。

（8）F 的数量 $=df$ 所有与 F 概念等势的概念的集合。

（10）$0=df$ **不与自身相等同**的概念的数量。

（12）$1=df$ 与 **0 等同**的概念的数量。

（13）$2=df$ 与 **0 或 1 等同**的概念的数量。

（14）$3=df$ 与 **0 或 1 或 2 等同**的概念的数量。

（8）和（14）一起可以得出：

（17）$3=$ 所有与**等同于 0 或 1 或 2** 这个概念对等的那些概念的集合。

因此，尽管弗雷格对数的定义未能捕捉到我们的一个数的概念，但他对具体的数的定义列表可以被视为提供了维特根斯坦所要求的"朝向证实的路标"。因为这向我们表明了怎样通过把它们和抽象对象 0，1，2，$3\cdots$ 对应起来来数对象。因此，3 这个数似乎是由数到 2（从 0 开始数）这个结果定义的——这多少有点奇怪。这种奇怪之处当然是由于他的柏拉图主义的缘故：他坚持认为数是自足的对象，而不是计数的符号化手段。

弗雷格（以及罗素）将数等同于诸等势概念的集合（或者等势集合的集合）的怪诞之处在于：这赋予了数字词一个指称，而大多数有能力说话的人都会觉得这个指称很奇怪。你是一个熟练的算术学家，对数非常熟悉，但你还是可以从没想到过等势概念（或集合）的集合（或者群）。剑桥数学家蒂莫西·高尔斯（Timothy

23

31

Gowers）评论道，数"实际上是"特殊种类的集合，这"当然是荒谬的，而当被质问的时候，也许几乎没有人会说他们真的相信这一点"（Gowers 2006，189）。从一个数字陈述前进到弗雷格对这样一个陈述的分析可与下面这两步相比较：

（18）我喜欢羽衣甘蓝。

（19）我是所有喜欢羽衣甘蓝的人的集合中的一员。

（18）和（19）从逻辑上来说是相等的，这是真的，因此，一旦你引入了一个集合的概念，你就能从（18）得出（19）。然而，（18）本身并不包含一个群（或者集合）的概念。发现并且表达你对羽衣甘蓝的喜爱并不要求你想到其他人，即你把你自己看作是分享那种偏爱的一个无限大的人群中的一员。

同理，与弗雷格的分析相反，通过数数来弄清楚桌子上有七个苹果，这并不包含任何和宇宙中所有其他七个对象的集合相比较的看法。因此，这些不可计数的集合的集合就是"七"这个词所指示的那个对象，这个看法是高度人为的。[1]

实际上，数字词应该是对象的名称这个看法是有问题的，正如维特根斯坦在《哲学研究》的最开始所表明的那样：

现在请想象语言的下面这种用法：我派某人去购物。我给他一张写着"五个红苹果"的纸条。他拿着这张纸条去到店主

---

[1] 正如最先由保罗·贝纳塞拉夫（Paul Benacerraf 1965）以及后来由英迪沙–乌尔–哈奎（Intisar-ul-Haque）所指出的那样，整个20世纪，各种不同的、不对等的数的集合论定义被发展出来，它们都是皮亚诺公理（Peano's axioms）的令人满意的实例。但是："要是所有这些五花八门、十分冲突的定义都一样好，那显然数的定义就既不重要也不必需"（Intisar-ul-Haque 1978，55）。它们中没有一个可以被令人信服地认为是对理解数词的含义来说是必要的。

那里，店主打开标有"苹果"的那个抽屉；然后他在一张表格上查找"红"这个词并且找到和它相对应的一个颜色样本；然后他说出一串基数——我假定他把这些数字熟记于心——一直到"五"这个词，而且每数一个数他就从抽屉里拿出和样本颜色一样的一个苹果……——但"五"这个词的含义是什么？——这里谈的根本不是这回事，只是"五"这个词是怎样被使用的。

(*PI* §1)

正如后面几句话清楚地表明的那样，维特根斯坦在此将之驳斥为无关的含义概念的正是这种"关于含义的哲学概念"(*PI* §2)，这个概念稍早时候通过奥古斯丁的一句引文被引入：含义就是作为"这个词所代表的对象"而"关联到这个词上去"(*PI* §1b)。"五"这个数词所表示的那个对象——？"这里谈的根本不是这回事，只是'五'这个词是怎样被使用的。"

这不是对抽象对象存在之可能的一种否认。如果你乐意，你就去相信柏拉图式的理型**五**（Form *Five*）的存在吧。要点仅仅是下面这个，即在对语言的实际使用中，这样的哲学构造没有任何功用，至少在这种日常生活的层次上没有。关于数的柏拉图主义只是一位富于幻想的哲学家的消遣，是一个毫无意义的神话性修饰。

但是，难道我们不说数词代表的是数，而且像"*20 + 15 = 35*"这样的数学命题是关于数的一个陈述（*LFM* 112）？是的，我们可以使用这些表达式，但维特根斯坦解释了（关乎包含建筑材料的语词、数字词以及指示词的一个简单的语言游戏）将其当成具有本体论上重要意义的为何是错误的：

现在这种语言里的这些词**标示**的是什么？如果不是它们具

有的那种用法，还有什么东西想来能表明它们标示的是什么？而我们已经描述了它们的用法了。于是，我们要求"这个词标示**这个**"这个表达要成为该描述的一部分。换句话说，这个描述非得采用"这个词……标示……"这种形式。

当然，人们可以把对"板石"这个词的用法的描述压缩为如下陈述，即这个词标示的是这个对象。比方说，如果只是下面这么一回事的话，即要是有人认为"板石"这个词指的是我们事实上称为"方石"那种形状的石料，那我们就会这么做来消除这种错误观念——但是，"指涉"这个的那种方式（这就是说，剩下来对这些词的用法）是已知的。

同样，人们可以说，"a""b"等符号标示的是数字；如果这消除了（比方说）如下错误观念，即"a""b""c"在语言中扮演的角色实际上和"方石""板石""柱石"扮演的角色相同。而人们也可以说"c"意味的是这个数而不是那个数；如果这起到（比方说）下面这个作用，即这是用来解释这些字母是按照a、b、c、d等等而不是a、b、d、c的顺序被使用的。

但是，这样同化对这些语词的用法的描述，这并没有让它们的用法更加接近彼此。因为，如我们所见，它们的用法是完全不同的。

（*PI* §10）

语义解释纲要有让语言含义（linguistic meaning）显得比实际上更统一的倾向，尤其是，它们倾向于把一切事物都同化为语词指称的解释模式。但在数词的例子中，对"这个词标示（*bezeichnet*）的是那个数"这个表达形式的全部解释就等于，首先，这是有某种用法的一个词，即用来计数对象；其次，它在数词的序列中占据一个特定位置（比方说，在"*3*"和"*5*"之间）。

　　早前时候（在弗雷格的有价值的洞见的光照之下，即数字陈述说出了关于概念的某种东西）我主张将数当成（更具体的）量词是自然且合理的。这就是说，它们不仅可以和形式逻辑中的两个量词相比较，还可以凭借它们（往往是操作上的）模糊性（比方说"许多""很少""大部分""大多数""几乎没有任何"等等）和日常语言量词相比较。然而，谁会倾向于把"许多""几乎没有任何"解释为对象的名称呢（参 Benacerraf 1965，60）？

　　我也提到了弗雷格将数看成是自存对象的主要原因是：它们在数学中经常出现在一个句子，特别是等式的主语位置上，而等式似乎是关于对象之同一性的陈述。然而，这样的句法特征是对语义的不可靠的指导。举例来说，没有很好的理由把"天在下雨"(It is raining）的主语解释为一个行为者（agent）。而"鲸是哺乳动物"的主语并不是一个专名（Intisar-ul-Haque 1978，52）。此外，没必要将等式当成同一性陈述；它们可以很合理地被理解成替换规则，正如维特根斯坦在《逻辑哲学论》中所主张的那样（*TLP* 6.23）；它们可以像下面这样比较：

　　　　大部分 = 超过一半
　　　　经常 = 频繁地

维特根斯坦将要在他后期哲学中发展的对弗雷格的柏拉图主义的替代看法是："算术并不谈论数，它用数工作。"(*PR* 130）数词（不管它出现在什么句法位置）能够被解释为我们用来描述世界的语言手段，而不必扮演被描述的那些对象的名称的角色。

3.4 罗素对错误等式的重构并非矛盾式

正如早前时候简要地提到的那样，在罗素的逻辑主义方案中，等式被重构为逻辑真理。因此，"$3+2=5$"就被分析为下面这样：

$$（7）[\exists_3 xFx . \exists_2 xGx . \sim \exists x[Fx . Gx]] \supset \exists_5 x [Fx \lor Gx]$$

为了确定 $3+2=5$，我们就必须表明（7）是一个逻辑真理。不过，在维特根斯坦 1939 年的一次讲演中，他指出了等式和逻辑真理在含义上的一个明显的区别。如果一个正确的算术等式就是一个逻辑真理，那么一个不正确的等式就应该是一个逻辑错误：一个矛盾式。$4+3=9$ 这个算术命题不仅仅是有条件地为假，而且也是不一致的。然而，相应的逻辑公式：

$$（20）[\exists_4 xFx . \exists_3 xGx . \sim \exists x[Fx . Gx]] \supset \exists_9 x [Fx \lor Gx]$$

却是一个有条件的命题（*LFM* 284）。正如维特根斯坦解释的那样：

> 举"$\exists_4 xFx \supset \exists_5 xFx$"为例。这是一个矛盾式吗？当然不是。"（这个房间里有四个人）$\supset$（这个房间里有五个人）"说的是"$\sim$（这个房间里有四个人）$\lor$（这个房间里有五个人）"。"$p \supset \sim p$"并不是矛盾的。它说的只是 $\sim p \lor \sim p$，而这等于 $\sim p$。
>
> （*LFM* 284；记号有改动）

因此，（20）意味的是：

（21）如果恰好有 4 个 F 以及 3 个 G，并且不存在 FG，那么就恰好有 9 个 $F \vee G$。

但由于后件与前件不一致，（21）蕴含（imply）了对其前件的否定：

（22）情况并非如此：恰好存在 4 个 F 以及 3 个 G，并且不存在 FG。

假设"F"和"G"可以被任何谓词所替代，这就等于说：不存在两种属性，其中一种恰好被四个对象所拥有，另一种恰好被三个不同的对象所拥有。如果这是一个经验上的错误，那它就与相应的算术等式不协调，而该算术等式必然是错误的。

这和对《数学原理》的标准反驳之一有关（之前已经提及）。为了避免可能会从弗雷格的集合（或者外延）概念（这个概念对于他对数的定义至关重要）得出的那种不一致性，罗素引入了他的禁止多层集合之形成的类型论。这导致了他在对数的定义（该定义在其他方面与弗雷格的定义相似）中依赖于**诸对象**（这些对象肯定不包含集合）的集合的集合。于是乎，他就需要无限公理来向我们保证宇宙包含无限对象之供应，以此来定义无限多的自然数。没有无限公理，我们就会遇到一个没有后承者的自然数。正如罗素自己所承认的那样："我们还是会遇到如下可能性，即 [对某个 n 来说] n 和 $n+1$ 可能都是空集"（Russell 1919，132）。这明显让将算术还原为纯粹逻辑的逻辑主义方案化为泡影。无限公理并不是一个逻辑真理（参 TLP 5.535），实际上，它是否为真都不为人所知，它是一个超证

27

实的（verification-transcendent）宇宙论主张。这不仅等于在说：被建议的这种还原是不纯粹的（因为比起纯粹逻辑它包含了更多的东西）；这意味的是这种还原本身就是失败的。因为，就我们的自然数系统而言，每个数都有一个独一无二的直接的后承者，这是一个基本的定义上的特征，但这在罗素对数的定义中只是有条件地为真。因此，他的数的概念在逻辑内容上与算术上的数的概念明显不同。因此，这两种演算的认识论立场是非常不同的：算术上的立场是确定的，但罗素的重构完全可能导致错误，如果无限公理恰好是错误的话（Körner 1960，59—60；Waismann 1982，51—54）。

3.5 弗雷格和罗素将求和形式化为逻辑真理，这不可能是奠基性的，因为这预设了算术

维特根斯坦对罗素试图将等式分析为逻辑真理的主要反驳是下面这个：

一个算术命题的正确性绝不是由该命题是一个重言式来表达的。在罗素式的表达中，3+4=7（比方说）这个命题能够以如下方式呈现：

$$(\exists_3 x)\varphi x \,.\, (\exists_4 x)\psi x \,.\, {\sim}(\exists x)\varphi x \,.\, \psi x: \supset :(\exists_7 x).\,\varphi x \lor \psi x$$

现在，人们可能会认为对这个等式的证明在于这一点：写下的这个命题是一个重言式。但是，为了能够写下这个命题，

我必须**知道**3+4=7。重言式整个是算术的一种应用而不是它的证明。

（WVC 35；参 106）

　　如果某个表达式是重言式的话，那这个计算就成立。然而，**它是不是**重言式，这要预先假定一种计算。——在有一千个子项的情况中，情况是怎样的，这一点都不明显。

（LFM 159）

维特根斯坦在这些段落中对"重言式"这个词的使用有一点奇怪。28这个词显然不能在它标准的现代含义上来理解，因为所讨论的公式不属于命题演算。维特根斯坦的意思必定是：逻辑真理，或者能够在罗素的演算中得出的公式（Mühlhölzer 2010，134—136）。

　　维特根斯坦否认人们可以通过证明"$(\exists_3 x)\varphi x . (\exists_4 x)\psi x . \sim(\exists x)\varphi x . \psi x : \supset : (\exists_7 x). \varphi x \lor \psi x$"这个逻辑公式是一个逻辑真理或者是罗素系统中的一个定理来证明3+4=7。当然，就目前情况来看，我们甚至都不需要证明这个逻辑公式。我们看一下数量词的索引词并且运用我们3+4=7的基本算术知识就能很容易地得出这是一个定理。因此，我们使用我们的基本算术知识来证明逻辑公式，而不是反过来。

　　但难道我们就不能在罗素的演算中证明这个逻辑公式吗？为此，我们必须写出具有3个和4个不同变量的存在量词序列的前件，然后从中推导出具有7个不同变量存在量词的后件。（因为从前件得出后件就等于是对条件句的一个证明。）因此，从包含变量 x，y，z 以及 x，y，z，s 的一个公式中，我们可以得出包含变量 x，y，z，s，t，u，v 的一个公式。但这怎么就是3+4=7的一个证明呢？更令人

39

心酸的是，一个有 700 个不同但没有编号的变量的公式如何向我表明 *300+400=700*？

当前两个括号里有一百万个变量，第三个括号里有两百万个变量的时候，我愿说，并不是逻辑强迫我接受形如 (∃)(∃)⊃(∃) 的一个命题。我想要说：在这种情况下，逻辑根本不会强迫我接受任何命题。是**别的**什么东西强迫我接受这样一个命题，以便和逻辑相一致。

（*RFM* 155b；参 144—145）

首先，要是我们允许自己来**数**两边的变量，那这就不会是一个计算。请记住：算术（比方说，加法）的要点就在于你**不需要**数这一大堆，而是从计算中得出结果。这是维特根斯坦的反驳的第一部分：算术不仅仅是真命题的一个范畴，它还是一种计算方法。但我们不能用逻辑来计算（*LFM* 265，285）。通过在一个条件句的两边各包含一定数量的变量，逻辑可能会允许我们构建并推导出与算术等式相对应的公式，但它并没有告诉我们这些数是什么。在一次讲演中，维特根斯坦给出了为曼彻斯特（Manchester）和利物浦（Liverpool）的人口提供伙食的例子。假设你知道曼彻斯特有 530000 个居民，利物浦有 467000 个居民。

如今，罗素对此是怎么说的呢？他说：为了给曼彻斯特和利物浦提供伙食……你要为所有要么是利物浦要么是曼彻斯特的居民提供伙食。

（*LFM* 274）

真是谢谢你了！

其次，即便数数当真仅被还原为逻辑。在用划线做记号的情况中，我们可以通过把左边的每一道线和右边的每一道线连接起来，尝试诉诸一种几何证明。但是，首先，在一个逻辑演算（比方说《数学原理》）中，没有任何这种东西是可能的。其次，这更像是一个实验而不是一个证明。正如维特根斯坦解释的那样：

> 现在，让我们想象这样的基数，它们被解释为 1, 1+1，(1+1) +1, ((1+1) +1) +1，等等。你说引入了十进制系统中的数字的这个定义只是出于方便的缘故；70300×40000101 的计算也可以用这种冗长的记号系统来做。但这当真吗？——"当然是真的！我肯定可以用一个记号系统写下（构造）一个计算，该记号系统对应于十进制记号系统中的那个计算。"——但我怎么知道它们是对应起来的呢？好吧，因为我是用一种既定的方法从另一方中得出这个记号系统的。——但是现在，要是我半小时以后再打量它，它就不会改变吗？因为它并不是可综观的（*übersehbar*）。

（*RFM* 144—145）

这是维特根斯坦对把计算还原为逻辑真理的逻辑主义看法的核心批评。一个证明必须得是**可综观的**（*RFM* I§154：95）。维特根斯坦这话的意思并不是说证明必须有可能一把抓，而只是意味的是它必须能很容易被复制并且被重新辨认[1]：

---

[1] 参 10.1。对维特根斯坦的可综观性（surveyability）概念的一个更详细的讨论，请参 Mühlhölzer 2006；Baker & Hacker 2009，347—349；Marion 2011；对一个多少有点不一样的看法的讨论，请参 Büttner 2016a。

     "一个数学证明必须是透明的（*übersichtlich*）。"只有在对一个结构的复制是一件很容易的事情的时候，这个结构才被称为一个"证明"。带着确定性去决定是否我们当真能再次拥有这同样的证明，这必须是可能的。证明必须是这样一种构造，对这种构造的准确复制是可以确定的。

（ RFM 143a ）

为了能够说我们证明了 *X* 等于 *Y*，*X* 和 *Y*（以及中间步骤）必须能够被可靠地再度识别出来。因此，为了证明 *300 + 400 = 700*，我必须首先有对这些数的可运用的概念。然而，在划线记号系统的情况中，我只是干看着一些非常长的一排排的划道。我也许是通过在两个这样的集合之间划线来让自己确信它们是等势的，但由于我不知道两者中任何一个的数目，我就不能把这个结果运用到将来我可能会碰到的那些对象的其他集合上去。这个结果是不可转移的：我只知道这张纸上这些特定的划道的集合和那个是等势的。这是关于物理对象的一个实验，而不是一个数学证明。与此相反，*300 + 400 = 700* 的一个证明要求我能够很容易地复制在讨论中的这些符号，并且知道怎样运用它们。

    因此，维特根斯坦认为缩写可以是基本的数学工具，而不仅仅是出于方便的琐碎约定（*RFM* 144ab）。要是在一个系统（比方说，划道数学）中，不能够**可靠地**执行、复制并且检验某些种类的运算，那对一个新的记号系统［比方说，按位记数系统（positional number system）］的引入就是一个实质性的数学革新（若这个新的记号系统允许我们带着轻松且实际操作上的确定性来执行和复制这样的运算）：某种并没有包含在原始系统中的实质性的新东西。与此类似：

如果你有像罗素那样的一个系统，并且以合适的定义的形式从中制造出像微分学这样的系统，那你就制造了一点新的数学。

（*RFM* 176e）

而即便你后来能够把新系统中的一个证明翻译回原初的、未经缩写的系统（该系统有成百上千个划道或者变量）中一个令人头疼的长版本，也并不意味着长版本干了这事或者提供了一个基础。与此相反：

一个缩写的程序告诉我什么**应该**从未经缩写的程序中流淌出来。（而不是相反。）

（*RFM* 157b）

简而言之，逻辑主义还原作为对算术给出一个认识基础的一种尝试，它最终被表明是循环的。正如王浩（Hao Wang）所说的那样：

我们之所以能够看出这［对算术等式的一种逻辑主义重构］是一个逻辑定理，这恰恰是因为我们能够看出相应的一个算术命题是真的，而不是相反。

（Wang 1961，335）

用马修·马里昂（Mathieu Marion）的话来说：

为了理解逻辑真理，人们恰恰必须要引入算术知识，而这正是要被逻辑真理证明为真的东西。

（Marion 1998，230）

43

我们使用数量词或者计数变量来确认如此这般的一个罗素式的逻辑真理。要是我们后来试图通过用纯粹逻辑概念来表达所有的算术概念（包括数的概念），以此来扩展这样的逻辑真理，那么，结果很快（即便是对于两位数）就会变得如此不可综观以至于它不再是任何东西的一个证明。[1]

3.6　即便我们（为了论证方便）假定所有算术都能在罗素的逻辑演算中再现，这也并没有让后者成为算术的基础

无关乎我们已经考虑过的所有反驳，假设《数学原理》提供了一种有效的演算，该演算的那些定理准确再现了算术计算之结果——那它为何从认识论上来说被认为是高于普通算术的呢？我们现在只是有了两个对等的演算：为什么其中一个被认为是更加基础呢？（*LFM* 265）——这里的想法在于，当然是罗素的演算在某种意义上更好，因为它是逻辑，而逻辑被认为是"其他一切事物的基础"（*LFM* 266）。

维特根斯坦对这个观点的反驳有两个原因。首先，我们的逻辑推演并不比我们的数学推演更少出错。

> 我们倾向于认为，**逻辑**证明具有一种独特的、绝对的说服

---

[1]　塞巴斯蒂安·冈东（Sébastien Gandon）为罗素辩护说，联结逻辑演算与算术的那些定义本身可以被当成是逻辑的一部分（Gandon 2012，184），但这如何能够相当于对如下批评的一个反驳，即在罗素的演算中对应于一个算术等式的那东西并没有为那个等式提供一个证明，这对我来说并不清楚［参马修·马里昂对马克·斯坦纳（Mark Steiner 1975）试图为逻辑主义辩护的反驳（Marion 1998，234—235）］。

力，它来自逻辑的基本规律以及推理规则的无条件的确定性。然而，以这样的方式被证明的那些命题，毕竟不会比这些推理规则被**运用**时所具有的那种正确性更加确定。

（*RFM* 174e）

我们对作为"最纯粹的水晶般的"（*PI* §97）永恒规律的逻辑领域可能有一个理想化的意象，但这样一个半柏拉图式版本并没有在逻辑演算中赋予我们实际的推演以任何超人类的（super-human）确定性。毕竟，每一个演算都是由其程序规则和诸定义来设立正确性标准的，而我们对这些规则的一个既定运用之正确性的判断总是难免出错（尤其是当情况变得很复杂的时候），但实际上来说却是不容置疑的（当我们把它分解为基本步骤的时候）——独立于它是否是关于量词、连词以及谓词的一种演算，还是关于数和运算的一种演算，还是关于 64 个方块的棋盘上木头棋子的某些运动的一种演算。

其次，没必要将数学还原为逻辑，因为数学同样**就是**逻辑。

我们可以在说逻辑命题是思想规律的同样意义上，说算术命题也是思想规律。

（*LFM* 267）

在某种程度上，算术确实就是逻辑，而且逻辑也是算术。

（*LFM* 268）

这就是说，形式逻辑和算术都会给予我们对语言表达式之变形的合法、保真的规则。正如假言推理允许我们从两个给定的命题过渡到

第三个命题，一个等式也允许我们从一个数字陈述过渡到另一个数字陈述，比方说，从

我有 12 块三明治。

过渡到：

我有能让 6 个人每人吃 2 块的三明治数量。

形式逻辑和算术之间的区别仅仅在于它们为不同的语言表达式的组别提供规则：在一种情况下是"所有""有些""非""和"等等，而在另一种情况下是"1""2""3""4""加""减去""分布"等等。形式逻辑和算术都不覆盖整个语言。形式逻辑就非逻辑术语间的所有分析性关系无所说，但基于分析性关系的那些推理，依然可以和基于假言的那些推理一样具有逻辑性和强制性。

因此，我们大致上可以区分出三组逻辑推理：

（i）能被系统地整合进形式逻辑的那些推理；
（ii）能被系统地整合进算术的那些推理；
（iii）不能被系统地整合的那些推理。

33　　下面是（i）组的一个例子以及相关规则的一个抽象表达形式：

（23）约翰要么在卡迪夫（Cardiff）要么在斯旺西（Swansea）。他不在卡迪夫。所以他在斯旺西。

（24）p∨q, ~p⊢q

同样地，对于（ii）组：[1]

（25）我有 12 块三明治，因此，我有能让 6 个人每人吃 2 块的三明治数量。

（26）12÷6＝2

而第（iii）类的一个例子是：

（27）约翰是一个单身汉，因此他未婚。

现在，逻辑主义不应该被描述为下面这种尝试，即表明算术就是逻辑（即转化表达式的一种演算或者受规则制约的一个系统）。当然是这样的。小学教师从数和算术运算符的初级定义和实际阐释来解释算术等式如何随之而来（参 *PI* §28）。毋宁说，逻辑主义试图表明形式逻辑的那些规则也足以整合基于数和算术术语之使用的那些逻辑推理。这会在某种程度上证明数学推理是正确的吗？不会，我们的数学推理不需要被证明为正确。它的推理和计算的每一小块都与形式逻辑中的推理和计算一样确定（*BT* 584—585）。收获仅仅是一种经济上的收获。它无疑也提供了一定的满意度以及结构上的洞见，能够表明一个复杂的规则系统怎样能从一个非常小的数目的基本规则中推导出来。因此，看到所有的真值函项都能以单一

---

[1]　维特根斯坦对数学及其应用之间的关系的看法将在第二部分详加探讨。

的形式来定义：谢费尔竖线（Sheffer stroke），或者联合否定（joint negation）（正如维特根斯坦在《逻辑哲学论》中所使用的那样），这是很有趣的。但是，仅以联合否定的形式重新定义我们熟悉的合取、析取以及条件的真值函项，这并没有让我们对命题逻辑的演算变得比以前更加**确定**。

　　（也不能这么说：只有一种最大限度的形式逻辑的经济演算才会让我们真正理解相关的逻辑推理。远非如此。公理的经济性的获得是以即便是最单调乏味的推理层面上相当大的复杂性为代价的。因此，要是我们用唯一的真值函项来表达即便是十分初级的逻辑推理的话，那这些推理的清晰性和自明性就丧失了。）

34　　同样，把算术成功还原为形式逻辑以及集合论，在表明两种逻辑推理领域之间的联系方面当然是令人感兴趣的，但这一点儿也不会增加算术的确定性和可靠性，算术本身就是一种逻辑演算，它的每一小块都和形式逻辑中的演算一样清楚且可信。

4 维特根斯坦数学哲学的发展：
从《逻辑哲学论》到《大打字稿》

4.1 《逻辑哲学论》

尽管在《逻辑哲学论》中对数学的讨论非常简短——只有两页——但它包含了维特根斯坦后期写作的许多关键看法的萌芽。在维特根斯坦的早期写作中，他就已经把数学当成逻辑来看待了："数学是一种逻辑方法。"（*TLP* 6.234）因此，如前一章结尾所提到的那样，他认为无需将数学**还原**为逻辑（就像弗雷格和罗素尝试去做的那样），因为，数学就目前来看已经**是**一种逻辑了。而从一种认识论的观点来看，无需将一种逻辑演算翻译为另一种。维特根斯坦用同样的方式反复刻画逻辑和数学：

- 逻辑命题、重言式无所说（*TLP* 5.142，5.43，6.11）；它们没有意义，它们不表达思想；正如数学命题不表达一个思想

49

一样（*TLP* 6.21）。

- 世界的逻辑既（通过重言式）反映在形式逻辑之中，也（通过等式）反映在数学之中（*TLP* 6.22）。

- 在逻辑和数学中"过程和结果都是等价的"（因此不存在令人意外的东西）（*TLP* 6.1261；*NB* 24.4.15）。

- 在逻辑中，每个命题都能以对它自身的证明的形式呈现（*TLP* 6.1265），"人们仅从符号就能认出［逻辑命题］为真"（*TLP* 6.113）；同理，每一个数学命题都必须是自明的（*TLP* 6.2341），对它们的正确性的确定不用和任何事实相比较（*TLP* 6.2321）。

- 逻辑常项不指示逻辑对象（4.0312，5.4）；数字符号同样不指示数学对象（*NB* 14.2.15）。

- 逻辑命题起到从其他经验命题得出经验命题的推理规则的作用（*TLP* 6.1201, 6.1264）：而"我们使用数学命题仅仅是为了从不属于数学的命题推导出其他同样不属于数学的命题"（*TLP* 6.211）。

36　　从这个列表中我们能够得出对数学命题的三个最基本的刻画——和重言式一样（参 *NB* 19.10.14）——它们是：

（a）非描述性的，

（b）自证的（至少当被清晰地呈现时），

（c）转换经验命题的诸规则。

这些核心观点为维特根斯坦 1929 年回归哲学时的数学思想提供了起点。此外，我们还将看到，《逻辑哲学论》的学说中的以下信条在他后来的思想中继续发挥作用：

- 意义必须是确定的（*TLP* 3.23）。

- 每一个命题都有一种完全的分析（*TLP* 3.25）。

- 内在关系不能够用有意义的命题来表达（*TLP* 4.122）。

- 如果一个问题能够被提出，那它也能够被回答（*TLP* 6.5）。

4.2 从《哲学评论》(MSS 105—108：1929—1930) 到《大打字稿》(TS 213：1933)

维特根斯坦手稿和打印稿中的数学思想的发展（这些手稿和打印稿在他死后以《哲学评论》为题于 1964 年出版），可以被看成是受到对重言式和等式之间差异的认识的刺激并且很可能是由之触发的。[1] 尤其是，维特根斯坦撤回了上面的（b）主张，根据该主张，等式和重言式一样都是自证的。[2] 在逻辑中，证明严格来说并不是必需的（*TLP* 6.1262）；在一个恰当的透明记号系统中，一个重言式就会变得如此容易识别。至少在命题演算中，由演绎规则得出的证明能被真值分析所取代（*TLP* 6.1203）。维特根斯坦想来是希望对谓词演算也找到类似的方法。相反，在数学中，逐行证明（或者计算，比方说解二次方程）似乎是不可或缺的。

更为重要的是，逻辑命题应该完全是不必要的（*TLP* 6.211）。的

37

---

[1] 对维特根斯坦中期关于数学的关键看法的一个不同的解释，请参 Rodych 2018，§2。

[2] 一开始的时候，维特根斯坦似乎尝试通过主张如下看法来坚持认为数学命题是自证的，即"实际的数学命题就是证明"（*Der eigentliche mathematische Satz ist der Beweis*，MS 105，59），但是，当然了，这只是相当于对"数学命题"这个术语的一个不可信的重新定义罢了。

确，它们在逻辑课堂之外实际上没有任何角色。为了正确运用假言推理，我们不需要"$p \cdot (p \supset q) \vdash q$"这个公式，但是，没有算术计算我们就不能有效地算出事物的量（大小或者价值）。这是逻辑和数学之间的一个重要的不对称：前者已经暗含在我们的日常语言之中了，被任何掌握了一门语言的人隐含地掌握了，而后者则需要在学校里特别教授。对逻辑演算的学习（当然，这可以比隐含在日常话语中的逻辑更为复杂）只是学术上的兴趣，而在推理中却没有实际的使用（因此不在学校里教授）。

最后，虽然人们可能会被维特根斯坦的这个看法——一个逻辑命题之真假能够只从符号上就看出来——说服，但显然存在其真或假我们不能确定的数学命题（比方说，"每一个大于 2 的偶数都可以表示为两个素数之和"）。确有一些数学猜想，但谓词演算（亦即《逻辑哲学论》中用来分析日常语言的逻辑资源）中似乎没有猜想或者未解决的难题。

很可能是对这些差异的注意改变了维特根斯坦对数学命题的看法。无论如何，他变得更倾向于不把数学命题当成是重言式而是更类似于实质命题。

> 对我来说，你似乎只可以把数学命题和有意义命题（signi-ficant propositions）相比较，而不是和重言式相比较。

（*PR* 142）

但那样的话，一个"有意义命题"（*sinnvoller Satz*）具有一个含义（sense）[1]，独立于它是真还是假。理解这个命题而不用知道它是真还是假，这必须是可能的。在一个经验命题的情况中，人们能够理解

---

[1] 在本书中，"sense"一般译为"意义"，在此处译为"含义"是出于上下文语境而致的一个特例，特此说明。——译者注

如果它为真的话情况会是怎样的：人们掌握了被描述的那个事态，而这正是被维特根斯坦当成是那个命题的"意义"的那东西（*TLP* 2.221）。但是，一个数学命题当然不是对一个事态的一种描述。那么，它的意义会是什么呢（或者，什么东西可以扮演和一个经验命题的意义相类似的角色）？维特根斯坦的回答是："它被证明的方式"（*PR* 170；参 *BT* 625）。简而言之，如果数学命题有意义，并且如果证明对数学命题来说是基本的，那从维特根斯坦的观点看，把一个数学命题的意义和它的证明方法等同起来就是十分自然的了。

通过思考逻辑和数学之间的关键差异，维特根斯坦以这种方式撞上了针对数学命题的一种尤为需要的**证实主义**（*vertificationism*）。[1]

38

---

[1]　维特根斯坦似乎只是在发展了他数学中的证实主义看法之后，才把该看法也用于经验命题。只有对一个数学命题的证明才充分表达了该命题的意义，维特根斯坦首次记录这个看法是在 MS 105，59—60（大约 1929 年 2 月）；关于非数学命题的第一则证实主义评论似乎出现在 MS 105，121 [是他在写满另一卷（MS 106）然后回到 MS 105 的左页接着写的时候写下的]。对经验命题和数学命题都直接适用的对证实主义的第一个一般陈述出现在 MS 107，143（1929 年 9 月或者 10 月）。——有人认为证实主义已经隐含在《逻辑哲学论》中了（Wrigley 1989；但请参 Marconi 2000）；《逻辑哲学论》很容易就能被发展成和证实主义观点相契合，这似乎肯定是正确的（Hacker 1986，138—141；Marconi 2002）。不过，这只能运用到经验命题而不是数学命题上去。与里格利（Wrigley，1989，278—283）**观点相反**，维特根斯坦关于数学的新思想似乎非常可能受到布劳威尔（L.E.J. Brouwer）1928 年 3 月 10 日在维也纳的讲演的影响（Feigl 1981，64；参 Marion 2008）。维特根斯坦整体上反对直觉主义无论如何不和下面这个推测相冲突，即布劳威尔的**某些**看法会吸引他，比方说，布劳威尔的口号："数学与其说是一种学说，不如说是一项活动"（Becker 1964，329；参 *PR* 186e）。有两则文本证据为《哲学评论》的数学证实主义提供了直觉主义启示。维特根斯坦对数学证实主义最精炼的表述是：*"Jeder Satz ist die Anweisung auf eine Verifikation"*（*PR* 174c）。已出版的英文翻译（"每一个命题都是为一种证实所用的路标"）丢失了维特根斯坦的如下隐喻，即它不是路标而是一张支票或者汇票。而维特根斯坦首次为证实主义使用这个隐喻是在一则评论中，该评论评价的是布劳威尔的一个想法（MS 106，129）。此外，另一位直觉主义数学家赫尔曼·威尔（Hermann Weyl）在 1921 年就使用了汇票（*Anweisung*）、纸币（*Papiergeld*）作为对英镑流通之单纯承诺的这个隐喻，维特根斯坦反复阅读和讨论过威尔（参 Marion 1998，84—93）。威尔写道，一个一般的数学陈述只是为特殊判断而用的一张支票（*Anweisung*）；一个存在定理只是一张纸币，这张纸币有待于通过对一个证明的构造支撑起来（Weyl 1921，55）。在手稿中对布劳威尔以及证实主义的讨论的前面没几页，维特根斯坦就直接驳斥了威尔关于数学一般性的看法："与特殊等式相比，一般等式不多不少地也是一个判断（这针对的是威尔）" [*Die allgemeine Gleichung ist nicht mehr und nicht weniger ein Urteil als die besondere (dies richtet sich gegen Weyl)*]（MS 106，124）。但他似乎采用了威尔的货币隐喻，将其更广泛地应用于定理和证明。——布劳威尔可能对维特根斯坦产生影响的其他方面以及更进一步的细节，请参 Marion 2008；布劳威尔的立场和《逻辑哲学论》之间的共鸣，请参 Marion 2003。

一个有意义的数学命题必定有一个证明（或者否证）。为了断言对一个命题的理解，我们不必写下这个证明，但我们必须要知道给出这个证明的方法。我们必须实际上能够提供出该证明（或者否证）。经验证实主义在这方面要求没这么强烈。为了断言对一个经验命题的理解，我必须知道哪种证据能够证实或者证伪它，但我不必实际上处在提供这个证据的位置上。出现在《哲学评论》中的对数学的证实主义解释可以被进一步刻画如下。

39　　（i）从《逻辑哲学论》中的（c）看法（数学等式是变形规则）流淌出维特根斯坦对**数学作为语法**的最基本刻画：数学等式是句法规则，或者正如他 20 世纪 30 年代开始称呼的那样，数学等式是语法规则。

算术是数字的语法。

（*PR* 130）

一个等式就是一条句法规则。

（*PR* 143）

公理——比方说欧几里得几何中的那些公理——是伪装的句法规则。

（*PR* 216）

解析方程是如何同空间测量的结果联系起来的？我认为是以下面这种方式，即它们（方程）确定什么可被算作是一个准确的测量，什么是一个错误的测量。

（*PR* 217）

几何在此只不过是语法。

（*PR* 217）

（ii）如果数学命题是语法规则［或者是直接规约或者是根据我们的推导规则跟在这些规约后面的东西（*PR* 249）］，那它们的正确或者不正确对我们就不可能是真正隐藏着的，或者超出我们能够确定的范围之外的。因为，存在一条没人知道其是否有效，或者没人能够确定其是否有效的语法规则，这个看法是无意义的：

我没察觉到的一条规律就不是一条规律。

（*PR* 176）

因此：

我们在数学中不可能有原则上不能回答的问题。因为，要是句法规则不能被掌握，那它们就没有任何用。同样，这也解释了超出我们理解力的一种无限不可能进入这些规则。

（*PR* 143）

我看不出这些符号（这些符号是我们自己为表达某个特定的事物制造出来的）要怎样给我们制造麻烦。

（*PR* 185）

数学中的问题不可能是原则上不能回答的，不仅如此它们还必须被有效地回答。我们必须知道怎样找到这些问题的答案；正如在数学之外（模糊的例子除外），我们必须总是可能确立某事是不是我们语　　40

言的一条语法规则。因此，维特根斯坦影响深远的数学作为语法的
看法也会导致**数学证实主义**。关于数学命题他写道：

> 每一个命题都是证实的使用说明 / 支票（*Anweisung*）。
>
> （*PR* 174）[1]

> 每个有意义命题必然通过其意义在下面这件事上指导我们，
> 即我们怎样说服自己它是真还是假。"每个命题都说：如果它为
> 真，情况会怎样。"而对于一个数学命题，这个"情况会怎样"
> 指的必定是它被证明的方式。
>
> （*PR* 170）

引号里的这句话大致是从《逻辑哲学论》中引来的：

> 一个命题**显示：如果**它为真，情况会怎样。并且这个命题
> **说**情况就是这样。
>
> （*TLP* 4.022）

请注意，构成《逻辑哲学论》之基础的学说并不是证实主义，而毋
宁说是一种形式的真值条件语义学（truth-conditional semantics）。[2]
这是一些非常不同的看法，因为，毕竟，为了知道当一个命题为真
时情况会怎样，我没必要知道发现它的那些方式。只是当维特根斯
坦的真值条件观被运用到数学命题这个特例上去的时候，一种尤为

---

[1] 已出版的翻译（"路标"）是不准确的（见前面的长注释）。
[2] 尽管和更晚近的关于含义的真值条件理论有所不同。参 Hacker1986，324—329。

需要的证实主义形式才会产生出来。[1] 因为，正如上面指出的那样，正确的数学命题有作为语法规则的特性；但是，认为我们（在仔细考虑之后）说不出某事是不是一条语法规则，这似乎是荒唐的。更进一步来说，语法在任何既定的时刻都是一个封闭的系统。我们当然可以通过引入新的语法规则来扩展它，但我们不可能**发现**新的语法规则。

41

> 规则的大厦必须是**完整的**，如果我们当真要用一个概念进行工作的话。——**我们在句法中不可能有任何发现**。——因为，只有规则群才**定义**了我们的符号的含义，而对规则的任何改变（比方说，补充）意味的是含义的改变。
>
> （*PR* 182）

因此：

> 数学中没有鸿沟。这和通常的看法相左。数学中不存在"尚未"（not yet）。
>
> （*PR* 187）

（iii）此外，因为维特根斯坦已经改变了他对数学命题地位的看法，不再把它们当成只是伪命题（*TLP* 6.2），而是把它们当成更接近有意义命题的某种东西而不是重言式（*PR* 142），于是他现在就倾向于对数学命题说在《逻辑哲学论》中他对命题一般（propositions in general）要说的话。因此，他也会把他关于**意义之决**

---

[1]　当然，他后来把他的证实主义扩展到所有命题，但在经验命题的情况中是如何被激发的却没那么清楚（参前面的长注释）。

定（*determinacy of sense*）的假设运用到数学命题上去（*TLP* 3.23）。在《逻辑哲学论》中，他要求：

> 一个命题必须将实在限制在两种选择之上：是或否。
>
> （*TLP* 4.023）

现在，他以同样的方式问道：

> 一个数学命题是否将问题固定为一个<u>是</u>或<u>否</u>的回答?（这就是说，恰好只有一种含义。）
>
> （*PR* 170）

同样，《逻辑哲学论》中对**完全分析**的假设现在被用于数学命题：

> 一个命题有且只有一种完全的分析。
>
> （*TLP* 3.25）

但要是我们思考一个普通的算术等式，比方说"$25 \times 25 = 625$"，对它的完全分析就会**是**对它的证实，这是很清楚不过的。一个不正确的等式对我们只能看似正确，只要我们还没有真正算出那个总和；只要我们还没有完全分析它。但那样的话，由于对一个命题之含义的完全理解要求我们知道怎样分析它，那对一个数学命题之含义的完全理解就会要求我们能够证实它：给出对它的分析也就是对它的证明。

42

　　每一个合法的数学命题都必须架起一架朝向它提出的这个

问题的梯子，就像 $12 \times 13 = 137$ 这个命题一样——那样的话，要是我选择攀爬我就能爬上去。

（*PR* 179）

一个数学证明就是对该数学命题的分析。

（*PR* 179）

实际上，因为证明正好就是那个完全分析了的数学命题，维特根斯坦说证明才是**实际的**数学命题，而一般的数学命题只是缩写：

真正的数学命题就是证明：这就是说，表明事情是如何成立的那东西。

（MS 105，59；引自 *PR* 184 的编者说明）

那个完全分析了的数学命题就是对它自身的证明……一个数学命题只是整个证明体（body of proof）的直接可见的表面，而这个表面就是面向我们的那个边界。

（*PR* 192）

而且，数学的完整性不仅仅来自它作为语法的地位，还来自数学命题作为有意义命题（具有一个含义的命题）的新地位。因为一个含义不可能是不完整的（*TLP* 4.023）：

数学不可能是不完整的；就像一个**含义**不可能是不完整的一样。不管我能理解什么，我必须完全理解。这是与下面这个事实联系在一起的，即我们的语言正如其所是的那样有序。

（*PR* 188）

（iv）凡是我们不能直接算出是真还是假的东西就没有意义。从这个立场似乎会——令人难以置信地——得出，不可能有任何严肃的数学问题。维特根斯坦承认这不可能是正确的：

> 我的解释一定不可以抹杀数学问题的存在。这就是说，事情并非如此：唯一确定的事情就是当一个数学命题（或者它的反面）被证明了它才有意义。[这意味的是它的反面绝不会有意义（威尔）。]另一方面，某些表面上的问题失去了它们作为问题——**是**或**否**的问题——的特征，这是可能的。

（*PR* 170）

第一个插入语似乎是成问题的。要是一个数学命题的反面（它的否命题）被证明为正确，那这个数学命题还会有意义吗？实际上，第二个插入语似乎表明答案肯定是**否**。[1]——最后一句话表明，尽管维特根斯坦勉强承认必定存在某些尚未解决的数学问题，他还是准备在某种程度上与一般的看法相左：他会准备说某些东西被错误地当成了数学问题。费马（Fermat）的命题就是一个很好的例子（*PR* 172）。[2]

紧接跟在上面的引文后面的是维特根斯坦对遵守规则问题（*PR* 171a）的第一次呈现。随后（*PR* 171b—d）维特根斯坦考虑了针对数学问题如何可能这个问题的一个解答：对意义的一个初步证明并没有证明该命题为真，而只是表明了这样一个证明如何被构造出来的一种方法。不过，这三则评论的最终结果并不完全清楚（参 *PR*

43

---

[1] 对维特根斯坦援引威尔的澄清，请参 *WVC* 81—82。
[2] "因此，除非我能在基数中为等式**搜寻**答案，要不然费马的命题就没有**意义**。而'搜寻'必定总是意味的是：系统地搜寻。"（*PR* 175）

180a）。因此，问题还是：

> 我们回到这个问题：我们在何种意义上能够**断言**一个数学命题？

（PR 172）

和一个问题一样，一个断言只有在其真值不是一个预料之中的结论的时候才是有意义的。这就是说，我必须能够在还不知道被讨论的这个命题的真假的情况下就理解这个命题：

> 为了能够做出一个断言，我必须根据它的意义而非它的真值（truth）做出断言。正如我已经说过的那样，我可以不多不少就像断言等式 3×3＝9 或者 3×3＝11 那样断言一个一般命题，这对我来说是再清楚不过的。

（PR 172）

这些初级等式的特征是我们知道怎样计算出它们。维特根斯坦似乎认为，这样的一种系统的证实（或者证伪）方法将含义赋予一个等式，含义能够被运用到这个等式上去——独立于计算结果。因此，即便是一个错误的等式也能被算作是有意义的！它的含义（meaning）或者意义（sense）就是它能够被核实。

总的来说：

> 在不存在一种逻辑方法搜寻一个解答的地方，问题也没有意义。
>
> 只有在存在一种解答方法的地方才有问题。

（PR 172）

"我必须把它算出来"，在数学中，只有答案是这样说的时候，我们才可以提出一个问题（或者提出一个猜想）。

（*PR* 175）

一般来说，这就是数学中一个问题所是的样子：掌握了一种准备好了的一般方法。

（*PR* 176）

（v）为了为他的立场辩护，维特根斯坦也说：

"搜寻"必定总是意味着：系统地搜寻。在无限的空间中漫步寻找一枚金戒指并不是一种搜寻。

（*PR* 175）

但这似乎是不可信的。一般来说，一个有选择且不系统的搜寻仍然（能被描述和被理解为）是一种搜寻。而且，毕竟，维特根斯坦对经验命题并不持有一种相应地严格的证实主义。"北海海底有一枚金戒指"是有意义的，即便我们实际上来讲不能证实它。而在这个例子里，维特根斯坦没有理由否认人们能够不系统地搜寻（只核实北海里的一些地方，因为没人能核实所有地方）。

另一方面，维特根斯坦在《逻辑哲学论》中就已经倾向于非常一般地说：

一个问题但凡能够被提出，那它也可能被回答。

（*TLP* 6.5）

这个看法和下面这则评论呼应起来了：

> "数学问题"和真正的问题的共同点就是它们都能够被回答。

（*PR* 175）

（vi）鉴于维特根斯坦对回答一个数学问题的一种直接的方法的坚持，他将简单的算术等式当成要么是数学命题的**范型**，要么（在我们还没有核实它们的地方）是问题（参上面所引用的 *PR* 172），这就不奇怪了。其他数学问题需要以同样系统地可解答的方式和它们相类似。但那样的话，似乎所有数学问题都必定是相当简单的了，就像 25×25 一样简单，只是"几份家庭作业"（*PR* 187b）：

> 所有的这些难道不会导致如下悖论吗？即在数学中不存在难题，因为，要是有任何困难的东西的话，那它就不是一个问题。
>
> 但情况并不像这样：困难的数学问题是对其解答我们还没有掌握一套**成文的**系统的数学问题。彼时，正在寻找一种解答的那位数学家，他在意象中，"在他的大脑中"，有以某种心灵符号形式呈现的一个系统，而他努力将它写在纸上。

（*PR* 176）

这是没有说服力的。[1] 毋宁说，那些困难的数学问题是那些最出色的数学家努力数年甚至几十年都没有解决的问题。而即便一个问题

---

[1] 让人回想起《逻辑哲学论》的这位作者在某些时刻通过指向关于含义的模糊心理过程来填补他的哲学图画中的鸿沟。

很快就被解决了，解决方法也几乎不可能是早早就以意象的形式存在于数学家的头脑里了。[请想一想，比方说，安德鲁·威尔斯（Andrew Wiles）对费马大定理的证明的复杂性。]

（vii）按照这种说明，情况不仅仅是下面这样的，即对于看起来像一个数学命题的东西，如果目前都无法为其制造出一种哪怕是不成文的解法，那它就没资格被当成一个数学命题。还存在一个更进一步的悖论，即将来发现的任何证明都不能被算作对那个原初命题的证明。

> 如果我听到（比方说）数论中的一个命题，但不知道怎样证明它，那我就也不理解这个命题。这听起来极为矛盾。这意味的是，就这么说吧，我不理解存在无限多素数这个命题，除非我知道对它所谓的证明：当我学会这个证明的时候，我学会的是某种**全新的**东西，而不仅仅是我已经熟悉的一条通往一个目的地的道路。
>
> 但在这种情况下，下面这点是说不清楚的，即我应该承认，当我有该证明的时候，这个证明恰好就是对**这个**命题的证明，还是对这个命题所意味的归纳的证明。

（*PR* 183）

维特根斯坦对这个问题的回答基于严格意义上的数学（proper mathematics）与数学"散文"（prose）之间的区分（*PR* 184a）。后者，我们**关于**数学的非正式讨论本身并不是数学。数学是一种演算；对这种演算的诸面相的描述并不是演算，它本身并不是实操数学。实际上：

46

你不能写作数学，你只能做数学。

（*PR* 186）[1]

而现在维特根斯坦认为，存在尚未解决的数学问题这个印象只来自"散文"之中，来自我们对数学的非正式谈论，而不是来自数学本身：

> 只有在我们的口头语言中……才有数学中"尚未解决的问题"。

（*PR* 189）

因此，他认为，在严格意义上的数学中是否存在有限数量的素数这个问题——在一种回答方法被设计出来之前——是提不出来的（*PR* 188—189；参 *PLP* 396）。

> 这正是制造出之前有一个问题现在已经解决了的印象的那种东西。不管之前还是之后，口头语言似乎允许这个问题存在，因此导致了如下幻觉，即存在一个真正的问题，后面跟着一个真正的解答。然而，在精准语言中，人们最初就没有他们可以询问有多少的那种东西，而后来才有一个表达，人们可以直接从中读取其多样性。

（*PR* 189）

---

[1] 这当然让人回想起《逻辑哲学论》的如下看法，即逻辑（内在关系）一般来说不能用有意义的语言来描述。我们能够正确地从"*p. (p⊃q)*"中推导出 *q*，但我们不能**说**"*p. (p⊃q)*"蕴涵（entails）"*q*"。

与此相对应，在维特根斯坦对欧拉（Euler）的素数无限证明的讨论中（*BT* 645—649），他试图给出对素数的一种解释，该解释允许我们从中读取出这个概念的"多样性"（参 *TLP* 5.475）。[1] 他明显还是被《逻辑哲学论》中的如下看法所吸引，即数学真理（就像逻辑真理）在一个合适的记号系统中应该是自明的。然而，即便这种透明性可以在某些情况下实现，但往往我们不用很长的计算或者证明就实现不了。而即便在这种情况下，更合理的说法似乎是：我们有一个素数的概念，并且可以在我们找到存在无限多素数的一个证明**之前**提出关于它的外延的问题。

（viii）当然，事实仍旧是人们（甚至是数学家们）使用这样的散文：在他们能够沿着这些线索证明任何东西之前就用口头语言形成这些问题。我们该如何解释这事呢？

> 数学中怎么会有猜想呢？或者更好的说法是：数学中看起来像是一个猜想的究竟是哪种东西？比方说对素数的分布做出一个猜想。

（*PR* 190）

维特根斯坦勉强承认这样的猜想具有启发性价值，尽管它们严格来说并不是数学命题或者问题：

---

[1]　维特根斯坦关注欧拉的证明在于它并未给予我们一个关于素数的概念（*BT* 648）。因此，他继续发展这个证明，以至于它给出了下一个素数的一个上限：$p_{n+1} < 3p_n - 1$。这仍然没达到我们对（比方说）一个偶数表达式的要求，这就是说，该表达式允许我们构造偶数序列并且允许我们"读出其多样性"（*PR* 189a）。不过话说回来，维特根斯坦提供的这个上限将那个证明从这个无益的保证，即只要我们搜寻得足够长，那我们就会找到另一个素数，转变成下面这个真正的证明，即有限数量的数中有一个是素数。[这个发现归功于大卫·杜比（David Dolby）。]——对维特根斯坦对欧拉证明之重构的详细讨论，请参Mancosu & Marion 2003；Lampert 2008。

你可以说数学中的一个假设具有如下价值，即它在一个特定的对象上面——我意思是一个特定的区域——训练你的思想，而我们可以说"我们肯定会发现关于这些东西的有趣的事情"。

（*PR* 190）

这些问题或者猜想给予我们新的冲动，"刺激我们从事一些数学活动"，"激发我们的数学想象力"（*Z* §§696—697；参 *WVC* 144）。

然而，说一个数学猜想的意义**仅仅**在于它的启发性价值：它"在一个特定的数学区域内训练你的思想"（*PR* 190），这似乎是不合理的。维特根斯坦后来（鉴于对费马大定理的思量）逐渐对这个看法产生怀疑（*RFM* 314c—e）。毕竟，这个猜想中所涉及的那些概念都是以一种看起来直接且可理解的方式被清晰定义和使用的。那我们为何不能赋予它一个清晰的含义呢？在某些情况下，人们也许会认为，这个猜想以一种不可预见且至今仍无法理解的方式联结了这些概念。

（ix）1933 年，维特根斯坦从他写于 1929—1932 年的十卷手稿材料（MSS 105—114）中完成了一本书。这本书现在以《大打字稿》之名为人们所知。除了已经包含维特根斯坦 1930 年收集并在他死后出版的《哲学评论》（它基于这十卷手稿中的前四卷）中的大量评论，《大打字稿》还包含对相同看法的进一步发展和提炼，在这些看法中他尝试解释数学研究。尽管他的第一个试验性建议显然是不可信的，即一个开放问题的解答已经存在于数学家的头脑中了（*PR* 176），但说一个不一般的（non-trivial）数学问题不能被看成数学**里面**的一个问题，却似乎是正确的。因为，在我们现有的数学中，这就是说，在我们现有的句法或者语法中，在我们的计算系统中，这样的一个问题无解。因此，一个不一般的数学问题必须被看成扩

48

展了我们的句法的一个问题：它需要寻找（或者发明）一个系统，既能保存现有的技术，也允许对给出的这个问题做出解答（*WVC* 35f.）。

维特根斯坦在此心中所想的似乎是负数被引入前像"4-6=？"这样的问题（或者分数被引入前"7 : 3=？"这样的问题）。在现有的自然数系统中，"4-6"无解而且也没有意义。因此，"4-6等于几？"这个问题只能被理解为这样一个要求，即找到对我们现有数学系统的一个合适的扩展，通过该扩展这个表达式能被赋予一个意义。因此，它不是（我们那时就有的）数学**里面**的一个问题，而是关于数学的一个"散文"问题。因此，维特根斯坦主张数学猜想应该被当成"数学研究的路标，数学构造的刺激物"（*BT* 631；参 *PR* 190）。

在《大打字稿》中，维特根斯坦保留了呈现如下矛盾的段落，即按照他的解释似乎不会有困难的数学问题；但后来，不说他的不可信的初始建议，即解答已经预先存在于数学家的头脑里了（*PR* 176），他给出了如下回应：

> 紧随其后的是，"困难的数学问题"（即数学研究中的难题）和"25×25=？"这个问题之间的联系就不像（比方说）杂技和一个简单的跟头之间的联系（这就是说，这种联系不仅仅是：从非常简单到非常难）。毋宁说，它们是在"难题"这个词的不同含义上说的。
>
> "你说'在存在一个问题的地方就也存在对该问题的回答'，但在数学中存在一些我们看不出任何解答方式的问题。"——十分正确，但从这话中得出的全部就是：在这种情况下，和上面的例子相比，我们是在"问题"这个词的不同含义上使用这个词的。
>
> （*BT* 642；参 *PLP* 397）

按照这个更宽容的看法，数学研究中的问题被强调为从本质上来说不同于家庭作业问题，但仍旧被接受为合法的问题。因此，对它们的表述（表述为一个猜想，比方说）就不能被当成是无意义被驳回。维特根斯坦用一个类比来阐述这种不同：

> 想象有人给自己出这个难题。他要发明一种游戏；这游戏要在一张棋盘上玩；每个玩家都有八枚棋子；在游戏开始位置末端的两枚白棋（"领事"）根据规则被赋予某种特殊地位；相比于其他棋子，它们具有更大的行动自由；一枚黑棋（"将"）具有一种特殊地位；一枚白棋以取而代之的方式吃掉黑棋（反之亦然）；整个游戏和布匿战争（Punic wars）有某种类似。——毫无疑问，这是一个问题，一个与找出在特定条件下白棋如何获胜完全不同的问题。——但现在让我们想象这个问题："在一个其规则我们尚不确切知道的战争游戏中，白棋如何在 20 步内获胜？"——这个问题就十分类似于数学问题［而不类似于它的计算问题（*Rechenaufgaben*）］。
>
> （*BT* 620；参 *PLP* 397—398）

换句话说，一个严肃的数学问题就像是一个其规则尚未被确定的游戏中的一个问题！而相应的猜想就好比下面这个主张：在这样的一个游戏中，从某个特定的位置有可能让白棋在 20 步之内获胜。

这是一个可信的看法吗？很可能不是。在想象中发明一种涉及（对不同棋子的可被允许的走法的）自由规约的游戏，将会有无数不同的解答方法，这是很清楚不过的。与此相对，费马大定理（比方说）中的那些"棋子"似乎已经被明确定义了。

维特根斯坦在此心中所想的似乎是这样一种数学情境，在该情境中一个问题引导我们去定义新的数学符号（或者对使用现存符号的规则有所增加），可以和被引入到一个棋类游戏中的新的（或者改变了的）棋子相比较（"领事"和"将"）。举例来说，对于只学习过用自然数计算的人来说，"5−7是几?"这个问题没有答案。为了让一个答案成为可能，他首先要在他的演算中引入新的符号：负数。——不过，数学问题并不总是像这样。比方说，是否存在最大素数这个问题就是（或曾经是）一个真正的数学问题，而不只是一个常规计算。而对它的解答也不需要定义任何新的数学概念或者引入任何新的数学技术。它更像是在一个现有的游戏中解决一个问题。毕竟，即便在一个既定的规则框架内解决一个问题，这也超出了对现有算法的简单运用，并且因此需要相当大的想象力。

更有说服力的似乎是维特根斯坦的如下建议，即当我们似乎理解一个未经证明的数学命题的时候，我们赋予它一个相应的经验上的意义。比方说，我们可以相信：不管我们尝试过多少数，我们绝不会碰上哥德巴赫猜想的任何反例（*BT* 617—619）。确实存在下面这种数学猜想的例子，即虽然还未被证明，但从经验的观点来看实际上是确定的。因此，罗杰斯（C.A. Rogers）评论道，开普勒（Kepler）的球体填充猜想是"大多数数学家相信，所有物理学家知道"的一个断言（Singh 1997，314）。[1]

（x）已经蕴含在《逻辑哲学论》对数学的运算型（operation-based）看法之中，但只是到后来才被清楚说明的是维特根斯坦着力强调的反柏拉图主义。数学并不是对一个抽象对象世界的描述，事实上它也不是对别的什么东西的描述（*TLP* 6.21）。它根本就不是描

---

[1] 正如蒂莫西·高尔斯（Timothy Gowers）评论的那样（2006，§6）："数学研究的一大部分就在于认出模式，做出猜想，在考察了一些特例之后猜测一般的陈述，等等。换句话说，数学家在科学意义上也在数学意义上操练归纳法。"参第13章。

述性的：

> 数学中那些符号本身**做**数学，它们不描述数学。

> （*PR* 186）

这个看法现在被着重运用到无限这个话题之上（这个话题在《逻辑哲学论》中没怎么被考虑）。按照一种描述主义的解释，对无限的数学上的谈论应该被理解为对某个无限领域（比方说，被当成是抽象对象的无限多的自然数）的描述。因此，无限被解释为一种外延。不过，维特根斯坦反驳了关于无限总体的外延主义观点：

> 你不能谈论**所有**数，因为就不存在**所有**数这种东西……
>
> 不存在"所有数"这种东西，这恰恰是因为它们是无限多的。

> （*PR* 147—148）

在维特根斯坦看来，一个外延的符号就是一张列表。因此，一个无限外延的概念就是不连贯的。无限只能被内涵地来理解：通过一条规则或者一条普遍公式。无限（可被归结到一个特定的内涵之上）并不在于存在一个相应的无限外延，而在于产生相应（部分）外延的那种不受限制的可能性（*PR* 164）。

马修·马里昂评论道，在维特根斯坦对无限的解释中，他在19 世纪晚期的那场数学争论中和利奥波德·克罗内克（Leopold Kronecker）站在一起反对格奥尔格·康托尔（Georg Cantor）（Marion 1998，1—10）。对无限的外延主义观点的拒斥相当于对集合论的拒斥和对无限集合之使用的拒斥（*PR* 206）。根据外延主义看法，存在一

个所有自然数的集合，这就是说，自然数序列有一个确定的外延或者
大小（*PR* 164），而这意味着将"无限"当成一个数（或者甚至是多
个不同的数）来看待。与此相反，维特根斯坦反对说：把自然数序
列称为"无限"意味的就是要否认存在一个确定数量的自然数（*PR*
209）。毋宁说，我们总是能从任何一个给定的数前进到它后面的那个
数。因此，外延主义犯了一个范畴错误（Kienzler 1997，147），混淆
了一个数（或者外延）的缺失和一个难以想象的大数（或者外延）。

（xi）20 世纪 30 年代早期萦绕在维特根斯坦心头的另一个重
要话题是完全归纳法（或者递归证明）。和他对无限的外延主义看
法的拒斥相一致，维特根斯坦拒斥了如下观点，即完全归纳论证确
立了关于无限总体的一个一般主张（*PR* 193，201）。*F(1)* 和 *F(k)* ⊃
F(k+1) 这两步并没有确立起：因此所有的数都是 *F*；因为就不存在
像**所有**数这种东西（*PR* 147）。毋宁说，一个归纳论证的这两步是一
个配方，为的是表明任何一个特定的数如何被证明为 *F*："一个递归
证明只是通向一个任意的特殊证明的一般指导。"（*PR* 196）

维特根斯坦用于他讨论完全归纳法的主要例子是 1923 年托拉尔
夫·斯科伦（Thoralf Skolem）给出的对加法结合律的归纳证明。基
本步骤由于定义（即对加法的递归定义）而为真：

$$Df.: a+(b+1)=(a+b)+1 。 \qquad\qquad A(1)$$

然后假定这个定义对 *1* 的陈述对某个数 *c* 也为真（归纳假设），斯科
伦用几步就证明了它对 *c+1* 也成立。这样他就推导出了归纳步骤：

如果：$a+(b+c)=(a+b)+c$，
那么：$a+(b+(c+1))=(a+b)+(c+1)$。 $\qquad A(c) \supset A(c+1)$

然后就是构造一个对一般代数规则的证明

$$a+(b+c)=(a+b)+c。 \qquad\qquad A(c)$$

即加法结合律（*PR* 194—195）。

在中期维特根斯坦的初期，他倾向于对如下看法表示异议，即 *A(1)* 和 *A(c)⊃A(c+1)* 的证明实际上确实构成了对代数规律 *A(c)* 的一个证明。

首先，代数公式 *A(c)* 并不是在证明中逻辑地得出的：它"并不是**等式之链条**的终点"（*PR* 197）。他拒斥了如下看法，即结合律的一般性是一个新观点，是超出归纳证明的那些步骤之上的某种东西，而该证明把我们指向这个新观点（*PR* 200）。用回《逻辑哲学论》的术语，维特根斯坦说结合律（就其一般性而言）并不是一个命题（*PR* 198），它不是某种能够被有意义地陈述的东西，但它只能在证明中**显示自身**（*PR* 203）。

其次，维特根斯坦主张加法结合律是一种新演算（代数）的一个基本规律，因此是一种规约，它既不需要一个证明也不受一个证明影响（*PR* 193，201—203；*BT* 724—725）。

另一方面，维特根斯坦承认存在某个把这些归纳步骤接受为对 *A(c)* 的证明的理由。

　　不过，[递归证明]肯定表明了把 A(c) 运用到数上去是正当的。所以，毕竟，从证明模式到这个表达式，这难道不应该是一个合理的过渡吗？

（*PR* 196）

在某种意义上，归纳证明似乎确实确立起了一个一般结论。毕竟，归纳证明不仅仅为我提供了生成新证明的一种配方，比方说，对 *A(7)* 的一步步证明；"它实际上让我免于证明每个形如'*A(7)*'的命题的麻烦"（*PR* 196—197）。*A(7)* 能够直接从代数公式 *A(c)* 中得出，因此这个代数公式似乎毕竟还是起到了一个一般陈述的作用。下面的评论诠释了维特根斯坦彼时思想中的张力：

> 归纳并没有证明那个代数命题，因为只有一个等式才能证明另一个等式。但是从代数等式在算术中的应用来看，它表明了代数等式的设置是正当的。
>
> （*PR* 201）

它没有证明它，但它表明了它是正当的。这难道不是一种证明吗？

维特根斯坦在别的地方解释了代数公式 *A(c)* 最好被当成是指示归纳证明的一个符号（*PR* 202）。或者，再说一次：

> 我们并不是在说当 f(1) 成立并且当 f(c+1) 跟在 f(c) 之后的时候，f(x) 这个命题**因此**就对所有基数都为真；而是说："f(x) 这个命题对所有基数都成立"**意味的是**"它对 x=1 成立，并且 f(c+1) 跟在 f(c) 之后。"
>
> （*BT* 675）

但这并不是否认归纳论证**证明了**那种一般性的一个理由。毕竟，这是维特根斯坦对数学证明的一般看法：它决定了它所建立的东西的含义［见前面的（iii）］。在这个意义上来讲，我们可以说代数规律被算术归纳证明了，而不是被（也许是）形式逻辑证明了（除非我们把一条归纳公理包括进我们的逻辑中），但正如维特根斯坦所建议的那样［和朱尔·亨利·庞加莱（Jules Henri Poincaré）相一致（Waismann 1936，86）］，代数规律是先天综合真理（*BT* 672）。[1]

在这个语境中第一次被触碰到的另一个重要问题是遵守规则问题："规则和应用之间的不可逾越的鸿沟"（*PR* 198）。为了理解一个归纳证明的结果，我们必须要看到某个步骤能够无限迭代；但是，当然了，我们不可能在一个洞见中理解无限的步骤。我们不得不信任自己总是能够看出在一个一般规则之后跟着什么特殊步骤。我们怎么会如此确信呢？维特根斯坦将在 1940 年（MS 117）回到归纳证明的这个面相。由于现在接受有两种证明：一方面是一些单纯的计算（*Ausrechnungen*）、算术推导，另一方面是需要一些反思的证明，即从一个推导中看出某些更进一步的含意（implications）（MS 117，165—166，参 *BT* 710—721），维特根斯坦提出了遵守规则问题的这个挑战：要是有人看不出一个归纳证明表明后续某个点上的实例是正当的，这该怎么办？（MS 117，168ff.）[2]——我们会在第 7 章中回到遵守规则问题，并且在 10.1（b）中回到后期维特根斯坦对归纳证明的看法。

总而言之，维特根斯坦 1930 年左右对数学的看法在很大程度上是对已经呈现在《逻辑哲学论》中的那些观点的发展。和逻辑一样，数学并不是描述性的，而是用于转换经验陈述的语法规则系统。不过，数学不同于逻辑之处在于它从本质上来说由计算和证明构成。一个数学命题的含义就是它的证明方法；这就是维特根斯坦的数学证实主义，不过，这似乎并没有对数学研究问题和猜想给出一个合

[1] 对维特根斯坦对归纳之评论的其他方面讨论，请参 Marion & Okada 2018。
[2] 对 MS 117 的那些段落中对归纳的一个详细讨论，请参 Mühlhölzer 2010，405—416。

理的解释。数学作为规范（而不是描述）的这个看法的一个必然结果就是拒斥柏拉图主义。尤其是，数学上的无限概念并不是独立存在的无限总体（正如集合论中所假定的实际上的无限外延）的名称。数学上的无限只能被理解为发展一个没有终点的序列的一条规则；归纳证明不应该被看成是从一个无限序列的**所有**数中得出的一个外延性主张。

　　维特根斯坦这个时期的看法中依然存在一种张力。他摇摆于**否认代数规律能够通过归纳被确立起来**，以及**解释**它们怎么能被这样确立起来之间。[1] 后来（也许是从 1934 年起；参 Waismann 1936，89）他强调代数是一种新的演算（不可能在算术之内被证明），但并没有否认它能够通过归纳证明被确立起来。在他的后期哲学中，远非将概念上的改变看成是不说"证明"的一个理由，他会强调说概念上的改变是数学证明的一个典型面相（见 10.1）。

54

---

[1]　斯图尔特·珊克（Stuart Shanker）和马修·马里昂就维特根斯坦对斯科伦的归纳证明的讨论是否意在构成对斯科伦的一种攻击（Shanker 1987，199—210），或者维特根斯坦是否在很大程度上同情斯科伦的方法（Marion 1998，105—106：n. 36），存在一个学术上的分歧。我在下面这一点上同意马里昂，即珊克夸大了维特根斯坦的讨论中的引战要旨，而维特根斯坦的讨论实际上是有相当多的点和斯科伦的看法相一致的；另一方面，珊克正确地表明了，在维特根斯坦的一些评论中，他否认加法结合律能被斯科伦的归纳论证所**证明**——尽管在其他一些更宽容的评论中维特根斯坦似乎允许这一点。

55

第二部分

维特根斯坦的成熟的数学哲学（1937—1944）

5 维特根斯坦后期数学哲学中的两条线

呈现维特根斯坦后期数学哲学的经典文本是由 G.E.M. 安斯康姆、鲁什·里斯以及 G.H. 冯·赖特编辑的《数学基础评论》，该书初版于 1956 年，1978 年再版时补充了材料。这本书包含维特根斯坦写于 1937 年至 1944 年间的评论（1944 年以后维特根斯坦不再耽溺于对数学的思考）。这本书只有第一部分是维特根斯坦亲自编辑过的打字稿（TS 222）；其他部分均直接来自手稿。编辑们选取他们认为最相关且最重要的那些手稿评论序列，完全意识到他们的一些编辑上的决策可能会是有争议的，偶尔也落下一些应该被包含进来的评论。不过，总体上来说，这本书在我看来给出了关于维特根斯坦后期数学哲学的一幅相当全面的图画。另一个重要的资源是维特根斯坦的《数学基础讲演集》，这些讲演举办于 1939 年的剑桥，由科拉·戴蒙德（Cora Diamond）从维特根斯坦的四位学生的笔记中整理编辑出。尽管很明显，这些笔记在细节上没那么可靠，但它们具有如下优点，即维特根斯坦试图向他人解释他的看法并有时对他们的反应做出回应。

维特根斯坦的成熟的数学哲学取决于两个首要看法，也就是：数学本质上是一种演算（或演算网络）以及数学本质上（类似于）是一种语法规范系统。简而言之：对数学的**演算观**以及**语法观**。

过渡时期（大概是 1929—1937 年）占主导地位的是对数学的演算观。在此，维特根斯坦提出了如下主张，即一个定理的含义就是对它的证明。你不可能不理解一个定理在演算中的位置（它的来源）而理解这个定理。实际上，数学首先被视为一种计算活动。数学结果从本质上来说就是某些计算的那些结果。

正如在之前的章节中所描述的那样，这样的看法把维特根斯坦导向一种高要求的数学证实主义形式。理解一个数学命题需要理解它是怎样被计算的。让这一点变得比对经验命题的证实主义要求更高的是下面这一点，即尽管在经验领域你可以具体说明什么证据**会**证实（或者证伪）一个命题，但你有时会发现自己对这样的证据无从下手，而在数学中则相反，如果你知道如何证明某事，那你就能证明它。这是因为一个数学证明只有在被发现之际，它才能够被描述（*BT* 630—631）。对一个证明的恰当的详细描述本身就是一个证明。

1937 年至 1939 年间，维特根斯坦思想的重点转到语法观上去了，这种看法变成了他成熟的数学哲学的基本观点。因此，语法观将在接下来的几章（第 6 章至第 8 章）中加以探讨。不过，维特根斯坦还是继续主张演算观——至少就数学本质上包含计算和证明这个核心观点而言——而在第 9 章和第 10 章中，我们将回到他在调和这两种观点的过程中所遭遇的那些困难。

这个问题是这样的：对一种表征规范的接受当然可以以它根据某些程序规则被推导出来为条件，但在何种意义上这样的推导能被当成一种证明，这并不清楚。将数学规范和法律相比较，人们可能会反驳说，以一种从宪法上来说正确的方式通过一条法律并不是证明它。如果我们严肃对待证明观（证明被表明为**真**），那将证明背书为一种语法规则似乎就是多余的。如果一个数学命题为真，它为真是独立于任何这样的背书的。另一方面，如果这样的背书是至关重要的（正如语法观看起来所暗示的那样），那即便没有一个证明不也是可能的吗（参 Kreisel 1958，140）？实际上，一个未经证明的数学公式可以在物理学中找到一种应用。但那样的话，演算观就会不得不被评价为允许例外了。按照语法观，一个数学命题的含义似乎就是它作为一条语法规则的用法，但演算观似乎主张一个数学命题的含义是由它的证明给出的。

为了解决这种张力，维特根斯坦认为，证明表明一个命题能如何被应用（*RFM* 436e），并借此为把它接纳为语法规范辩护（这需要经验上的适用性）。这种说法有多可信，以及他在将他关于数学的思想的两条线（语法观和演算观）结合起来上有多成功，还有待进一步探讨。

59

6　数学作为语法

数学命题是对无时间的抽象实体的描述（柏拉图主义）？或者它们是对经验观察的概括［密尔（Mill）；形式主义］？在维特根斯坦看来都不是。柏拉图主义和经验主义共享如下假设，即数学命题是对某物的**描述**，而这正好是维特根斯坦要反对的。数学命题不是描述，它们是**规则**（*RFM* 199a，228f，320b，324b，*LFM* 33）或者规范（*RFM* 425e，431b）：表达式的规则（*LFM* 44，47）、表征规则（*RFM* 363c）或者语法规则（*RFM* 162d，169b，170b，358be，359a）。它们决定概念（*RFM* 161c，162b，166bd，172b，248b，320a，432ef）或者概念间的联系（*RFM* 296cd，432e），并因此决定语言的正确使用（*RFM* 165h，196f），决定某种语言游戏（*RFM* 236cd）。因此，一个数学命题并不描述一个事实（*RFM* 356ef），它只决定一个特定的话语领域中什么是有意义的、什么是无意义的（*RFM* 164bc）。

在一种相当没有争议的意义上，有些数学命题能被称为"规则"。首先，存在那些最初级的算术式。"*1+1=2*"，"*2+1=3*"，"*3+1=4*"等等所起的作用类似于某种定义，或者自然数和加法运算的用法的基本范型：算术演算的基本规则。其次，存在一些非基本但简单的等式，例如乘法表里的那些等式，小时候我们记住它们并且把它们应用到更长的计算中。[1] 这样，"*3×9=27*"就被应用在长计算"*399×39*"中（参 *PLP* 53）。第三，在稍微更高一点的层次上，存在已经被证明的代数公式，它们被记住或者被咨询是为了重复应用，比方说，余弦规则或者二次方程。然而，这些情况都**不是**维特根斯坦把数学命题称为规则时他心中所想的东西。"如果人们说数学命题是一条规则，"他写道，"那这当然不是数学中的一条规则。"（MS 127，236）[2] 毋宁说，按照他的看法，它们是语法规则，而更为重要的是，不是数学的语法，而是非数学语言的语法。正如在 4.1 中解释过的那样，这个看法可以一直追溯到《逻辑哲学论》，数学在那里由下面三个命题来刻画：

60

数学命题是等式。

（*TLP* 6.2）

如果两个表达式是用等号联结起来的，这就意味着它们是可以互换的。

（*TLP* 6.23）

在现实生活中……我们使用数学命题只是为了从一些不属于数学的命题推导出其他一些同样不属于数学的命题。

（*TLP* 6.211）

---

[1]　在维特根斯坦 1931—1932 年的讲演中，他把它们称为"定义"（*LL* 96）。

[2]　*Wenn man sagt, der mathematische Satz ist eine Regel, so natürlich nicht eine Regel in der Mathematik.*（MS 127, 236；写于 1944 年 3 月 4 日）

因此，"2+3=5"这个等式就是使用自然语言中的数词的一条语法规则，准许我们（比方说）从"我右边口袋里有两枚硬币并且我左边口袋里有三枚硬币"得出"我口袋里（至少）有五枚硬币"。

维特根斯坦特别强调数学依赖于它在数学**之外**有应用。这正是把一个单纯的演算（这是根据某些句法规则来操纵符号的一个游戏）变成数学的那种东西。

> 我认为，当它被用来从一个命题转换到另一个命题的时候，它是数学。
>
> （*BT* 533）

> 它能被应用，这对数学来说必定是基本的。
>
> （*BT* 566）

> 我想说：数学符号也能穿着**便装**（*mufti*）被使用，这对数学来说是基本的。
>
> 正是在数学之外的使用让那种符号游戏变成数学。
>
> （*RFM* 257de；参 295f）

61
> 包含某种符号的数学命题是使用该符号的规则，并且……这些符号能被用在非数学陈述中。
>
> （*LFM* 33；参 256）

在维特根斯坦看来，等式是联结概念的规则，因此铸就了一个新的更丰富的概念（*RFM* 412f，432f）。这提供出的语法规则是：当等式的一边适用时，等式的另一边也必然适用：比方说，如果某种东西

是 *2+3*，那它也必定是 *5*。这样的话，"*2+3=5*"这个等式就提供了对"*2+3*"这个概念的一个进一步的决定（*RFM* 320a）。

数学命题的规范性地位解释了它们独特的必然性。我们发现比任何自然规律的必然性都强硬（inexorable）得多的正是概念规约及其含意的这种必然性。前者我们只能归纳地建立起来，这意味的是：在某个时刻被观察到的规则性会被打破，这总是至少可以设想的。然而，概念上的必然性则不依赖于事物在世界中所是且继续存在的方式，它是由我们自己制定的：通过我们赋予我们的符号的那些含义以及我们对那种含义的坚持。单身汉在某个时刻可能会不用肺呼吸，或者甚至不再遵守引力规律，但他们不可能不是未婚的人——这只是因为我们决定不把"单身汉"这个谓词应用到不是未婚的人身上。要是我们在某个时刻决定这么做，那这个词就会改变它的含义，它就会**理所当然地**（*eo ipso*）表达一个不同的概念，而单身汉是不结婚的男人这个分析性断言的确预设了这些语词是在它们当前含义上被使用的。同理，数学中"必定"(must)这个词传达的是我们坚持使用一个既定的概念（*RFM* 238d，309j），独立于经验会教给我们的什么东西（*RFM* 239d）。

> 数学上的<u>必定</u>只是数学构成概念这个事实的另一种表达罢了。
>
> （*RFM* 430f）

> 对这个**必定**的强调只和［我们］对计算技术以及许多相关技术的态度的强硬性相对应。
>
> （*RFM* 430e）

然而，数学命题是语法规则这个主张却挑起了争议，第一个争议是格奥尔格·克里塞尔（Georg Kreisel）提出的（格奥尔格·克里塞尔以对维特根斯坦《数学基础评论》毫不同情的立场出名）：为何在这种情况下还需要证明，"既然一条语言规则（在一般的意义上被理解）就是一个简单的决定的问题"（Kreisel 1958，140）。——好吧，这就有点儿像问："如果网球是一种球类游戏，那人们为什么不能进球得分？"对此的回答是：球类游戏包含进球，这并不是分析性的。可能最受欢迎的球类游戏确实是这样的；但也存在其他不是这样的球类游戏。同样的道理，一条语法规则必定是被任意选取的，这也不是分析性的。也许大多数语法规则是这样的；但是，按照维特根斯坦的说明，至少存在一种语法规则（在被我们称之为数学的那种东西中）并不是被任意选取的，而是通过证明引入的。

维特根斯坦在别的地方说语法是"任意的"（*PG* 184；参 *PI* §372），这当然是真的。但他说这话的意思是：语法本质上来说是一种人工制品，不能被评估为对自然来说为真或为假。但是，这并不意味着任何人都可以随心所欲地引入任何一种语法规则。很可能存在某些语法规则——尽管是我们制定了这些规则——但我们只是根据某些受规则制约的程序来制定这些规则的，我们把这些程序称为证明。

实际上，一开始就没被规约的次阶规则可以或者必须，根据受规则制约的某些程序稍后引入一种实践的想法并非闻所未闻。一个常见的例子是法律体系，它不仅包含一套法律，还包含合法引入新法律的程序规则。

因此，在维特根斯坦看来，数学命题有两个关键特征：(i) 它们被赋予语法规则、表征规范的地位。(ii) 除开定义（以及公理），它们必须通过证明来合法化。第二个特征会在后面的章节（第 10

章）中被考查；现在让我们更加仔细地观察一下数学是一种语法这个看法。

和语法陈述一样，数学命题据说是提供了一个解释框架，但它们自己并没有描述什么东西。它们决定什么是有意义的，但并不确立任何实质上的真（substantive truth）：

> 因为数学命题是为了向我们表明说什么才是<u>有意义</u>的。
>
> （*RFM* 164b）

> 如果你知道一个数学命题，这并不是说你已经知道**什么东西**（*anything*）了。这就是说，数学命题想来只提供一个解释框架。
>
> （*RFM* 356f）

这是具有挑衅性的，维特根斯坦自己有时也感到被它挑衅了。他承认，在这个主张——它可以被称为是对数学的一种非认知主义（non-cognitivist）解释——和数学的众所周知的预言潜能和实际的有用性之间看起来存在一种张力。等式意味的仅仅是表达式的转换，但是"一个表达式的单纯转换怎么可能有实际的后果呢？"（*RFM* 357a）

> 我可以用"12 英寸 =1 英尺"这个命题来做出一个预测；即十二英寸长的木头首尾相连，其结果和用一种不同的方式测量的一个整体的长度一样。因此，这条规则的要点就在于（比方说）它能够被用来做出某些预测。按照这个说法，它是否因

此就失去了**规则**的性质了呢？

（*RFM* 356a；参 381a）[1]

我经常可以计算出会发生什么：数学教给我一个可观察到的结果。7乘以 5 英尺的一个区域要被 1 平方英尺的瓷砖覆盖。这需要多少块瓷砖？一个初级计算就会告诉我需要 35 块瓷砖。因此，数学看起来能起到发现经验真理的作用，而不只是确定意义。

此外，如果一个等式只是决定什么有意义、什么无意义的一条规则，那么，应用一个错误计算就会导致无意义。比方说：

（A1）为了覆盖 7 乘以 5 英尺的一个区域，我需要填入 37块 1 平方英尺的瓷砖。

这话应该是没有意义的。但说它只不过是错了似乎要更加自然得多。毕竟，我可以怀疑这可能不是真的（*RFM* I §67：62）；我可以尝试并且从经验上说服我自己我不需要 37 块瓷砖。而且，（A1）**可能**为真，这并非不可思议。我们也许可以想象，当我们放下 35 块瓷砖的时候，不知怎的还是有两个平方空着；而且，奇怪的是，当我们数铺好的瓷砖的时候，我们总是得到 37（参 *RFM* I §137：91b）。

在 20 世纪 30 年代早期，维特根斯坦（正如魏斯曼报告的那样）否认一个数学命题允许我们预测经验观察：

5+7＝12 这个等式似乎赋予了我们对未来做出陈述的权利，

---

[1]　参 MS 163，62r："'数学语法？？但它帮助我们做出预测！'——它确实<u>有助于我们</u>"。（"*Die Mathematik eine Grammatik?? Aber sie hilft uns doch Vorhersagen machen!*" —— *Sie hilft uns.*）

即预测我会发现有多少先令——要是我数每个口袋里有多少先令的话［分别是 5 和 7］。但情况并非如此。关于未来的这样一个陈述是由演算之外的一个物理假设来辩护的。如果当我们数的时候，一个先令忽然消失了，或者一个新的先令忽然出现了，那我们就不该说经验驳斥了 5＋7＝12 这个等式；同理，我们不应该说经验证实了这个等式。

（PLP 51—52）

64

按照这个看法，数学只是联结起了 5＋7 的概念和 12 的概念，而构成并且坚持一个联合概念，根据这个概念，不管什么东西只要落在一个概念之下就也落在另一个概念之下。使用这个联合概念来从一个描述变到另一个描述，并不包含任何物理上的假设。如果你两个口袋里分别有 5 个和 7 个先令，那么你**事实上**（*ipso facto*）就有 12 个先令在口袋里。但如果我们谈的是预测下一刻在你口袋里**会**发现什么，情况就不同了。"*5＋7＝12*"这条数学替换规则单独来说并不能保证**现在**数了有 5 个和 7 个先令，片刻过后我会数出 12 先令。这个预测同样包含如下物理假设（或者预设），即硬币具有某种持久性：它们不会突然消失、融合或者变多。

然而，人们可能会回应道，尽管硬币的持久性当然是必须被预设的东西，讨论中的这个预测是通过这个等式得到的且由它（至少是部分地）辩护的，这依然是事实。当被问到："是什么让你认为你会在口袋里发现 12 个先令"，回答就不是（或者不仅仅是）："我关于硬币的物理性质知道的那些事情"，而毋宁说是："我在一个口袋里数了是 5，另一个口袋里数了是 7，而 *5＋7＝12*"。

问题依然是：维特根斯坦对数学命题作为语法规则的看法如何跟它们在预测上的有用性协调起来？只是它们当真是语法命题吗

（参 Marion 1998，4）？如果我们把基本的数学命题和一般的语法命题相比较——比方说：

（GP）单身汉是未结婚的男人。

我们很快就会发现它们有显著的不同。（GP）构成其主语的含义：它解释了"单身汉"这个词是什么意思。"单身汉"和"未婚男人"只是同一个概念的两种表达。因此，如果你理解了这两个表达，你就绝不可能知道其中一个适用而不知道另一个也适用。与此相反，（正如康德众所周知地指出的那样）[1]7+5 和 12 是不同的两个概念：它们有不同的应用标准（数到 7 和数到 5 VS 数到 12）（参 *RFM* 357f）。因此，在一个既定的场合发现一个标准被满足了而另一个标准没被满足，这是**可能的**：数了 7 个对象和 5 个对象，但后来数的时候一共只有 11 个（或者，用维特根斯坦的例子，*25×25*，但不是 *625*）（*RFM* 358ef）。在这种情况下，我们一开始就有不同的、被独立地理解的两个概念——"只是通过我们的算术它们才**变成一个**"（*RFM* 358b；参 359a）。请注意对"变成"的强调：如果数学命题是语法命题，那它们从本质上来说是**附加的**命题：针对语词的**进一步**规则，没有这些规则语词已经可以被理解了。数学命题**丰富了现存的含义**。与此相反，通过一个像（GP）那样的语法命题表达出的规范并没有**改变**或者**丰富**"单身汉"这个词的含义，这个词从一开始就给定了含义。

　　数学命题似乎更像是另一种类型的语法命题，这种语法命题在

---

[1]　康德（1787，B 15）："但如果我们更加仔细地观察，那我们就会发现 7 和 5 之和的这个概念除了包含这两个数合而为一之外什么也不包含，而在这个概念中人们根本就没有想到将两个数联结在一起的那个单独的数是什么。12 的概念无论如何都没有在单单思考 7 和 5 的这种联合中被想到。"

科学话语中相当常见。有时，曾经是经验发现的东西后来被用作一个定义的一部分，比方说，光的速度或者酸的主要属性。因此，维特根斯坦写道，算术命题来自经验观察并在某个时刻被转化为规则：一个算术命题可以说是"一个经验命题硬化为一条规则"（*RFM* 325b）。总体来说：

> 每一个经验命题都可以起到一条规则的作用（要是它被固定的话），就像机器上的一部件被固定下来，那现在整个表征形式就围着它转，而它就变成了坐标系的一部分，不依赖于事实。

> （*RFM* 437e）

按照这种看法，一个数学命题是被嫁接到一个相应的经验观察之上的。[1] 与此相对，绝不可能经验地发现单身汉是未结婚的男人。

如果基本的数学命题从本质上来说就是联结现存概念的额外规则，那问题就是这些规则是否完全融入了我们的语言，正如当维特根斯坦把它们称为"语法的"或者"语言的工具"（*RFM* 162d，164—166，358d，359a）的时候，以及他说数学"沿着我们的语言规则前进"（*RFM* I §165：99），"构成全新的规则"（*RFM* I §166：99），还有"在最早的原初（*Ur-*）度量中沉淀"（*RFM* I §165：99）的时候，他似乎想要表明的那样。我认为，我们有理由给出一个更有资格的答案：有理由不把数学——也许除了它最基础的部分——视为我们**日常**语言的语法的一部分。

刻画一个语法命题的是下面这一点，即由于它决定了什么是有

66

---

[1] 这个看法将在第9章被批判地讨论。

意义的，那它的反面（或者违反它所表达的规范的一个句子）就是无意义的。这对数学命题来说也为真吗？正如之前所引用的那样，维特根斯坦似乎认为是这样的（*RFM* 164b）。而在最初级的层次上可能确实是这样的。"我早上喝了两杯咖啡，下午喝了两杯咖啡，所以我今天一共喝了三杯咖啡"这句话显然是不一致的。完全可以斥之为不仅仅是错误的，而且还是胡说的（nonsensical）。但假设有人说了：

（A2）我的单坡顶车库的屋顶与地平面的角度是15°，屋顶从墙壁水平延伸 5.36 米，屋顶的一侧比另一侧高 1.32 米。

我们会将**这**斥为无意义吗？肯定不会直截了当地这么做，因为据我们所知，这甚至可能是真的。不过一个三角函数计算会表明：

（M2）如果一个直角三角形有一个角是15°而相邻的直角边是 5.36 米，那对边就是 1.44 米。

因此（A2）终究不可能是正确的。然而，人们能**相信**它是正确的——而这和把它当成是无意义的相左。因为在不存在意义的地方，就没有什么可以相信的。然而，人们能够持有不一致的信念。在这样一种情况下，如果这句话所表达的某人的信念是无意义的，那他到底相信的是什么呢？

维特根斯坦讨论过相信错误等式的问题（*RFM* 76—79），他似乎认为当我错误地相信 *16 × 16 = 169* 的时候，我相信的并不是一个数学命题；毋宁说，我错误地相信"*16 × 16 = 169*"**是**一个数学命题，是我们的数学语法的一条规则——而它不是。它**在算术中**是没有含义的，就像把兵向后移动并不是象棋中的一步一样，这甚至都不是一步臭棋。

然而，我们的问题并不是人们怎么能相信一个错误的**数学**命题，而是人们怎么能相信一个像（A2）这样的错误的**非数学**命题，（A2）和表征一种数学规范的（M2）相冲突且被它排除掉了。当然，让三角函数的表征规范以单坡顶车库屋顶形状的形式呈现，这并非不可能，但这几乎不是对（A2）的一个自然理解。与之相应的三角函数规范用条件式来表达［就像（M2）那样］会是更加自然的。我们把（A2）当成一个经验陈述：就好像是说话者对他的测量的报道，这种可能性要大得多。在我做数学**之前**，我肯定可以相信这是些正确的测量。后来我就该考虑说话者肯定犯了一个错误（或者屋顶并不是直的，因此人们实际上不能说它是15°）。不过，事实依然是：人们能够把（A2）当成一个经验陈述来理解并相信它为真。

也许这种情况类似于相信 *16 × 16 = 169* 的情况。在那里我相信某种东西是一个数学命题，尽管它是无意义的；在这里我相信某种东西是一个经验命题（即可以为真的某种东西），尽管实际上它是不一致的。这种情况也有可能出现在不牵涉到数学概念的地方。比方说，家族关系的诸概念可能会以不一致的方式被联结起来："我儿子没有意识到我侄孙女的父母都没有表兄妹"。当我们相信这样一种说明为真的时候，我们可能会错误地认为这个描述是一致的。

因此，可信性（believability）并不是经验意义的一个保证。不过，维特根斯坦本人似乎认为，数学计算的应用可能与经验一致，也可能与经验不一致，这就是说，它们是经验断言，或者可以被当成是经验断言。

在维特根斯坦的 1939 年讲演中，他再三强调指出，和一个算术

67

等式相对应，存在用相似的或者甚至完全一样的语词表达的一个经验陈述，而把它和数学命题区别开来是很重要的（*LFM* 111）。人们在这里容易想到的是下面这一对：

（M）5+7＝12
（A）5个苹果加7个苹果是12个苹果。

但正如在维特根斯坦的哲学中，他总是告诉我们不要只看语词形式，还要看到它们的用法（参 *LC* 2）。像"苹果"这样的经验语词的出现并没有很可靠地指示下面这一点，即我们正在考虑的是一个经验陈述。就像他在别的地方评论的那样，"数学命题完全可以用人、房子等等语词来表达"（*LFM* 116；参 113）。一种表征规范可以用给出一个可能的实例的方式来教授。像"苹果"这样的语词可以起到有点像一个变量所起的作用，表示的是一个算术等式从本质上来说是可以应用到事物上去的，而不是（像柏拉图主义者所认为的那样）对抽象对象的一个自足的陈述。

因此，尽管（A）显然是关于苹果的，但它完全可以被用作一个数学命题：用作对一种表征规范的一个表达。另一方面，在维特根斯坦看来，那个赤裸的等式（M）也可以被当作是一个经验上的概括。因此，数字语句的数学和非数学用法之间的差异不必和两种表达方式之间的差异相吻合，而是可以正好交叉起来的。不管你选择哪种表达方式，它都可以用两可的方式来理解：

关键在于下面这点，即"25×25＝625"这个命题可以在两个意义上都为真。如果我用它来计算一个重量，我可以在两种不同的方式上使用它。

94

首先，当被用作对某物重多少的一个预测时——在这种情形下就会有正确和错误之分，而且它是一个经验命题。如果被讨论的物体被放在天平上时，发现重量不是 625 克，我就会说它是错误的。

在另一个意义上，如果计算表明了这一点的话——如果它能被证明的话——如果根据某些规则，25 乘以 25 的乘法运算得出 625 的话，那这个命题就是正确的。

它可以在一种方式上正确，在另一种方式上错误；反之亦然。

当然，我们一般是在第二种方式上使用 $25 \times 25 = 625$ 这个陈述的。我们让它正确或者错误，这都是独立于经验的。在一种意义上，它是独立于经验的，在另一种意义上，不是。

（*LFM* 41；参 292）

需注意的要点是，按照维特根斯坦的解释，针对所有数学命题（至少在日常数学的层面上）都存在与之类似的经验性陈述，以至于事情（事实上）会表现得和那种数学规范相一致（*LFM* 111）。比方说对（**M**）"*5＋7＝12*"而言，就存在如下预测，即如果你数 5 个苹果和 7 个苹果然后一起数你就会直接得到 12 个苹果。这个预测可能会偶尔出错但其实几乎不会出错。

当然，被应用的陈述（**A**）也能在一个无时间的意义上被理解，在那种意义上它就会和（**M**）一样无法被证明为假。把 7 个苹果加到 5 个苹果上以后，下一刻是否会有 12 个苹果，这实际上是一件经验上的事（参 *RFM* I §37：51），但是，讨论中的这些苹果有 7 个和 5 个而一共是 12 个则不是。这正是维特根斯坦上面提到的那个要点：即便一个关于苹果的陈述也能被当成是一个无时间的数学陈述

（*LFM* 113）。但那样的话，它真正说来就不是一个经验上的应用了。在我们把数学应用到经验世界的那些地方，我们会对某些计数或测量的结果是什么做出断言，然而，计数或测量的实际结果，在某个时间点上，总是一个经验问题。在上面引用的段落中提到的那类例子中，25 个每个 25 克的坚果称总重是 623 克，这并不是不可想象的。同样，我们的测量确认了（A2）——尽管它和（M2）不兼容，这也是可以想象的。

那么，看起来就好像是同一个句子既能被用来表达必定是这种情况，也能被用来表达只是恰好是这种情况。这是如何可能的？回到更加原始的（A）例，我们可以把它当成是一个必然真理，即 5 个苹果加 7 个苹果等于 12 个苹果，或者我们能够让自己相信只是经验上是这样（因此允许了另一个结果的可能性）。与此相对，在一个普通的语法命题的情况中［就像（GP）"单身汉是未结婚的男人"］，就不存在经验上加以确认的任何空间。确认了某人是单身汉，他是不是未婚男人就不再是一个问题，因为这两个表达在含义上是相同的：具有完全一样的应用标准（不像"*5+7*"和"*12*"）。

这个差异来自如下（已经评论过的）事实，即算术提供的是**额外的**语法规则。换句话说，在算术规则出现**之前**，就已经存在具有正确标准的有意义语言了。更具体地来说，数词——在我们发展或者学会算术规则即加减乘除的技术之前——就已经具有含义（这是由及物计数决定的）了。在那个阶段上，我们能数 5 个苹果和 7 个苹果；我们也能数 12 个苹果。但在我们先数 5 个后数 7 个的情况中，是否一共会数出 12 个，这还是一个开放的问题，因为这两个概念是不同的（参 Baker & Hacker 2009，322—323）。*5+7* 的概念和 *12* 的概念只是在一个新的算术系统中才变成等同的（*RFM* 358b）。换句话说，我们在这里有能被当成是两种（或者更多）越来越丰富的不同语言的重叠。首先，有能被称为"$_N$英语"的东西，这就是指：**普通的英语，包含数字词**，但不包含算术运算；后来，我们在小学学习初等算术。结果可以这么说来描述，即现在我们掌握了"$_{N+}$英语"（也就是说，**英语加算术**）。算术等式在$_{N+}$英语中是语法命题（当然，就像在$_{N+}$法语或者$_{N+}$德语中一样），把它们应用到关于苹果的数字陈述上就是必然真理，而其他跟它们相冲突的数字陈述就会因无意义被排除在外。不过，从最原始的$_N$英语的角度来看，这样的应用以及它们的反面（比方说，"当你把 5 个苹果加上 7 个苹果之际，你得到 11 个苹果"）都不过是经验断言而已。

随后，更远的数学拓展领域被补充到我们的语言中来（参 *PI* §18）。从历史上来看，三角学在古代晚期开始发展；从个体发生角度来看，三角学的概念在中学时期才被添加到我们的语言库中。这个过程可以用下面这话来描述：我们学会了$_{N+\triangle}$英语，即**英语加算术和三角学**。然而，很少有人在他们的成年生活中使用并因此记住了侧角函数的规则。大多数人在$_{N+\triangle}$英语中没有进一步的指导就没办法计算出（M2）并因此看出（A2）的不一致性。因此，他们很自然地倾向于把（A2）当成一个经验陈述来看待。

因此，数学命题和一般的语法命题之间存在以下三个不同。首先，由于我们在算术中计算我们也能数的那东西，我们就有了确认数量相同的不同标准（比方说，先数 7 个再数 5 个——或者数 12 个；或者还有，数 3 行 8 列——或者数 24 个），这就是说，我们有证实一个数字陈述的不同的程序，而一个计算表明它们是等同的。然而，不同的证实程序会产生不同的结果，这总是可以想象的，至少由于不准确的缘故：

说下面这话并没有矛盾："用一种计数方法我得到 25×25

（因此是 625），用另一种方法得不到 625（因此不是 25×25）。"算术对此没有异议。

（RFM 358f）

与此相反，一个普通的语法命题（它讲清楚一个既定概念的含意）不会超出所讨论的概念的应用标准，因此也就没有为相冲突的经验结果留下任何空间。

其次，大多数等式只有在需要的时候才必须被**计算**出来，而不是一劳永逸地记住。因此，往往即便是一个能胜任的数学家也不能立刻看出一个量的断言是合法的还是不协调的。这一时半会儿就产生了某种类似于对待一个命题的经验态度的东西，而这个命题最终会被证明为要么是必然的要么是不一致的。我们暂时把它当成一个经验主张的什么东西，后来可能会被斥为无稽之谈。

这种情况有时也会出现在数学之外。一个逻辑上很复杂的命题组（也许是一个谬误论证的前提和结论）可能包含一个隐藏的不一致。但是，这样一个复杂且其不一致性不明显的表达式，尽管它可能会被认为是一个分析真理（比方说，如果它是由一个论证的前提和结论形成的条件句），但它不会被当成是一个语法命题。因为维特根斯坦所说的语法命题，其特征在于它的规范性功能：作为概念正确性的一个样本、提醒物或者标准（AL 31）。然而，要是一个命题或者一组命题如此复杂，以至于我们不容易确定，因而需要弄清它是分析性的还是不一致的，那把它援引为正确性的一个标准或者解释概念的一个工具——就像"雌狐就是雌性狐狸"（A vixen is a female fox）这个语法命题一样——就是十分不合适的。

最后，数学命题和普通语法命题之间还有第三个不同。除开基本算术，数学是一门专家技能；因此，大多数数学规则和结果

98

并不掌管我们的本地语，而只是少数专家使用的一种子语言（sub-language）（参 RR 128）。因此，一个量的陈述，如（A2），即便当它被一个数学表征规范排除在外的时候，它还是能在日常语言中起到经验断言的作用。这就是说，（A2）不仅可以是我们的测量结果，而且我们还可以接受它是正确的；虽然一个能胜任的三角学家也可能会记下（A2）中给出的测量数据，但他最终会得出结论说某些东西弄错了（不管是他量得不准，还是卷尺有问题，还是有些板子不平或者位移了）。同理，我们可能确实会发现：先放 7 个苹果再放 5 个苹果，桌子上只有 11 个苹果；但那时我们会坚持认为：放在那里的是 12 个苹果而且有 1 个肯定不知怎的消失了（参 *RFM* I §37：51）。

71

尽管数学命题和普通的语法规则稍微有点不同，我们还是可以同意维特根斯坦说它们起到表征规范的作用。它们定义了一种正确性标准，通过该标准句子能够被评估。因此，

（N）我买了 25 袋每袋 25 个的坚果；我一共有 623 个坚果。

这样的命题就会被摒弃，不是基于经验的根据，而是基于先天根据；正如我们先天地知道"琼斯是一位结了婚的单身汉"是不可接受的一样。区别只是在于后者是无稽之谈，而前者（N）在非数学语言（N 英语）中依旧是一个可理解的经验断言。只有从一种数学的观点看——或者我们可以说，在 N+ 英语中——（N）才"没有意义"。要让数学规范有效力并且被严格地坚持下去，它们不必是日常语言的规范。如果数学规范指的不是我们的日常语言的语法，而仅指一种具体话语形式的语法，那它们可以被称为是"语法的"，或者，在一种比喻的意义上理解"语法"这个词，我们可以说它们是"语法"，即某类活动或某种制度化的生活形式的规则体系。在《哲学研

究》的一则简洁的评论中，维特根斯坦说神学可以被当成语法（*PI* §373），为关于上帝什么能被有意义地说出提供规则。但这些规则只有在特定的宗教社群内才具有约束力。因此，对一位信徒来说，上帝从定义上来说就是全能的和全善的。[1] 质疑这些属性在宗教话语中毫无意义：这可能会是"荒谬的或者渎神的"（*AL* 32）。然而，不可知论者很可能会这样做（比方说，争论说要是上帝存在的话，他也不会是全善的）。你可以跳出宗教语言，蔑视它的语法规范，但你依然在语言之中。

72　　　请考虑下面这个占卜语言游戏：人们有一种复杂的演算来决定哪天出门旅行比较吉利。参数是一起出行的人数、他们的平均年龄以及出行距离。某种算法会得出 1 和 31 之间的三个数，这三个数具体说明一个月中的哪几天出发比较吉利：$N*A*D=(x, y, z)$。因此，要是 3 个年龄分别是 25 岁、30 岁、35 岁的人想要来一次 217 英里的旅行，他们可能会进行计算，得出以下公式：

（AC）$3*30*217=(17, 18, 23)$

意思是 17 号、18 号和 23 号会是出门旅行的吉日。

　　　这样一种占卜演算按理来说就会是一种数学 [2]，或者至少可以和数学相提并论。对于这个游戏的实践者们来说，（AC）起到一条"语法"规则的作用，背书了某些陈述而把其他一些陈述排除在外。下面这个陈述（比方说）就会因为是"非语法的"而被排除在外：

---

[1] *Z* §717："'你听不见上帝对别人说话，只有当上帝对你说话的时候，你才能听见他'。——这是一则语法评论。"

[2] 但请参 *RFM* 399d。

（J）5 号是年龄分别是 25 岁、30 岁、35 岁的 3 个人想要来一次 217 英里旅行的吉日。

然而，很明显的是，（J）从语言学上来讲并没有瑕疵。它甚至可能为真。

请注意，为了要让这个占卜演算有一个真正的应用，"吉日"一定不能被当成是一个技术用语，完全由演算所定义。正如维特根斯坦所说："正是符号在数学之外的用法（符号的**意义**就是这样来的）让符号游戏变成了数学。"（*RFM* 257e）在这种情况下，为了让三个数到另外三个数的受规则制约的变形有资格被称为数学，结果必须在数学之外具有一个角色，比方说，在我们决定合适的旅行日期的时候指导我们。再说一遍，数学提供处理现有概念的**额外的**规则。我们已经有了什么是旅行吉日的观念，占卜演算给我们提供了一种新的方法来确定一个吉日。

这些是在语法这个词的一个更宽泛含义上的"语法"规则的例子：不是像英语或者德语的那种语言的语法，而是（这么说吧）某种话语或者某种预测活动的"语法"。我的意见是，如果我们听维特根斯坦的，把数学命题当成语法规范，那我们就需要以类似的方式来理解"语法的"这个词：不是在一门自然语言中决定什么是有意义的，而毋宁说是在一个特定种类的话语或者活动中确定意义与无意义。这就是说，大致而言，一种我们在其中试图发展并应用一套**数量演算**系统，而不是简单地计数或者测量它们的活动和话语。[1]

请注意，维特根斯坦反复指出计算不必用语句来表达：数学首先是一种活动，而且没必要全然是一种语言活动（*RFM* I §144：93）。

---

[1] 请注意，数学与神学和预言之间的比较只涉及这些活动的规范性受限制的那种方式，而且并不和语言学的规范相重合。这并非意在表明数学只是一种信仰或者迷信的事。

这也表明了数学建立的规范与其说是语言规范，不如说（大概）是处理数量的方法论规则。

> 一个证明就是一种工具——但为什么我说"语言的一种工具"呢？
>
> 那么，一个计算必然是语言的一种工具？
>
> （*RFM* 168cd）

我们甚至可以想象一种完全没有数学命题的数学：

> 可以想象人们有一种没有纯数学的应用数学。他们可以——比方说让我们假设——计算某些移动体所描绘的路径并预测它们在一个既定时刻所处的位置。为此目的，他们使用坐标系统、曲线方程（**一种描述实际运动的形式**）以及十进制中的计算技术。纯数学命题的想法对他们来说可能是十分陌生的。
>
> 因此，这些人具有一些规则，而为了预测某些事件的发生，他们根据这些规则变换那些合适的符号（尤其是，比方说，数字）。
>
> （*RFM* 232ab）

维特根斯坦承认这些人的数学（不包含任何数学命题而完全由实操说明——"为了预测的目的而转换符号的技术"——组成）几乎不会被当成是"语法"（*RFM* 234c）。因为他们的规则与其说是规定人们可以合法地**说**什么，倒不如说主要是规定人们应该**做**什么（*RFM* 232f）。然而，我们用"语法"一般意味的是说话的规则而不是做事的规则。

因此，即便我们实际的数学也主要是被应用的计算的一种工具 [1]，在这个意义上严格来说它不能被称为"语法"。但还有另一段话，维特根斯坦在那里毫无顾忌地在一种扩展意义上使用"语法"这个词，使之直接涵盖实操说明：

> 语法规则可以和测量时间段、距离、温度、力量等等的   74
> 程序规则相比较。或者：这些方法论规则本身就是语法规则的
> 例子。
>
> （MS 117，138—139）[2]

再者，除了这样一些段落 [维特根斯坦在这些段落中在一个更宽泛的意义上使用"语法"这个词（我们的计算技术也包括在其中）]，还有一些评论中他似乎在一个更狭窄的含义上使用这个词，更加小心翼翼地表述他对数学之地位的看法：

> 我没有权利让你们说数学命题是语法规则。我只有对你们
> 说这话的权利，"研究一下数学命题——依赖于经验，却被弄成
> 独立于经验的命题，是否是表达的规则、范例……"
>
> （LFM 55）

毫无疑问的是，**在某种语言游戏中**，数学命题相对于描述性命题而言扮演的是描述规则的角色。

---

[1]　MS 121, 71v："数学由计算而不是命题组成。"（*Die Mathematik besteht aus Rechnungen, nicht aus Sätzen.*）

[2]　*Die grammatischen Regeln sind zu vergleichen Regeln über das Vorgehn beim Messen von Zeiträumen, von Entfernungen, Temperaturen, Kräften, etc. etc. Oder auch: diese methodologischen Regeln sind selbst Beispiele grammatischer Regeln.*

但这并不是说：这种对比在所有方向上都不会逐渐变暗。

（ *RFM* 363cd）

我说的话等于下面这话，即数学是**规范性的**。

（ *RFM* 425e）

数学命题从本质上来说类似于规则……

（ *RPP* I §266）

总而言之，数学命题不能被当成是语法规则，如果语法规则被理解成是我们的日常语言（比方说，$_N$英语或者$_N$德语）的规则的话。毋宁说，它们是规则，但掌管的是我们的语言的一种延伸（或者量化和计算的话语与实践之领域），它们定义正确和错误，而这与日常语言中意义（sense）与无意义（nonsense）的区别并不吻合。被一个计算排除在外的一个经验预测照样可以是对一个可设想后果的有意义描述，即便从一种数学的观点看它"无意义"。

维特根斯坦进一步主张，尽管数学的规范本身不受证伪的影响，但它反映了我们的经验，这可以为我们的这个问题——数学为什么能是这样一种强大的预测工具，提供第一个试探性的回答。但是，一方面，这似乎只适用于初等数学；另一方面，数学的这种被假定的经验基础是如何同数学证明联系起来的，还有待观察。因为，如前所述，数学定理需要通过证明确立起来，而这显然与经验证实不是一回事。（我们会在第 8—10 章进一步追问这一点。）

也许值得注意的是，尽管维特根斯坦把数学命题当成类似于语法规则（这些语法规则针对的是某些表达的非数学用法），他并不因此就认为应用数学是直接从纯数学中流出来的。对数学来说基本的是它有一个经验的应用（*RFM* 257de），但那种应用绝不是完全由数学决定的。事实上，恰恰是因为数学（至少数学的核心）必须是可应用的，数学符号的含义才必定在某种程度上由它们在数学之外的应用所决定（*RFM* 259b）；正如一个事物，只有当它的符号被解释为代表日常语言的表达（陈述句、谓词、连词等等）时，它才成为一种**逻辑**演算，这些表达的含义并没有被规定，而是被演算预设了。因此，欧几里得几何处理长度和角之间的关系，但它并没有具体说明一个长度或者一个角是如何被测量的。毋宁说，为了让它成为几何，需要把它和我们对测量的经验概念（这决定了我们对长度的概念）结合起来。同理，算术并没有给予我们任何数事物数量的方法（*LFM* 256—257；RR 106—108）。为了让一个演算成为算术，它必须要被嫁接到我们对事物数量的普通概念（这是由我们的及物计数实践决定的）之上。

正如维特根斯坦认为数或者长度的概念是由我们确定数或者长度的方法决定的，他反复考虑不同的（甚至可能是怪异的）计数或者测量方法的可能性，比方说：

> 正确的计数方法可以是这样的，即在数到（比方说）第一个十之后，人们不得不采用某种不同的东西作为"进一步的单位"（比方说，这可以是一双），二十以后还有不同的某种东西，等等。

（RR 108）

或者还有：

　　将一把会缩小到（比方说）它一半长度的尺从这个房间拿到那个房间来测量，这可以是很实用的。这种属性在其他情形下会让这把尺变得没用。

　　在某些情形下，当你数一个集合的时候丢掉一些数可能是很实用的：1，2，4，5，7，8，10这样来数它们。

（*RFM* I §140: 91—92）

76　这些偏常的程序并没有被数学排除在外。数学规则只决定其符号相对于其他数学符号的含义。它对它们的直接的经验适用性明显无所说。它教我们怎样不及物地计数，这就是说，怎样发展自然数序列，但它并不教我们怎样数苹果这种及物计数的技术（*LFM* 258）。正如维特根斯坦在一次讲演中所说的：

　　　　欧几里得几何给出了应用"长度"和"等长"等等这些词的**规则**。并不是**所有**规则，因为这些规则中的一些依赖于怎样测量和比较长度。

（*LFM* 256）

数词以及像"长度"这样的词等等，它们的意义和"语法"的基础是前数学的（pre-mathematical），只是后来才被数学发展和丰富了。

　　因此，数学的**成功的**适用性部分依赖于我们对计数和测量的经验实践。不同的实践可能会要求对数学命题的一种不同的应用（RR 123），或者甚至要求一种不同的演算：比方说，如果我们像维特根斯坦在上述引文（来自 RR 108）中所想象的那样计数，那么，采用一种会导致"*6＋6＝11*"这个等式的算术就会更加有用。所以，数学证明并不能单独保证一个定理适合被用作一个表达规范（norm of expression）。定理作为表达规范的地位只是偶然的，即便一个证明已经赋予了它作为必然真理的尊严。

一旦我们超出相当初级的数学领域，和应用的联系（数学定理在这种联系中被认为是扮演着一个规范性角色）就变得更加成问题。纯数学领域里的发展没有任何心中所想的应用与之相伴，就算有也不是最终为它们找到的那一种应用，这是相当明显的。

大概公元前 300 年，欧几里得证明了不存在最大素数。非常大的素数在密码学中扮演着重要的角色，但根据维特根斯坦的数学规范性思想，很难看出如何能把这个被证明的素数之无限应用于数学之外。

欧几里得也明确了对每一个**梅森素数**（*Mersenne prime number*）（即形如 2^p-1 的素数，其中 p 本身也是一个素数）都存在一个**完全数**（即一个等于其真因子之和的数），也就是：$P=2^{p-1}(2^p-1)$。在 18 世纪，欧拉证明了每一个偶完全数都可以用这种方式从一个梅森素数中推导出来，因此这两种数之间就存在一种一一对应（Higgins 2011，28）。然而，不管是欧几里得还是欧拉，他们都不关心对他们的发现的任何应用，而且据我所知到现在也没有找到一个应用。

格奥尔格·波恩哈德·黎曼（Georg Bernhard Riemann）1854 年在他关于几何的开幕讲演中就试图表明欧几里得的几何公理是经验的，而不是自明的真理。他给出了另一个同样一致的几何公理系统，根据该系统，空间看起来是不受束的（unbounded）而不是无限的（infinite）。黎曼的这种非欧几何、二重椭圆几何（在这种几何中**不存在平行线并且三角形的内角和总是大于** 180°）一开始并非意在凭其对三维物理空间的应用超越欧几里得几何，而仅仅是为了证明欧几里得公理的经验性地位。黎曼［以及稍晚一点的欧金尼奥·贝尔特拉米（Eugenio Beltrami）］认为二重椭圆几何的唯一应用就是球体的表面，不过，在这种情况下的“直线”实际上并不是直的（就像一把尺的边缘那样），而是大圆（其中点就是球心）。只有到半世纪以后，黎曼几何才作为欧几里得几何的替代品在爱因斯坦的广义相对论中被应用到宇宙空间（Kline 1980，85—86，180—181）。

在所有这些例子中，对一个定理的证明并**没有**建立起一种表达规范[1]，而只是（正如我们会说的那样）经验话语中的表达规范的一个**候选**。维特根斯坦承认数学的领地大于应用数学或者可应用的数学。他意识到数学新分支的发展"根本不用援引任何可能的应用"（RR 132）。至少就目前而言，这些结构可以被当成是"'空关联'（empty connexions）系统"：

> 这些数学新分支的应用也许很快就会被发现，也许只有等到多年以后，这都是可能的；当然，这样的事已经发生了。或者，没有任何应用会被发现，这也是可能的。再说一遍，如果数学的某个新分支被赋予了一种应用，这可能是以相当意想不到的方式实现的。

（RR 132）

这进一步补充了上面给出的不把数学命题当成是普通语法命题的理由。我认为，已确立的数学（基本算术和欧几里得几何）并不为日常语言提供表征规范，而是为日常语言的延伸（有些延伸只有相对少数受过数学教育的专业人士才熟悉）提供表征规范。除此之外，当数学研究中产生新的定理的时候，它们通常会在一段时间内寻找一种应用：在一种科学理论中寻找适合这些定理的新概念。因此，在一段时间内，它们只能被当成是表达规范的**候选**。

---

[1]　除了对数学家的活动的描述以外（参 *LFM* 47）。

7　遵守规则

正如在之前的章节中所讨论的，维特根斯坦认为数学命题是语法规则需要加上一些限制条件。数学命题只是我们的语言的一个延伸部分的语法，该部分通常只为专家所熟悉。或者，把数学当成是计算技术的一种实践（而不是语言的一部分），我们可以说"语法"这个词要在一个更宽泛的（甚至是隐喻的）意义上来理解，而即便这样的话，我们还是要牢记新数学作品的可应用性往往只是一种未来的可能性；因此，纯数学的这个新部分（就目前而言）只是设想意义上的"语法"规则的**候选**。即便如此，数学无疑可以被说成是基于规则的。然而，众所周知的是，维特根斯坦提醒我们注意关于遵守规则的一个哲学问题，这个问题可以表述如下：

> 但是，一条规则如何能教会我在**这个**点上要做什么呢？无论我怎么做，终究可以通过某种解释和规则相一致。

（*PI* §198）

他用学校里的一个场景来说明这个问题，在该场景中一位执拗的偏常学生被教导写下偶数序列（在"+2"的命令下），他直到1000做得都对，但在这之后他继续写下：1004，1008，1012。

> 我们对他说："看你干了什么？"——他是不会理解的。我们说："你还是要加二：看看你是怎样开始这个序列的！"——他回答说："是的，这难道不对吗？我还以为我就**应该**这样做呢。"
>
> （*PI* §185）

79

想象这个奇怪的例子的意义是什么？——*RFM* I（这个例子在其中被提及）§3 的措辞为我们给出了一个暗示："**我怎么知道**在续写 +2 序列的过程中我必须写下'20004，20006'而不是'20004，20008'？"在这之前，关键词是"决定"：一个公式如何决定某些步骤？"给出一个公式，我怎么知道该采取什么步骤？"这个认识论上的转释让这个问题寻找的是哪种决定变得更清楚：其基本想法是，公式通过**告诉**我们该采取哪些步骤来**决定**某些步骤。公式要包含信息，给予我们该采取什么步骤的知识。在别的地方，维特根斯坦直接表达了通过知识来决定的看法：

> 为了能执行这个命令，我必须知道什么？是否存在某种**知识**让这条规则只能以**这种**方式来执行？
>
> （*RFM* 341h）

但这样的话，正如那位偏常学生的场景说明的一样，公式看起来并不包含所需要的那个信息。而且实际上很难看出公式如何可能做到这一点。毕竟，+2 的序列包含无限多的步骤；而一个简洁的命令或者公式如何可能包含无限数量的知识呢？

RFM I §3 的第二段尝试给出一个回答。公式需要传达的信息只有一则，即加 2 的原则。一旦你理解了这一点，你就知道它只包含从序列里的一个数到另一个数的一个很小的修正：在这个单元，你把 0 改成 2，2 改成 4，4 改成 6，6 改成 8，或者 8 改成 0，而每当你改成 0 的时候，你也把左边的数往上加一个。维特根斯坦的回答是：这无济于事，正如哲学问题甚至对最简单的算法也适用一样，即便对一直重复同样的数 2，2，2，2…这条说明也适用。"因为，我怎么知道在五百个'2'以后我还是要写下'2'？"我们可能想要回答说，这个说明确实是足够清楚的：我们只要一直写**一样的**数就好了。但维特根斯坦反驳说，问题就在于知道在任何既定时刻什么被**算作**"一样的数"。

在第一段结尾的括号中，维特根斯坦把这个问题和"我怎么知道这种颜色是'红色'？"这个问题相比较。再一次，人们可以想象下面这样的回答，即"红色"是无论何时和一个给定的红色样本（比方说，一个成熟的西红柿）颜色一样的时候，我们称呼的那种颜色。但维特根斯坦关心的是，我们还是需要知道在一个既定的情况下什么被算作"一样的颜色"。而我们可以想象我们的颜色同一性标准并没有那么清楚易懂。它们可以（比方说）包含对一天中时间的援引，因此，在早晨被算作是"红色"的东西，到晚上可能不会被称为"红色"（参 *RFM* 328f—h）。

这表明了遵守规则问题所覆盖的范围之广泛，以及为什么它不仅在维特根斯坦的数学哲学，而且还在他的语言哲学和心灵哲学中（正如在《哲学研究》中所呈现的那样）扮演一个突出角色。一条说明规则（就像"一直 +2"）可以用各种方式来理解。我们可以把

80

它说得更清楚一点，用第二层次的（如何解释它的）说明来补充原初说明（参 *PI* §86），用第三层次的说明来解释第二层次的说明，等等。然而，这样的补充解释并不能解决那个哲学上的问题，因为**任何**口头的或者符号化的表达还是能够以不同的方式来解释。最终，遵守规则问题就变成了**一般术语的问题**（*problem of general terms*）。我们如何确保我们对有无限应用的一个语词的理解呢？[1] 我们同意一系列关于一个概念 *F*（比方说，"+2""红色"）的例子，而且它在未来所有情况下都以同样的方式被应用。但什么正好被算作是"一样"的呢（参 *PI* §225）？[2]

维特根斯坦考虑的这些可能的误解听起来似乎是牵强的，但它们突出了下面这点，即从逻辑上来说，在一个一般说明（适用于无限数量的例子）和对它的执行之间总是存在一条鸿沟。这就是说，尽管（当然了）在某种意义上一个说明据说能决定一些回答是正确的而其他一些回答是不正确的（*RFM* I §1：35），[3] 但这种决定并不是万无一失的。维特根斯坦反对这种决定的那种哲学图画，根据该图

---

[1]　这个释义表明在相关意义上**所有**语词都是普遍的，因为所有语词——即便是专名——都可以在无限多的场合被使用。

[2]　因此，请注意，维特根斯坦在《哲学研究》中对这个问题的关心并不是基于如下假设，即语言是由规则所制约的。一方面，在遵守规则问题（*PI* §§185—242）中所讨论的规则并不是语义规则（定义），而是说明规则：开放的命令。另一方面，虽然维特根斯坦一度倾向于把语言视为受规则制约的演算之类的某种东西，但他在后期写作中反驳了这种看法：他继续强调语言的规范性，但同时他也意识到语言学上的规范性通常是零碎的——并不是由一般规则所决定，而是由我们获得相对来说稳定的语言学用法模式的能力所决定（获得这种能力不需要一般规则或者定义的指导）。因此，哲学家对定义（语义规则）的寻求通过家族相似概念（*PI* §§65—74）只是被消极地回答了。因此，遵守规则论题的普遍相关性并非由于下面这个成问题的假设，即语言处处受规则支配，毋宁说：遵守规则只是语言理解的一种特别直接的表现——是对一般术语的开放式理解的表现（参 Schroeder 2017b，258—262）。

[3]　维特根斯坦并非在推销任何形式的关于遵守规则的"怀疑论"，这一点也被讲演中的如下评论恰到好处地表达出来了：

> 我们感觉到有这样一种困难，即规则应该用符号来给出，而符号本身并不包含它们的用法，因此，在规则和它的应用之间就存在一条鸿沟。但这并不是一个问题而只是一种精神痉挛……只有当我们用一种特别怪异的方式看待规则的时候，我们才会被困住。

（*AL* 90）

画，正确的答案已经以某种方式**被包含**在那个说明中了。这是他在弗雷格和罗素那里发现的一种看法：

> 在罗素的基本规律中，他对一个命题似乎说了这样的话："它已经跟在后面了——我还要做的所有事情就是推导出它。"因此，弗雷格在某个地方说连接任意两点的那条直线在我们画出它之前就已经在那里了；而当我们说，过渡（比方说在 +2 的序列中）在我们口头说出或者写出它们之前就已经被做出了——就好像是追踪它们一样，这也是一样的。
>
> （*RFM* I §21：45）[1]

维特根斯坦坚持认为这只是一幅图画、一个隐喻（*RFM* I §22：45）。诚然，给某人一个公式，他可以通过这个公式计算出一个 50 个数的序列，而这可以和让他抄写这些数的一个现有列表一样可靠；然而，前者并不是抄写或者追踪已经存在的东西的一个例子。有鉴于此，**能够**被制造出来的东西并不是在某个柏拉图式的阴司世界（underworld）里已经存在的东西；真正来说并不是（参 *PG* 281d）。

而即便真是这样——"这对我又有什么帮助呢？"（*PI* §219）即便是抄写的情况，我们还是可以想象一位学生用一种不同于常规的方式来做——比方说，每次都落下第十个数（参 *PI* §86）——并且认为这就是正确的方法。

正确的答案并不自动跟在规则或者公式之后。无论何时当我们从一般规则迈步到个别应用的时候，我们都得以某种方式来**理解**这条规则。因此，人们可以说，遵守一条规则"总是包含解释"（*RFM*

---

[1] 参弗雷格（1884，24）："每一个［几何公理］都在其内部包含了供将来使用的全部演绎序列"；参 99—103。参 *LFM* 144—145；*PI* §§218—219。

I §114：80）。诚然，并不是在实质意义上对之口头给出一个解释：
"用对规则的一种表达替代另一种表达"（*PI* §201），而是在最小意义
上用一种方式而不是别的方式来应用这条规则。

1929 年的某个时刻，维特根斯坦倾向于认为，无论何时当我们
把一条一般规则应用到一个个例上去的时候——由于后者实际上并
没有被包含在前者之中，而是需要我们**超出**一般规则——我们需要
一个新的洞见或者直觉：

> 假设有某条一般规则（因此就包含一个可变因素），我必须
> 要每次都重新看出这条规则可以被应用在这里。任何先见行为
> （act of foresight）都不能使我免于这种洞见行为（act of insight）。
> 因为这条规则被应用的形式实际上在每一步都是不同的。
>
> （*PR* 171）

而且（正如维特根斯坦后来在一次讲演中解释过的那样）他把这当
成是直觉主义的一个基本信条，也是布劳威尔（L.E.G. Brouwer）在
20 世纪初关于数学基础的争论中的立场：

> 直觉主义等于是说你可以在每一个点上制定一条新的规则。
> 它要求我们在计算的每一步上，在应用规则的每一步上，都要
> 有一个直觉；因为，我们凭什么说一条用了十四步的规则，对
> 第十五步还照样适用呢？——直觉主义者接着说：我们是通过
> 一种基础直觉知道基数序列的——换句话说，我们在每一步都
> 知道加 1 的运算会得出什么。我们也许还会说：我们在每一步
> 需要的不是一个直觉，而是一个决定。
>
> （*LFM* 237）

82

114

不过，他很快就抛弃了这个看法。"如果延续 +1 的序列需要直觉，那延续 +0 的序列也需要直觉"（*RFM* I §3c：36；参 PI §214）；但并不是这样的。回到他的早期评论，上面是这样引述的："任何先见行为都不能使我免于这种［针对每个新步骤的］洞见行为"，他在页边空白处写道："**决定**行为（act of *decision*），而不是**洞见**行为。"（*PR* 171）同样的看法在《棕皮书》中被详细阐述：

> 不存在什么洞见行为、直觉行为让我们如我们所是地在序列的那个特定点上使用规则。把这称为决定行为较少引起误解，不过这也是误导人的，因为没有什么决定行为必须发生，而发生的很可能只是书写行为或者说话行为……**我们必得如我们所是的那样没有理由就遵守规则**。理由的链条总有尽头。

> （*BB* 143；参 *PI* §186）

"通过直觉"知道某事意味的是：直接知道，不用推理就知道，就好像通过一个直接感知行为知道的一样。你直接**看到**情况是如此这般，当然不是字面上来说的，而是用你心灵的眼睛看到的。（布劳威尔也说到"内省"。）然而，只有情况确实是如此这般，你才能够拥有情况如此这般的一个（真）直觉。直觉的对象必定是一个客观事实，因此也就能独立于人们的直觉而被确定；正如人们的视觉经验的对象——如果它不是一个幻觉的话——必定具有独立存在性，从而能以其他方式（比方说，通过触摸）来确定。通常来讲，当我们说某人有情况是如此这般的一个直觉的时候，我们也知道其他认清事情的更平常的方式。因此，你可以说是凭直觉知道 *27 × 177 = 4779*，如果你能立即给出其他人只能通过计算给出的答案的话（*LFM* 30）。简而言之，通过直觉——不用推理（或者证据或者感官感知）——知道的东西必定也

115

83 能够通过推理（或者基于证据、或者通过感官感知）来确定。然而，不仅是手边的这个例子的答案不用推理就立即被给出；重要的是最终没有理由**能**被给出。这就是说，为何你在 2000 之后写下 2002 的理由，即你应用 +2 的规则是理所当然的；但当你被进一步质问，为什么当你应用 +2 的规则的时候，你在 2000 之后写下 2002，你只能说这是 +2 在这个点上所要求的。你的理由很快就用完了；那时你就会没有理由地行事（*PI* §211）。不仅仅是对某事的一个直接的理解能够被理由所确立或者辩护；最终我们会发现实际上没有更多的理由。而这意味的是直觉概念是失位的（尽管援引它是很诱人的）。

维特根斯坦把对怎样延续一个序列的直觉的谈论斥为弗雷格-罗素如下看法的另一个版本，即要采取的那些步骤（在某种阴影的意义上）已经完成了。为了让某事被直觉看见，它就必须已经在那里了。就此而言，"直觉"这个词类似于"发现"（*LFM* 82）。

维特根斯坦建议，作为对直觉指导我们遵循规则这个想法的一剂解药，说这是一个**决定**更接近真相。说我**决定**（在遵守 +2 的规则的时候）在 2000 之后必须写下 2002，这让这个数不能从任何地方读取出来这一点变得异常清楚，即这条规则的应用并不已经在某个柏拉图式的领域里存在。毋宁说，我自己必须对制造它负全责。然而，说这是一个决定还是误导人的，因为这可能会错误地暗示说我有选择任何数的自由，只不过我碰巧选中了 2002。当然不是这样的。事实上，在遵守这条规则的时候，我感到**必须**要写下这个数（*RFM* 413d，*PI* §231）。"当我遵守规则的时候，我并不选择。"（*PI* §219；参 *LFM* 237—238）[1]

---

[1] 达米特（请达米特**原谅**）错误地将一种肆无忌惮的决志主义（decisionist）立场归于维特根斯坦："我们在每一步都有选择接受或者不接受这个证明的自由……我们这么做的时候就是在做出一个新的决定……在这件事情上，[在维特根斯坦看来，我们有]选择的自由。""他似乎认为，决定把我们碰巧选中的任何陈述当成是必然成立的，这取决于我们，如果我们选择这么做的话"。（1959，495—496，500）

当我们阅读维特根斯坦的时候，存在这样一种危险，即把他对一个既定现象的一个自然的哲学**解释**的反驳误认为是对这个**现象**本身的反驳。认为遵守一条规则就是追踪（在某种意义上）已经被采取的那些步骤——不管这是客观的（在某个柏拉图式的领域里）还是主观的（在某种神秘的意指行为中），这种想法很诱人。看待规则的这种方式在人们的心中如此根深蒂固，以至于维特根斯坦对它的反驳听起来就好像是对遵守规则的可能性的攻击。因此，情况看起来可能是这样的，即要是在遵守规则的时候，在一个既定点上要采取的那个步骤不能被直觉到，不能被感知到——那它就不存在。情况似乎好像是：对怎样应用规则这个问题就不存在**正确**答案（而这当然就意味着不存在遵守规则这回事）。而这种激进的破坏性解读似乎被维特根斯坦在这个上下文中对"决定"这个词的使用所支持，尤其是如果人们对准确措辞不加注意的话（该措辞只在一方面将之表现为正确，而在另一方面则表现为错误）。

84

上面引用的 1939 年讲演中的段落的后续让下面这一点变得十分清楚，即维特根斯坦驳斥了后来经常被归于他的"直觉主义"看法，根据该看法，一条规则实际上从来不会告诉我们在一个既定的步骤上我们该做什么：

> 直觉主义等于是说你可以在每一个点上制定一条新的规则。它要求我们在计算的每一步上，在应用规则的每一步上，都要有一个直觉……我们也许还会说：我们在每一步需要的不是一个直觉，而是一个决定。——实际上这两个都不是。你也没做出一个什么决定：你只不过是干了某种事情罢了。这是关于某种操作的一个问题。
>
> 直觉主义全都是胡说——彻头彻尾的胡说。

（*LFM* 237）

RFM I §3 的第四段也再次让维特根斯坦心中并没有这种荒唐的激进后果这一点变得清楚起来。这或许是对维特根斯坦对遵守规则之谜（的核心）的最优雅的说明：

> "但你的意思是不是说：'+2'的这个表达让你对你要做什么（比方说，2004 以后）深感怀疑？"——不；我会毫不犹豫地回答"2006"。但是，恰恰由于这个原因，假定这之前就已经被决定了是多余的。我面对问题之际的毫不怀疑并**不**意味着问题已经被提前回答了。

（RFM I §3d: 37）

我们一开始倾向于认为，在遵守规则的一个直接的例子中（就像 +2），在这里关于下一步从来没有任何怀疑，那它必定是被提前决定了的（即这个特定的步骤必定在某处已经被采取了）。

（1）过渡是无可置疑的➡过渡已经被提前决定了。

因为看起来好像是：为了确定在某个既定点上的一个过渡，我们必须能够以某种方式弄清楚该特定过渡是正确的。当更仔细的考虑表明我们事实上找不到提前就有的那个正确答案的时候，人们可能会倾向于通过否定后件从（1）中得出我们不能确定那个过渡的主张。这正是 *RFM* I §3d 的第一句话所给出的回应。不过，维特根斯坦坚持前件之为真（否认前件是荒谬的），反驳了他的对话者的条件句，用一个不同的条件句取而代之：

（2）过渡是无可置疑的➡过渡不必是提前决定的。

这当然就导致了如下问题，即要是那个应用并非提前就已经在某个地方的话，那我们如何确定一条规则在某个既定点上的应用？答案在 *RFM* I §1a 中就已经被给出了，并且在 *RFM* I §22 中被更明确地重申：存在间接决定一个序列之发展的一种方式，不用提前具体说明每一步，即通过训练。因此，比方说，孩子们"背乘法表，做乘法运算，这样的话所有这么受训练的学生都以同样的方式和一致的结果做任意的乘法运算（以前教他们的时候并没有这么做过）"；而这对 +2 的序列也同样成立（*RFM* I §22：45—46）。

正如在 *RFM* I 的第一节中所写的那样，一个公式**可以**决定一个过渡序列，但只是对那些已经受训过用某种方式使用它的人而言。而这种训练所提供的一个决定并不受任何理论知识影响。一旦掌握了 +2 的技术，我就知道在这个序列的每一个点上下一步该写什么。但"你**怎么**知道？"的问题（来自 *RFM* I §3 的开头）是不可能被回答的。我的知识是一种实践上的确定性，基于训练而非基于推理。同样的道理，我们对颜色词的掌握也不受理论知识影响（*RFM* I §3a：36）。我为什么把那种颜色称为"红色"？我给不出一个理由，我只能引用一个原因："我学会了汉语。"（*PI* §381）

回到我们对遵守规则悖论的最初的陈述：

> 但是，一条规则如何能教会我在**这个**点上要做什么呢？无论我怎么做，终究可以通过某种解释和规则相一致。

（*PI* §198）

这包含下面这个谬误推理：

> 一条规则**可以**用各种不同的方式来解释。

因此，一条规则**不能**决定一种延续。

人们完全可以争论说：

> 你的自行车总有可能被偷。
> 因此，它绝不可能被使用。

对此的回答当然是：**如果**它从你那里被偷走了，那你就不能使用它；但下面这种情况也是有可能的，甚至可能性很大，即它没有被偷走而你**能**使用它。与此类似：对任何一个给定的延续来说（比方说，1000，1002，1004），一条恰当的规则（比方说，$x_n = 2n$）总是可以被解释成**不**得出那个结果——但它不必被这样解释而且一般来说也不会被这样解释。大致来说，主张从"这可能会出错"到"这不可能弄对"是荒谬的。此外，即便你的自行车被偷了，它还是能（而且很可能会）被使用——尽管不是你使用。同样，如果用一种偏常的方式来解释"$x_n = 2n$"这条规则，它还是会决定序列的一种延续，即使不是我们期待的那则延续（而有可能是：1000，1004，1008）。

也许让我们发愁的是规则终究需要解释。规则不能**自行**决定一种延续。似乎好像是，为了以某种方式理解它，你需要对它给出一个解释。而一旦你接受了一个解释是必要的，你似乎就发起了一场无限后退：因为，不管你给出的解释是什么，它并不比那条规则本身位置更佳。它也需要用一种独特的方式来解释（参 *PI* §86）——等等等等。

让我们首先考虑下面这个看法，即一条规则（或者公式）不能自行决定一种延续。维特根斯坦的回应是，这是对语言的一种误用，会导致对一个重要区分的废除（*PI* §189）。存在对一个既定的

x 来说**不决定** y 的值的一些公式（就像 "$y \neq x^2$"）；其他的一些公式（就像 "$y=x^2$"）对任何 x 而言**确实**决定 y 的值。忽视这种差异是愚蠢的。——但这并不能让维特根斯坦的对话者满意，他可能会反驳说："是的，对于一个给定的数，一种类型的公式决定一个值，而另一种类型的公式则不决定一个值；但是，并不是**自行**决定。比方说，$y=3^2$ 只有**在以某种方式被解释的时候**才得出 9。因此，严格来说，并不是公式决定结果，而是公式加上某种解释才决定结果。于是我们现在就回落到无限后退问题上来了：因为这个解释本身还是需要一种解释，等等。"——维特根斯坦对此有如下回应：

> 从如下这个单纯的事实就可以看出这里存在一个误解，即在我们论证的过程中，我们一个接一个给出解释；就好像每个解释都让我们满足了一小会儿，直到我们想到后面还有一个解释。这表明存在把握一条规则的一种方式，这种方式并**不是**一种**解释**，而是展现在被我们称为"遵守规则"和"违反规则"的实例中的那种方式。
>
> （*PI* §201）

让我们想想下面这一点（哪怕只有一瞬间），即公式 "$y=x^2$" 按照某种理解对 $x=3$ 得出 9，那看似威胁我们的无限后退必定已经停止了。我们的理解在这种情况下不可能只是一种解释：这就是说，用另一个公式来对第一个进行释义，而对这个公式的理解还是一个开放的问题。我们对一条规则的理解不必被另一条规则所影响。这就直接等于这个：我们能够算出 $x=3$ 会得出 9。怎么算的？好吧，"我被训练以一种特定的方式对这个符号做出回应，而我现在就是这样回应的"（*PI* §198）。这件事的核心是这个：知道如何（know-how）（一种技术）

87

最终来说并不能用知道那事（know-that）（一则信息）来解释。对于任何一则信息来说，对于心中的任何一个公式来说，我们还是需要**知道如何**应用它。**有时候**，我们对一个公式的理解可能是基于我们对另一个公式的理解，或者受到我们对另一个公式的理解的影响。当我们学习阅读一种新的记号的时候就是这样，比方说，把"$x!2$"读作"x^2"（*PI* §190）。但是，这样把一个公式翻译为另一个公式不可能是理解的典型范例，肯定不是理解的基本例子——否则的话，我们就永远不会**开始**学习任何公式的含义。同样，我们基本的语言理解不可能用翻译成另一种语言来说明。这对人们理解某些**外来**语词或者短语可能是合适的，但显然不适用于人们对母语的初步掌握（参 *PI* §32）。

正在被讨论的主张是这样一种主张，即一种相当初级的数学能力（就像延展偶数序列）能被解释为掌握了一条规则的结果；数学能力的终极基础就是对规则的明确遵守。现在情况是反过来了。远非为基本的知道如何提供一个理论基础，对规则的明确遵守本身就预设了某种知道如何，针对这个知道如何没有进一步的基础或者辩护是可能的。这直接就是我们在某种恰当的训练（"通过**例子**和**练习**"）（*PI* §208）之后继续下去的那种方式。

这听起来可能难以接受。毕竟，训练和练习中的那些例子是有限的，而且从逻辑上来说并不使任何特定的延续成为必要。人们可能想要这样来抗议：

> 他怎么**知道**他自己该怎样来继续这个图案？——不管你怎样教他。——好吧，那我又是怎么知道的呢？——如果这话意味的是"我有理由吗？"，那回答就是：我的理由很快就会用光。而那时我将会行动，没有理由。

> （*PI* §211）

我们一次又一次强烈地倾向于认为，所有正确答案必定在某种程度上事先就在心中准备好了，那样的话，每一步都可以通过参考那本完美的心灵说明书来得到辩护。然而，那本完美的心灵说明书是一个幻觉而且（正如已经解释过的那样）从逻辑上来说也是不可能的。我们的一些基本技能必须自足自立。它们是通过训练产生的，但它们能让我们做的事是开放的，而且不能在训练中一览无余地被列出，在心中或者其他任何地方也都不存在这样一个一览无余的列表。

　　"**这个**数是这个序列的正确延续"，我可以用这话在将来让某人把如此这般称为"正确的延续"。这个"如此这般"是什么，我只能通过例子来说明。这就是说，我教他延续一个序列（一个基本序列），而不使用任何"序列的法则"这样的表达……

　　他必须**没有理由**就这样继续下去。不过，这并不是因为他还没有领会那个理由，而是因为——在**这个**系统中——就没有理由。（"理由的链条总有到头的时候。"）

　　……因为，在**这个**层次上，对规则的表达是由价值来解释的，而并非价值是由规则解释的。

（*Z* §§300—301）

88

***

7.1　遵守规则与共同体

人们还是普遍认为：在维特根斯坦看来，遵守规则必定是一种

人际实践：即它需要一个共同体的一致来构成正确性标准（比方见，Frascolla 1994，111ff.）。这肯定是一种误解。

首先请注意：求助于一个共同体并没有为维特根斯坦的遵守规则悖论提供解答。这个悖论源自以下二者，即我们（通过一条规则、一则命令或者一个语词）所意谓或者理解的东西必定完全取决于某种心灵表征这个自然的假设，以及事实上它不能被如此决定这个观察。如果我们用我们语言共同体其他成员的回应来取代或者补充我们意谓或者理解的心灵行为，那它就能被决定了吗？不能。请再次考虑那位偏常学生的例子（*PI* §185）：在 +2 的序列中，1000之后是什么？如果"*1000+2*"这个公式不能决定 1002 是正确的结果，那一位旁观者的话也不能决定。如果老师的"加 2"能够被系统地误解（意谓的是："加 2 直到 1000，然后加 4"，比方说），那同样的道理，当应用到 1000 以上的计算的时候，老师（或者其他人）的"这是正确的"这个评论也能够被误解为意味的是"这是错误的"。或者再说一遍，那位学生可能会认为，在四位数的情况中，他写下的东西总是比别人说的要大 2。（这可以和以下这种情况相比较，即当其他人与他交流时对代词"你"的使用与他说的那个"我"一致时："**你**回家。"——"是的，**我**回家。"）如果老师抱怨说，这位学生在序列的一个既定点上写下的东西不同于老师和其他人写下的东西，那这位学生就可以回答说"'不同？——但这肯定**没有**不同！'——你会怎么做？"（*RFM* I §115：80）这位偏常学生的策略不仅仅对规则表述适用，而且对其他人的回应（比方说，他的老师或者其他人鼓励他去理解那些符号的方式）也适用：

"但你要是想保持和规则一致，那你就**必须**这样前进。"——根本不是，我把**这**称为"一致"。——"那你就改变了'一致'

这个词的含义或者规则的含义了。"——不；——谁在这里说了
"改变"和"还是一样"是什么意思？

（RFM I §113：79）

就维特根斯坦对遵守规则之困惑的关注而言，共同体的一致只
是转移注意力的一个次要事实。只要我们坚持理解在某种意义上**包
含**理解的对象这种错误的哲学观念，那在为我们提供那种——荒诞
不经的——理解形式上，一个公式和其他人的回应正好一样不够用。
但是，一旦我们把自己从维特根斯坦攻击的那种关于理解的哲学图
画中解放出来，我们就会发现，在关于一个公式决定一个序列的看
法上就不再有任何问题；它具有一种完美的日常意义（RFM I §1：
35）；而且也没必要援引说话者共同体的一致。

因此，在《哲学研究》（它包含维特根斯坦为其遵守规则思想最
细致地校订过的说明）中，遵守规则需要一个共同体这个看法没有
文本支持就不足为奇了。在《哲学研究》§199，维特根斯坦给出如
下观点，即受规则制约的行为形式必定是一种反复出现的实践或者
风俗："一个人只那么一次遵守规则，这是不可能的。只那么一次做
了一个报告，或者只那么一次下达或者理解一个命令，这是不可能
的；等等。"（PI §199）这并没有暗示说一个孤独的人不可能具有遵
守规则的实践。这当然是一种例外情况。因为，确切地说，人类并
不生活在完全的孤独之中，我们最重要和最复杂的规范性实践（语
言、数学）都是从人际交往中发展而来并且往往是人际交往的形式
（做一个报告，下达一则命令）。因此，受规则制约的行为形式的那
些最自然的例子（取自我们的日常生活），当然会倾向于具有一种人
际背景而涉及不止一个人。共享规则是我们最感兴趣的，但它们不
是唯一可能的那种规则。

《哲学研究》中最可能支持维特根斯坦把遵守规则当成本质上是一种**人际**活动的看法的段落是下面这段:

> 因此［因为存在把握一条规则的方式，这种方式会被展现在正确应用中］"遵守规则"是一种实践。**以为**自己在遵守规则并不是遵守规则。因此，不可能"私自"遵守规则——否则的话，以为自己在遵守规则就和遵守规则是一回事了。
>
> （*PI* §202）

然而，"私自"这个词出现在引号中是意味深长的。这是因为它意味的不单单就是"私密地"；正如最后一个从句清楚地表明的那样："私自"意味的是——那样的话在正确遵守规则和只是以为在遵守规则之间就没有区别了。然而，即便在我的私人研究中（除去任何共同体），我还是能做出那种区分：我可以（比方说）用一种密码来写日记［就像塞缪尔·佩皮斯（Samuel Pepys）曾经做过的那样］，并且时不时地对照一张表来核实对一个既定字母我以为是的那个符号是否就是事实上正确的那个符号。因此，这段话并没有把孤独地遵守规则排除在外。毋宁说，在这里被排除的那种"私人性"［因为它没有在看似（appearance）和实在（reality）之间做出区分］是人们的心灵的那种"私人性"，在这里对人们的印象的独立核实是不可能的。这一点在《哲学研究》§256 中被进一步确认了，在那里只有没有任何人有**可能**理解它的那种语言，才被维特根斯坦称为一种"私人"（用了引号）语言。因此，像佩皮斯密码的那种东西就不是维特根斯坦意义上的"私人"语言（没有任何人碰巧知道它），其他人学会理解这种语言然后再来核实它应用得是否正确，这是完全可能的。

维特根斯坦离共同体这个论题最近的是在 MS 164 中，MS 164

是后来出版为《数学基础评论》第六部分的笔记初稿。特别是在一个相关段落中，维特根斯坦**提出了这个问题**，即一个孤独的人是否可以计算或者遵守规则，或者还是像交易一样，任何遵守规则活动都需要至少两个人（*RFM* 349ef）——但并没有给出答案，这个问题也没有被进一步追问。在其他手稿评论中，这个问题也不是用不确定的话来回答的：即便是像鲁宾逊·克鲁索（Robinson Crusoe）那样的一个完全孤独的个体，他也能使用一种语言，如果他的行为足够复杂的话（MS 124，213 & 221；MS 116，117）。无论如何，这些在《哲学研究》中都没有任何表达。显然，维特根斯坦到头来都不觉得这个问题有多重要。

　　诚然，遵守规则或者对谓词的应用需要某种正确性标准。但这样一个标准不必由他人来提供，该标准也可以就在于一张写下的表格，而我有疑问的时候就查询这张表格。（要是现在你想要反驳说，那张写下的表格可能会被误解，那答案就是——正如之前已经阐明过的——其他人也可能会被误解。）实际上，即便单独的一个说话者对同样的符号或者规则的独立应用也能互相印证，并因此准允了正确和错误之间的区分（参 Schroeder 2001，189—191）。毕竟，核实和再核实你自己的计算，这并不是毫无意义的。与共同体论题的拥护者想要我们相信的东西相对，我们可以并且确实总是通过把我们的印象和我们其他时刻的印象相比较来修正我们的印象。实际上，从逻辑上来说，我一遍又一遍地核实我的计算（把它和我自己后来的算术实践相对照来核实）或者我让你来核实，这两者并没有什么区别。

　　想象荒岛上的一位岛民：他不能在他小屋的墙上刻下一些 V 形切口，以此来指示他存储的椰子的数量，这有任何理由吗？在这个例子中，正确性标准尤为直截了当：他总是可以核实一下是否每个

91

127

V形切口都确有一个椰子与之对应。即便是共同体论题的维护者也会在下面这个不可信的后果上退缩回来，即据说一个像鲁宾逊·克鲁索的人不能遵守一条规则。"我看不出这是怎么得出的，"克里普克（S. Kripke）写道，"能得出的是下面这一点，即**如果**我们认为克鲁索是在遵守规则，那我们就是把他带到我们的共同体中来了，并且把我们遵守规则的标准应用在他身上。"（1982，110）[1] 但那样的话，共同体论题就会变得十分空洞，因为现在似乎就没有任何东西被排除在外了。这归根到底是说，如果**我们**判断或者想象某人遵守一条规则，那我们就是在应用**我们的**遵守规则的标准。好吧，这是显而易见的。这对所有谓词都为真：如果我们把某物称为一棵树，那我们就是在应用我们的某物是一棵树的标准；但这得不出要是我们不在的话就没有任何树这个结论。

遵守规则或者对概念的使用不必是一种**人际**实践；但是，当然了，对我们而言它们总是如此。自然语言以及数学被更大共同体的人们用于他们的交流和合作。显然，对于英语语义规范和算术规则来说，共同体的一致是需要的且良好确立了的：

> 关于是否遵从了规则，人们中间（比如数学家之间）不会爆发什么争议。比如，人们不会因此打起来。这属于我们的语言从中发挥作用（比如给出一个描述）的脚手架。

（*PI* §240）

但如果（正如已经阐明过的那样）正确性最终来说不能基于一条公式或者定义，也不能基于意谓或者理解的任何心灵事件，那这些情

---

[1]　与此类似见：Peacocke 1981，93；von Savigny 1996，122。

况下的正确性难道不终究还得是共同体的一致问题吗？如果遵守规则本质上来说是一种实践（*PI* §202），那遵守共同体的规则就必定是一种人际实践，而这种人际实际的正确性标准看起来就会是由共同体所决定的。下面这个回应正是维特根斯坦预期他的读者们会给出的：

> "那么你是说，是人们的一致决定了什么是正确什么是错误？"
>
> （*PI* §241）

而这实际上就是有些读者似乎认为是维特根斯坦要说的。因此，帕斯夸里·弗拉斯科拉（Pasquale Frascolla）就认为"维特根斯坦的枢轴论题，即数学概念和证明的最终合法性来源就是共同体的认可"（Frascolla 2001，284）。维特根斯坦让我们考虑在颜色词的例子中是怎样一种情况：

92

> 你说"**那**是红色的"，但如何决定你是正确的呢？难道不是人类的一致决定的？——但我在判断颜色之际诉诸这种一致吗？有**这样**一种情况：我让一些人看一个对象；他们每个人都会想起某组语词（所谓"颜色词"）中的一个；如果大多数的观察者（我自己不必属于这大多数）想到的都是"红色"这个词，那"红色"这个谓词按理说就属于这个对象。这样一种技术可能会有其重要性。
>
> （*Z* §429）

我们是这样使用颜色词的吗？当然不是。毋宁说是这样的：

颜色词是**这样**来解释的："这是红色"比方说［指着红色的某种东西］。当然了，只有当某种一致普遍存在的时候，我们的语言游戏才会起作用，但是，一致的概念并没有进入这个语言游戏。如果一致是普遍的，我们应该会对它的概念十分陌生。

（*Z* §430）

同样的道理，在数学中：对一个数学命题或者证明之为真进行投票，这不是我们的语言游戏。数学中不存在"共同体的认可"这回事。大多数人的倾向不算是我们接受一个数学命题为真的一个合法理由。正如维特根斯坦所指出的那样，我们必须要在**外部**和**内部**视角之间做出区分：作为共享的语言游戏的一个先决条件，一致无疑是很重要的，但它在这个语言游戏**里面**并不扮演角色（*RFM* 365g）。对我们共同的数学文化来说，到某个点上我们的概念就不能被进一步解释，而是根植在实践中，我们都同意，这很重要。但这个要求并不扮演任何认知的或者规范的角色。因为，不同于足球或者剧院，数学从本质上来讲并不是人际的：数学规则在任何时候都不涉及其他人，或者要求其他人存在。我们需要我们的基本倾向协调同步，但同时它们必须都是独立的。我们必须全都发现 1000 之后的偶数是 1002，但我们必须都要独立地做到这点，而不用咨询彼此。1002 **是**正确的答案，但这并不是因为它是普遍所认为的。我们不把人们的一致用作正确性的一个标准。"那你用什么标准呢？没有标准。"（*RFM* 406c）

8　约定论

在维特根斯坦看来，数学命题是（像）语法规则（的某种东西），而语法规则看起来就是一些约定（*AL* 156—157，*BT* 196，*RFM* 199a，TS 309，89；参 *PG* 190，MS 108，97），或者至少是由约定决定的。一个数学命题并不描述一个事实（*RFM* 356ef），而是起到语言约定的作用："只是意在提供描述的一个框架"（*RFM* 356f），决定语言的正确使用（*RFM* 165h，196f），即话语的哪个领域有意义哪个没有（*RFM* 164bc）。在这个意义上，把维特根斯坦的立场当成一种形式的约定论，这似乎是很自然的。

在数学哲学中对约定论的最著名展现也许来源于逻辑实证主义，尤其是艾耶尔（A.J. Ayer），他捍卫所有数学真理都是分析的这一看法（1936）。这就是说，它们可以从定义我们的数学符号之含义的一套约定中得出来。比方说，用加 1 来约定地定义的自然数序列（每个 > *1* 的数都被定义为它前面的数 *+1*），从逻辑上就蕴含了形如 *a+b=c* 的任何正确等式。因此，艾耶尔认为，像"7+5=12"这样的等式——远非像康德所认为的那样是先天综合的——可以通过一连串的定义性替换来证明（Ayer 1936，109—115）。[1]

不过，戈登·贝克（Gordon Baker）和彼得·哈克（Peter Hacker）认为，维特根斯坦对必然真理的看法与逻辑经验主义的立场十分不同。贝克和哈克坚持认为，按照维特根斯坦的看法，必然真理并非**源自**语义约定，毋宁说是部分**构成**了语义约定的成分表达的含义。把必然真理当成语义约定的结果是犯了"意义体"（meaning-body）混淆的错误，而这是维特根斯坦在 20 世纪 30 年代早期就攻击过的（Baker & Hacker 2009，367—370）——

94

> 规则（比方说，针对否定的 ~ ~p=p）对一个词的含义负责吗？不。规则构成含义，但并不对它负责……规则并不对这个语词已有的某种含义负责，在这个意义上规则是任意的。如果有人说否定的这条规则并不是任意的，因为否定不可以是 ~ ~p=~p，那这话全部的意思就是后面这条规则不能和"否定"这个汉语词对应起来。规则不是任意的，这种反对意见来自如下感觉，即规则对含义负责。但是，"否定"的含义是如何被定义的——如果不是由规则定义的话？~ ~p=p 并不跟在"不"的含义之后，而是构成"不"的含义。
>
> （AL 4；参 PG 52—53；184；LFM 282；RFM 106b）

维特根斯坦在此想要侵蚀的是如下看法的基础，即一个语词的含义是"在这个语词的用法之上并且高于这个语词的用法的某种东西"，是"附着在这个语词自身之上"的某种抽象的或者心理的实体（RFM I §13：42），而我们从该实体上得出它的用法规则并且可以对

---

[1]　对这个主张的一个讨论请参第 9 章。

照该实体来核实用法规则。用象棋来做类比：人们可能会被诱惑去认为每一颗棋子都具有决定其可能的移动的内在属性，而且象棋规则必得从这种属性中得出且与之相一致。当然，真相是：游戏规则并不从任何事物中得出，而是任意的规约；游戏中一颗棋子的角色是由规则决定或者构成的。

不过，象棋规则并不从棋子的某种内在属性中得出，这个事实并不意味着人们不能说下面这话，即从这些规则中有某种后果会流出。比方说，下面这么说是完全正确的：

（X）人们不能只用一个王和一个马将死对方。

这是跟在象棋规则之后的一个必然真理。实际上，每一个象棋难题都是在象棋规则定义的概念系统中论证一个必然真理（比方说，在某个特定位置白棋能在 3 步内将死对方）的一个挑战。同理，我们可以在下面这件事情上同意维特根斯坦，即算术规则不应该被看成是来源于某些柏拉图式的实体，但我们也没有理由否认这些规则具有可以在计算中得出的逻辑后承（logical consequences）。因此，计算出 $339 \times 275 = 93225$ 就是表明这个等式跟在算术规则之后。

或者，难道我们不应该说"$339 \times 275 = 93225$"部分"构成"了"$\times$"的含义？是的，这样说会是误导人的。因为，不像我们在小学里记住的乘法表（可以很公正地说乘法表构成了我们的乘法运算概念），这个独特的等式不具有教学论或者规范性功能。它不是算术的"规则书"的一部分——正如这周的《星期日泰晤士报》（*Sunday Times*）上的象棋难题并不是象棋规则的一部分一样。

而即便是关系到那些最初级的乘法运算（比方说"$3 \times 3 = 9$"），可以很合适地说它们构成了乘法运算的概念，因为我们用它们来教

95

133

授那个概念，但说它们跟在我们的语义约定后面，也并不是不正确的。毕竟，"*p*"跟在"*p. q*"后面；因此，从构成某个概念的那套规则或者语法命题中，我们能得出它的任何成员。

到目前为止，我看不出维特根斯坦有什么理由来反对逻辑经验主义的如下看法，即必然真理跟在语义约定之后。然而，数学约定论遭到了某些强烈的反对。蒯因（W.V.O. Quine）和迈克尔·达米特（Michael Dummett）反驳说，约定论要么是循环的，要么不能说明约定的逻辑蕴含。克里斯平·赖特（Crispin Wright）试图表明约定论会导致无限后退。也有人认为，只有一种难以置信地激进的约定论形式才能禁受得住维特根斯坦遵守规则思考的批评性含意。最后，有人会反驳说约定是任意的，而这对数学看起来并不真实。在本章中，我将依次讨论对约定论的这五个反驳：

（i）蒯因的循环性反驳；

（ii）达米特的约定论不能解释逻辑推理的反驳；

（iii）克里斯平·赖特的无限后退反驳；

（iv）来自遵守规则的怀疑论对"温和约定论"的反驳；

（v）来自根本不同的逻辑或者数学的不可能性之反驳。

8.1　蒯因的循环性反驳

首先，我将考虑蒯因在他的《约定的真理》（Truth by Convention，1936）一文中对约定论的讨论。

蒯因提议解释一个分析性陈述的真理性，比方说下面这个陈述：

（1）单身汉是不结婚的男人。

因为"单身汉"这个词被定义意味的是"不结婚的男人"，（1）就等于：

（2）不结婚的男人是不结婚的男人。

而这是一个逻辑真理（Quine 1936，323）。——但是，这并不是对分析性（analyticity）的一个十分可信的说明，因为它从形式逻辑的人工的（更不用说是反常的）视角来看待语言。逻辑学家们在形如"A＝A"或者"$(x)(f(x) \supset f(x))$"的一条公式中看不出任何不自然的东西，但是（2）根本不是一个普通的汉语句子。除了修辞（比方说，战争就是战争），我们对这样的谓词重叠没有用法，它是空洞的或者缺乏意义的（senseless, *sinnlos*）（用《逻辑哲学论》的术语）。说一个谓词应用于它所应用的事物，这就好比拿起一枚棋子然后再着重地放回到同样的方格上。这不是这个游戏中的一步，同样的道理，人们完全得以想象在我们的自然语言中，我们**可以**将（2）这样的句子轻视为不合语法的。正如我们教孩子们一个符合语法的句子必须具有主词和谓词，我们也完全可以制定另一条针对学习者的语法规则，即主词和谓词必须要不同（请参考："一枚棋子必须要移动到**另一个方格上**"）。形如"A＝A"的表达当然可以被用在诗歌中［"一朵是玫瑰的玫瑰才是玫瑰"（A rose is a rose is a rose）］或者用来起到修辞作用，但这就像"单身汉们，哦，单身汉们！"一样，它们都不算是陈述性语句，因此真或假的问题就不会出现。

　　诚然，我们事实上并不把像（2）这样的句子斥为不合语法，但事实依然是我们并不使用它们，因为在这个词的自然意义上，它们没有**说出**任何东西：它们是空的和无目的的。当我们被迫要把它们称为"真"或"假"的时候，我们觉得把它们称为"真"更自然，这是一件心理学上的事，但就我们的语言的实际运作而言，我们完全可以把它们称为"无意义"（参 *PI* §252）。因此，蒯因基于（2）这样的硬说真理（关于语言上的异常的真理）来解释（1）这样一个普通的分析语句的真理性或者正确性，这是相当反常的。

一个更自然且更可信的对下面这个句子

（1）单身汉是不结婚的男人。

的真理性的解释是说，它基于一种语义规范或者约定，并且是一种语义规范或者约定的表达，即（定义）"单身汉"这个词被正确地应用到不结婚的男人（而不是其他任何事物）身上。

抗议说这样的语言规范的存在是一个偶然事实，而分析真理想来是必然的，这不是对关于分析性的这个更自然的看法（将之归因为语义规范或者所涉及语词的含义）的一个有效反驳。这个反驳基于对受规则制约活动的内部和外部视角的一个混淆（参 Hart 1961，86—87）。举例来说，当人们下棋的时候，象棋规则从内部视角来看是固定且不可协商的。在某盘游戏中，象从 c1 移动到 f4 是一件很偶然的事；象也可以不这样移动或者也可以移动的是其他棋子。但是，象不能从 c1 移动到 c2 则**不**是一件偶然的事，因为这样的一步是不合法的。**在象棋内部**，象只能沿对角线移动，因为这就是这个游戏的规则。从某个位置开始可以在三步之内将**死**对方也是一样的情况。象棋难题基于固定且不可改变的规则所带来的**必然性**：为了回应白棋的移动，黑棋**必须**移动且**只能**如此这般地移动。这是象棋中的一个必然真理，明显是因为规则而不是其他什么东西，而这从

97

下棋者的内部观点看是完全捆绑在一起的。当然，还是存在一种外部观点，从这个观点出发人们可以描述这个游戏的起源和发展。在这里，从一种历史的或者社会学的观点看，同样的规则只是偶然的约定，以前改变过而且以后还可以改变，我们该在某个时候决定玩不同版本的象棋游戏来取而代之。同样，我们可以采用关于语言含义（linguistic meanings）的一种外部视角——它们的起源以及在时间中的变化，但这一点儿也没有贬低当我们采用一种内部视角时，我们如其所是地接受和应用它们之际所具有的规范性力量。当一个游戏被玩，其规则被接受的时候，这些规则就会创造必然性，即属于有效规范的**必须**（*must*）和**必须不**（*must not*）。[1]

在错过了对分析真理的最可信解释之后，蒯因认为"约定的真理"不可能是由于定义，因为定义只是对记号性缩写的约定（Quine 1936，322），可用于转换真理而不是发现真理。毋宁说，我们必须寻找另一种约定，即公设（postulates）（331），"把真指定给"某种陈述（334）。然后他用公理化的方式来构造逻辑，提出了三条足以发展命题演算的公设或者公理（其中一个与假言推理规则相对应：给定"$p \supset q$"和"p"的真理性就许可了把真赋予任何"q"），并暗示还有四条公设来涵盖谓词演算。最后，他提出了下面这个问题：

> 这些约定中的每一个都是一般的，它们宣告符合于某种描述的无数陈述中的每一个为真；从一般约定中导出任何特定陈述的真理需要逻辑推理，而这就把我们卷入无限后退之中。

> （Quine 1936，342）

---

[1] 对分析性的一个更详细讨论，请见 Schroeder 2009a。

　　总之，困难在于：如果逻辑要**间接地**从约定出发，那在从约定推出逻辑的时候就需要逻辑。另一个办法是，看起来是理论的自我预设的这个困难可以被构造成依靠原始记号的自我预设。**如果**用语（*if*-idiom）、**不**用语（*not*-idiom）等等想来一开始对我们不具有含义，而我们通过限定它们的含义的范围采用了（Ⅰ）—（Ⅶ）的约定；而困难在于（Ⅰ）—（Ⅶ）本身的交流所依赖的正是对这些用语（我们正尝试去限定这些用语）的自由使用，并且只有在我们已经熟悉了这些用语之后交流才能成功。

（Quine 1936，343）

如果我们不用公理系统而是用真值表来呈现命题演算（正如维特根斯坦在《逻辑哲学论》中所做的那样），那我们就可以用下面这个图表来说明**如果**用语：

p	q	$p \supset q$
T	T	T
T	F	F
F	T	T
F	F	T

这个图表的意思是：**如果**"p"为真，且"q"为真，则"$p \supset q$"为真，**如果**"p"为真，且"q"为假，则"$p \supset q$"为假，等等。因此，在解释**如果**用语（用这个马蹄形符号来表示）的过程中，我们已经使用**如果**用语了。这就是无限后退或者循环，蒯因关心的是：我们不可能不已经使用了逻辑（逻辑概念）就解释并因此建构逻辑（逻辑概念）。人们也可以更一般地这样来说：对语言的每次使用都包含

逻辑，但人们不可能不用语言就解释逻辑。简而言之，人们不可能不已经使用逻辑（或者语言）就解释逻辑（或者语言）。

这个看法我们颇为熟悉：人们不可能用字典和语法书，即通过定义或者语法规则列表来学习他的母语。相反，孩子们是通过模仿和练习学会他们最初的语言的。而在学习的最初阶段，他们肯定不会被告知，我们的语词的声音和含义是约定的。他们学习草的颜色被称为"绿色"，很久以后他们才意识到在其他语言中有不同的名称，而且在我们的语言中也可能还有不同的名称。这是否意味着语言含义和语法事实上不是约定的？当然不是。

在蒯因文章的最后，他几乎承认了这一点，认为"也许我们可以通过行为来接受约定，而不是首先用语词宣布它们；如果我们愿意的话，当一种完整的语言可供我们使用时，我们可以事后回过头来口头制定我们的约定"（Quine 1936，344）。尽管他勉强承认"这种说明与我们实际所做的非常吻合"（344），但最终在他看来这似乎过于含混和不真实：

> 当人们在这个意义上把逻辑真理和数学真理刻画为由约定而为真的时候，我们想要知道人们对逻辑真理和数学真理是先天的这个光秃秃的陈述（或者，对它们是被坚定接受的这个更光秃秃的行为主义陈述）到底增添了什么。
>
> （Quine 1936，344—345）

这些问题并不难回答。逻辑和数学是先天的（a priori），这意味的是我们不用求助经验就能验证逻辑和数学陈述。这是一则需要解释的认识论上的评论：何以会有这样的陈述——它们显然就是关于事情如何的断言——其真理性并不依赖于事情在世界中被发现的方式？

对逻辑和数学命题之先天性的一个可信的解释是：它们的真理性单单是由于牵涉进来的那些语词或者符号的约定含义（而不是由于，比方说，某种硬说的直觉官能）。在我们熟悉它们的含义的意义上，于是，我们不需要进一步的经验来让我们自己相信这样的一些命题的真理性。

当某事从来没有被这样直接地引入的时候，我们需要对说它是约定的是什么意思给出一个说明，这千真万确。某事是一个约定，其标准肯定不是（像蒯因似乎认为的那样）它被"坚定地接受"：无数经验真理被坚定地接受了，但它们并没有因此就变成了单纯的约定。而另一方面，对一个约定的接受可以很坚定也可以不那么坚定：即便在一个约定还在生效的时候，人们也可以对它三心二意，定期考虑替代方案。

为了澄清这个概念，请考虑英语词"blue"（蓝色）的用法之约定的一个清楚的例子（参 Hart 1961，54—56；Schroeder 1998，41—50）：

（i）在我们的语言共同体中，有关于这个词的拼写、发音和应用的广泛的**一致性**。

（ii）不过，这个词的拼写、发音和使用在某种意义上是**任意的**，这就是说，这不是自然事实强加给我们的。一个有不同发音的异样符号完全可以起到同样的作用，这已经被其他语言中对等的语词阐释得很清楚了。更有甚者，我们甚至都不是被本性驱使着去拥有正好是那个意思的一个词。众所周知，不同的颜色之间的界限也是约定，在不同的语言中划界限的方式也是不同的。比方说，在俄语中就没有和"blue"这个英语词相对等的词，但有和"dark blue"（深蓝色）相对等的一个词 *синий*

以及和"light blue"（浅蓝色）相对等的另一个词 *голубой*。

（iii）这个词的标准拼写、发音以及用法被一以贯之地保留下来并被传达给共同体的新成员。偏差会被修正，而这些修正一般来说也被接受。值得注意的是，这样的修正仅仅基于某种语言规范实际上是起作用的这个事实；对偏差的一个恰当修正并不要求所讨论的规范从本质上来说是合理的。因此，要有资格纠正某人对"blue"这个词的拼写、发音或者使用，你只需要指出它不符合常规用法即可；你**不**必争论说，这个英语词如其所是地那样拼写、发音或者应用是一件好事。这是一条规则的约定性（相对于其功能性，比方说）的一个关键特征：正确性的标准是由社会共识构成的，因此，**对偏差的批评只需要参考社会共识或接受**，而不管由此被社会接受的东西是否本质上是合理的，或者比可能的替代方案更好。

根据这三条标准，如果语言含义是约定的，那逻辑也是约定的。因为逻辑只是对语言含义的一种抽象，它关心的是句子的真假之间的关系（参 Schroeder 2009a，87—89）。在"逻辑"这个词的宽泛意义上来说，从琼斯是单身汉这个陈述可以逻辑地得出琼斯是未婚的。从这个宽泛的意义上来理解，所有的语词含义都和逻辑相关。在这个词的更狭窄的意义上，逻辑关乎陈述的真假之间的关系，这些陈述只依赖于某些结构性语词（这些结构性语词有"不""和""或""如果""所有"）和显然用来解释这些连词的逻辑特征的术语，即"真""假""命题""蕴含"等等。不管怎样，就语词含义是约定的而言，逻辑也是约定的，它只反映我们的语言的某些语义方面。使用带有某些含义的诸语词，本身就涉及使用逻辑。因为，我们得出推理和接受推理的任何实质性变化都是含义的变化

(*RFM* 107cd)。（比方说，如果"$p \lor q$"被理解成蕴含"p"，那"$\lor$"就不可能和我们的"或"意味相同的东西。）

人们可能会反驳说，因为约定的东西也可以是另外一个样子，所以逻辑不可能是约定的：因为，毕竟，人们不能不合逻辑地思考。——第一个回应当然是：逻辑可以是另外一个样子的。"$p . q$"蕴含"p"，这是逻辑这回事；但我们很容易就可以引入一条禁止该推理的规则。显然，这样一条规则会改变"$p . q$"的含义。"逻辑的"意味的是：和含义一致。人们不能不合逻辑地思考——人们不能违背含义（否则就会导致胡说），这并没有表明含义是不可改变的，并且我们的逻辑推理不能随之一起改变。——反对这一点的人可能想要说，当然了，语词会有不同的含义；但给定它们当下的含义（meanings），它们的含意（implications）不会有所不同。而这看起来就是逻辑必须（logical must）的硬核，比任何单纯的约定都坚固得多！——然而，含意只是含义的一个基本部分。因此，修订后的反驳归根到底就是这个：**坚持这些语词的当下含义，那它们的含义就不会有所不同。而这话什么也没有说出。**

8.2　达米特的约定论不能解释逻辑推理的反驳

迈克尔·达米特在他对维特根斯坦《数学基础评论》的影响深远的评论中展现了另一种（尽管也是相关的）对说明数学的逻辑实证主义方案的批评。[1]"修正过的约定论"是达米特对逻辑实证主义的如下看法所贴的标签，即只有某些必然真理是"对我们制定的约

---

[1] 达米特的批评也许受到删因上述引文的鼓舞，即"从约定中推导出逻辑需要逻辑"。

定的直接记录；其他的必然真理或多或少是那些约定的遥远**后承**"
（Dummett 1959，494）。达米特反驳道：

> 这个说明完全是肤浅的，丢掉了约定论的所有优点，因为
> 它没有解释特定约定具有特定后承这一断言的地位。

> （Dummett 1959，494）

更近一些的时候，达米特的反驳被迈克尔·里格利（Michael
Wrigley）说出来：

> 一种更常见形式的约定论（这种约定论和逻辑实证主义联
> 系在一起）认为，某些基本的必然真理的必然性纯粹归功于我
> 们有一个能到达那个效果的明确约定，而其他所有必然真理则
> 是这些基本约定的后承。这种必然性理论乍一看是很吸引人的，
> 因为它消除了必然真理的认识论奥秘。不过，这种理论的关键
> 缺陷在于它无法解释后承的观念。如此这般的基本约定具有如
> 此这般的后承，这个事实是一个必然真理，但它却不是一个基
> 本约定。那它的必然性的来源是什么？

> （Wrigley 1980，349—350）

不过，很难看出这个反驳的力量在哪里。这幅图画似乎是像这
样的某种东西：我们规定了一套公理，比如说，弗雷格的《概念文
字》（*Begriffsschrift*）的九条公理：

1. ⊢ $A \supset (B \supset A)$
2. ⊢ $[A \supset (B \supset C)] \supset [(A \supset B) \supset (A \supset C)]$

143

3. ⊢ [D⊃(B⊃A)]⊃[B⊃(D⊃A)]

4. ⊢ (B⊃A)⊃(~A⊃~B)

5. ⊢ ~ ~A⊃A

6. ⊢ A⊃~ ~A

7. ⊢ (c=d)⊃(f(c)⊃f(d))

8. ⊢ c=c

9. ⊢ (x)f(x)⊃f(c)

102

然后，我们怎样从这些公理得出任何其他不在这些公理之列的逻辑真理，比方说：

(c1) *(x)[f(x)⊃g(x))⊃(g(a)∨~f(a)]*

(c1) 想来是这些公理的一个后承，但它是怎么从这些公理推出的，这并没有解释。

这似乎就是达米特的抱怨背后的那幅图画——不过，只要简单地把对弗雷格演算的说明补全，很快就可以消除这种情况。因为这九条公理不是《概念文字》中唯一的约定。还有三条推导规则（即普遍化规则、假言推理规则和一条替换规则），这些规则为在这个演算中什么被算作一个既定公式的"后承"提供一个形式上的解释，而且利用这些规则很容易就会推出（c1）。

下面这话是对达米特的批评的清楚回答：约定不必采取公理化陈述的形式，它们也可以是让逻辑后承的观念变清晰的程序化规则，特别是，推理规则（参 Bennett 1961）。因此，在公理化系统的例子中，一个约定论者（比方说，艾耶尔）会缺乏"解释后承观念"的资源，这个看法是相当无根据的。

　　自然语言中的必然真理又怎样呢？正如上面解释过的那样，逻辑和分析真理源自语词的含义。比方说，它像下面这样刻画了"如果"这个词的含义，即一个形如"p 且如果 p 则 q"的陈述就蕴含了"q"。如果我们不承认这个后承，那我们实际上就对"如果"这个词赋予了一个不同的含义。在语词的含义是固定的这个意义上，由这些语词构成的陈述的逻辑后承也是固定的。关于一个陈述的逻辑蕴含的不清晰之处就是关于这个陈述的含义的不清晰之处（*RFM* I §§10—11：41—42，398b；参 *BT* 297）。因此，从更近处来看，达米特的担忧恰好就是不一致的。那种（达米特认为约定论会承诺的）看法，即我们可以理解一套明确的语言约定（并因此理解这些约定赖以形成并部分解释的词汇），而不理解或者无法弄清楚其他事物是如何从这些约定中得出的（并且也是这样被约定地决定的），是没有任何意义的。

　　简而言之，达米特的错误在于认为逻辑是在含义之上的某种东西。这里的哲学图画如下，即你能理解所有语词和陈述的含义——但你还是不知道（也弄不清楚）这些陈述间存在怎样的逻辑关系。那么这些逻辑关系可不就（像脱离含义的某种东西）乍一看上去是神秘地"未经解释的"了。的确难以理解这种自由漂浮的、空灵的必然性机制的来源何在。

　　103

8.3　克里斯平·赖特的无限后退反驳

　　和我们在之前两节中对蒯因和达米特的回应相似或者大体上一致的某种东西已经被乔纳森·贝内特（Jonathan Bennett，1961）提出来，他试图表明约定论如何也能解释逻辑后承这个观念。然而，克里斯平·赖特讨论了这个回应并将该回应斥为难以令人满意的，他认为这个回应会导致无限后退，这个无限后退可以被呈现如下：

（1）按照正在被讨论的那个观点（"修正过的约定论"），所有必然真理**要么**是约定，**要么**是约定的蕴含（implication）。

（2）假设一套约定 C 蕴含一个陈述 Q。

（3）现在，[i]"C 蕴含 Q"这个第二层的陈述是什么地位？

（4）鉴于（i）表达了一个概念上的真理，那它必定也是一个必然真理。

（5）因此，根据正在被讨论的那个观点，它必定**要么**是一个明确的约定，**要么**是约定的一个蕴含。

（6）由于它不是一个明确的约定，那它必定是约定的一个蕴含。

（7）但是（i）的真理性所依赖的唯一约定就是那套 C。[1]

（8）因此，[ii]"C 蕴含'C 蕴含 Q'"。

（9）但是（ii）必定也是一个必然真理。

（10）由于（ii）本身不是一个约定，所以它必定是约定的蕴含。

（11）再次，唯一相关的约定就是那套 C。

（12）因此，[iii]"C 蕴含'C 蕴含"C 蕴含 Q"'"。

以此类推，以致无穷。（Wright 1980，347—350）

赖特随后认为，这种无限后退对标准（"修正过的"）约定论者的看

---

[1] 让我们假定 C 也包含制约"蕴含"这个词的用法的诸约定。

法提供了一则致命的反驳：

> 因此，这种模式似乎要求下面这点，即为了认出初始逻辑后承约定的任何后承的地位，我们必须同样认出无限多的陈述。
>
> （Wright 1980，351）

换句话说：赖特认为，根据"修正过的约定论"，为了理解 Q 被一套约定 C 所蕴含，我们不得不先理解"Q 为 C 所蕴含"本身是蕴含在 C 中的。而为了理解这一点，我们就得先理解"'Q 为 C 所蕴含'为 C 所蕴含"为 C 所蕴含，如此等等。因此，为了理解从既定的一套约定中得出的任何推论，我们就得理解无限多的推论——而这是不可能的。

然而，得不出那个结论。无限后退的线索（1—12）表明一个推导出的必然陈述是如何允许构造一个高阶必然陈述的，而我们回过头来对这个高阶必然陈述还是可以构造一个高阶必然陈述，如此等等。但这并不意味着我们**必须**开始这个无尽的构造序列。实际上，为了意识到一个既定陈述的推导出的必然性，我们必须意识到以这种方式无穷无尽地构造元陈述（meta-statements）的**可能性**，这甚至一点儿也不是清楚明白的。

请考虑下面这个类比论证：

> 假设 S 是一个汉语句子。为了理解 S 的语言含义，我们必须要知道：
> （i）S 是一个汉语句子。
> 但是（i）本身是一个汉语句子。为了理解（i）的语言含义，我们必须要知道：

104

（ii）（i）是一个汉语句子。

如此等等，以致无穷。

然而，为了理解 S——比方说，"天在下雨"——是一个汉语句子，你**不**必知道"'天在下雨'是一个汉语句子"本身是一个汉语句子。根本无需考虑这个句子。毕竟，你对"天在下雨"的理解甚至都不需要用一个句子表达出来。

或者还有：如果一个陈述 S 为真，那"S 为真"本身也为真。而"'S 为真'为真"也为真，如此等等。你**可以**考虑并且说服你自己迭代真值谓词的无穷可能性；但你不必这样做。你可以很简单地就说服你自己一个既定陈述——"天在下雨"——为真（比方说，看一下窗户外面），而不用考虑任何这样的可能迭代。

和"真值"谓词一样，"是分析的"这个谓词也总是可以应用到它应用的结果上去（只要最初的句子是被援引的，且不只是用一个标签或者一个附带的描述来指称的）。"'单身汉是未婚男人'是分析的"本身就是分析的。再说一遍，我们可以延续这个序列，但我们不必这样做。

同理，如果我们把分析真理呈现为一套语义约定全体的后承（正如在赖特的论证中那样），我们很容易就能说服我们自己下面这一点，即这套约定不仅仅保证了一个既定的分析真理，而且也保证了保证陈述本身，如此等等。但这又如何呢？从中并不能得出（正如赖特似乎认为的那样）按照温和约定论者的看法，理解最初的那个陈述（比方说，S 是分析的）要求我们走完整个迭代序列：完成"无限多这样的识别业绩"（Wright 1980，351）。事实上，我们甚至都不用**考虑**这种无尽迭代的可能性。

概而言之，到目前为止考虑过的对（温和）约定论的这些反驳没有一个是令人信服的。蒯因关心的是对语言约定的明确陈述预设了语言约定的使用，但他有一半承认约定不必从明确的表达式开始。达米特抱怨温和约定论没有解释特定约定会有特定后承，但关涉到形式系统，这显然是错误的，因为逻辑后承的概念是由约定的推理规则解释的，而关涉到日常语言，这是不一致的，因为对逻辑蕴含的理解只是对语言含义的理解的一个面相：你不可能没有后者却拥有前者。最后，赖特认为对逻辑推理的陈述蕴含了无限的元陈述序列，而人们为了理解最初的推理必须要知道这些元陈述（这实际上是不可能的），但是，正如已经解释过的那样，这是一个不合逻辑的推论：无穷尽地构造这样的元陈述的可能性并没有确立起这样做的必要性。

8.4 来自遵守规则的怀疑论对"温和约定论"的反驳

不过，达米特和赖特相信还有另一种对温和约定论的更激进也更具破坏性的反驳，即维特根斯坦对遵守规则思考。按照他们的解读（这种解读在很大程度上和克里普克的解读一致），维特根斯坦针对约定的语义规则这个观念提出了一个怀疑论问题。按照这种看法，维特根斯坦认为某个概念是否在一个既定例子中被应用，或者一个计算的结果是什么，这从未被"提前决定"（Wright 1980，22）。这意味的是，（根据对维特根斯坦的这种解读）什么被算作既定的一套约定的后承，从未被提前决定。因此，他们认为，维特根斯坦不会接受温和约定论，而必须求诸"纯血统的"或者"激进的约定论"，其看法是：

> 任何陈述的逻辑必然性总是对一种语言约定的**直接**表达。一个给定的陈述是必然的，这总是在于我们明确决定将该陈述视为无可辩驳的；它不可能栖息在我们采用其他某些约定之上，而这些约定涉及我们这样看待它。这个说明对深奥的定理和初级的计算都同样适用。

（Dummett 1959，495）

因此，对每一个新的计算或者推理来说，"我们有选择接受它或者拒绝它的自由"（Dummett 1959，495），前提是我们都同意我们的选择：因为正确也不过是共同体接受下来的东西（Wright 1980，226）。

作为对维特根斯坦遵守规则问题的一个回应，共同体的看法是完全失败的，这一点我们（在第 7 章）已经指出了。因为，在一个给定的例子中，什么是"+2"这个概念的正确应用，要是这都不能被提前确定的话，那在一个给定的例子中，什么被算作是"共同体的一致"，这也同样不可能提前确定（*RFM* 392c）。两者都和维特根斯坦的问题的例子有完全相同的立足点：一个**普遍**概念如何决定它的**特殊**应用。

另一方面，在对数学进行说明的过程中，约定及其蕴含之间的区分（"温和约定论"）远非一种弱点或者窘迫，这明确就是我们想要的（参 *RFM* 228f；*PR* 248g）。翻过来看 [1]，所有数学命题都是约定这个看法**从经验上来说**明显是**错误**的，即与数学实践的事实相冲突。正如前文写下的那样，约定性的标志就在于正确性标准是由社会认同构成的，因此，对偏差的批评只需援引社会认同或者接受即可。这对算术中的基本定义来说是真的。你怎样为你坚

---

[1]　即不在约定及其蕴含之间做出区分。——译者注

持 6 后面的自然数是 7 辩护？好吧，这不过是我们不约而同地同意的东西——老师告诉你的东西和你在所有书上找到的东西。但是对于 $7957 \times 23249 = 184992293$，事情就非常不同了。我能给出的坚持这个等式的理由不是：这个公式只是所有人都接受的东西——我还没有遇到对这个算式的任何接受，不管是被老师接受，还是在书本上，还是被别的什么人接受；毋宁说，我接受它的理由是（我说服我自己）：这是人们对长乘法运算采取某种程序时得到的东西。（请注意，也请达米特（1959，496）**原谅**，事实上不存在把这样的新算式"存放在档案中"这回事：我**现在**对这个算式的接受不会被未来的数学家们援引来为**他们**后来接受它辩护。他们永远不会知道我的计算，即便他们知道了，我相信这就是正确的结果这个事实也不会带有任何针对规格化程序标准的规范性力量。）从经验上来说，不存在关于这个特定算式的社会认同，存在的只是对乘法运算的一般原则的社会认同。因此，不是这个特定的算式被当成是一个约定，而是乘法运算的规则被当成是一个约定。不过，要承认的是，教授一般规则涉及样本应用。实际上，在初级层面上"对一条规则的表达是由价值解释的，不是价值由规则解释"（Z §301）。我们对加法（比方说）的理解基于我们在小学记住的那些简单算式，例如：$2+2=4$，$2+3=5$，等等。对于这些算式，人们的确可以比喻地说它们是被存放"在档案中"的。但用大数计算则是一件不同的事情，我们并不记住那些计算，而是需求出现的时候我们必须算出来。"纯血统的约定论"拒绝承认一方面是定义（以及某些作为范例的初级算式）另一方面是计算（当需求出现的时候要算出来）这二者之间的区别，这正好和我们的数学实践不一致。

此外，"纯血统的约定论"这个看法不仅仅"难以下咽"（就像达米特抱怨的那样）且从经验上来说是错误的，而且还是十足的**胡**

107

说。和蒯因一样，达米特似乎认为约定性只是对一个给定陈述的坚定接受这回事，把它当成是"无可辩驳的"，那样的话，如果我们决定把一个给定的陈述视为真，那不管怎样我们就因此把它变成了一个约定。并不是这样的。

首先，一个独特的陈述并不是一个约定，不管人们有多顽强地坚持它的真理性。一个约定是在某种**可重复的**环境下，在某个**种类**的情境中，而不只在一种场合下，对该怎么做（不只是该相信什么）的一致。因此，一场全民投票，一个一次性的决定，这些都不是约定。因此，我们有怎样求和（任何两个数的和）的约定，这就是说，关于加号、乘号等等的用法的约定。当然，我们可以只使用几个单独的公式，例如 "5 + 7 = 12"，而不是拥有整个初等算术系统，这也是可以设想的。换句话说，对 "+" 这个符号的使用可以只限制在少数数字组合上。即便在孤立的情况下，这样一个单独的和也是一种约定，其原因在于它的应用是普遍的：它要一次又一次地被用来计算五个物体和另外七个物体的总数。

而这正是对遵守规则的思考已然进入的地方：因为从普遍公式到它在一个既定场合下的应用还是存在一个跳跃。（我怎么知道 "7" 在某个星期天的意思不是 "8" 呢？我怎么知道数木制品的方式要和数金属制品的方式一样呢？）实际上，即便对同一个公式的单纯复制也是遵守规则的一个例子：**现在**同意这个等式并没有强迫我明天也同意。（今天我同意 "今天是星期天"，明天我就会反对。）换句话说，因为今天我们同意一个公式的标记（token），所以明天我们浮现出一个新的标记，这也是一个推理（参 *PI* §214）。

普遍性对约定的这个独特概念来说是根本的。任何约定都需要应用到无数的特例中，这就是说，要推论出在某个特定场合该干什么（参 Wright 1980，444）。决定从一例过渡到另一例，正如达米特所设想的那样，意味的只是**没有约定**。因此，达米特的约定性没有任何推理的看法从语词上就是一个矛盾。

　　注意到维特根斯坦对遵守规则的思考的范围有多广，这很重要。如果像达米特、克里普克和赖特那样，我们把维特根斯坦对遵守规则的思考当成是表明了下面这一点，即不可能有从普遍到特殊的受规则制约的推理，那我们就不得不放弃约定，尤其是语言约定，因此也就放弃了用任何种类的陈述或者表露（utterance）表达出的一般用语。按照对遵守规则思考的这种解读，不可能存在有着决定其外延的内涵的概念。可能根本就没有语言！

　　维特根斯坦（在 *PI* §§198—201 中）著名的遵守规则论证是归谬论证：如果你坚持对遵守规则的某种哲学说明，那遵守规则（因此还有语言）就会是不可能的。因此，很明显，对遵守规则的那种哲学说明必定是错误的——"可以看出这里存在一个误解"（*PI* §201）。[1]——显然，为了理解这样一个论证，必须要这样承认被呈现为一个临时结论的那种荒谬性。人们看到所讨论的这个看法的含意是多么具有破坏性，这至关重要——而这正是达米特和赖特没有看到的。达米特认为这只会破坏一种温和类型的约定论，但实际上这会废除约定、语言以及一切。和克里普克一样，赖特认为可以通过援引共同体一致来弥补这种损害，而没有意识到对共同体一致的承认本身也会变得不可能。

　　正如已经解释过的那样，维特根斯坦指出的会导致荒谬的哲学偏见的是下面这个看法，即为了决定一个概念 *F* 被应用到一个特定场合 *O* 之下，必须在某个地方**不容置疑且令人难以抗拒地**规定 *F* 应用于 *O*，并也要这样来决定每一个可能的应用。我们倾向于认为，要

---

[1]　对维特根斯坦的遵守规则论题的一个更详细的辩证说明，请参 Schroeder 2009b, 104—118。

在特定的应用之前确定含义，**在我们的头脑中**就必须有某种东西，从这种东西中可以根据逻辑必然性推导出任何特定的应用。[1] 在《数学基础评论》第一部分的第一节中，维特根斯坦就明确指出：含义当然**是被**决定的；只是这种决定肯定不能被想象成就在于我们头脑中的某种无限明确的指导手册。含义就是用法而且不能被还原为或者基于心灵表征（mental representation）。简而言之，维特根斯坦的如下裁决，即意义不是**由头脑中的心灵表征决定的**（参考例如 *RFM* 409c），被达米特、克里普克和赖特荒谬地反转为如下激进的，实际上是毫无意义的主张：含义并没有被决定，**到此为止**（例如见，Wright 1980，22），我们永远不会被任何语义约定所承诺（Wright 1980，232），含义总是由我们向前走时自由选择的（Dummett 1959，495—496）。[2]

总而言之，对遵守规则的思考也没有提供针对"温和约定论"的任何令人信服的反驳。认为维特根斯坦试图反对从普遍陈述到特例的推论的可能性，这是一种令人发指的误解。而要是他的评论以这样一种破坏性的方式被理解，那这些评论摧毁的就不仅仅是温和约定论，而且也会摧毁普遍概念的可能性，也就是语言的可能性。

8.5 来自根本不同的逻辑或者数学之不可能性的反驳

对约定论的最有力反驳也许是下面这个，即尽管由约定而为真

---

[1] 维特根斯坦也思考过直指定义（*PI* §§27—64）以及含义之基础的柏拉图式看法（*PI* §§191—197），但今天的大多数人还是像克里普克和赖特那样，似乎觉得这条心灵主义的线索要诱人得多。

[2] 维特根斯坦说了跟这正好相反的话："当我遵守一条规则的时候，我并不选择。"（*PI* §219）

的东西（比方说，1 m＝100 cm）很容易就能改变（我们可以引入另一种测量单位），但数学真理似乎并不是可以这样协商的。我们可以有完全不同的数学约定，其含意与我们现有的数学真理不相容，这个看法似乎是完全不可接受的。一个包含"*7＋5＝13*"这个等式的算术看起来直接就是错误的。然而，按照维特根斯坦的看法，我们不可以把这样一种不同的数学系统斥为**错误的**，尽管它很可能会是不实用的。这是一个站得住脚的立场吗？完全不同的算术规则是可以想象的吗？

让我们首先考虑逻辑，维特根斯坦对其似乎也持类似的约定论看法，尽管在逻辑和数学之间存在一个重大差异：正如之前评论过的那样，逻辑只是我们的日常语言的某个普遍的面相，但数学却能够被当成对我们语言的一个相当不同的扩展。所有的语言都受逻辑制约，而数学则更本地化：一个补充的专家语言游戏（大致来说是处理数量的）。

维特根斯坦一再把逻辑推理和把一种测量单位翻译为另一种测量单位相比较。

> 请用改变测量单位的例子来比较我们说一个东西跟在另一个东西后面这种说法……"它有 *30* 厘米长，因此它就有多少多少英寸。"

> （*LFM* 200—201）

实际上，在某个时刻，他把测量单位的转换当成逻辑推理的一个实例：

> 我们称为"逻辑推理"的东西是我们的表达的一种转换。

110

155

比方说，把一种度量翻译为另外一种。一把尺的一边标的是英寸，另一边标的是厘米。我用英寸来测量这张桌子，然后**在这把尺上**换算成厘米。

（*RFM* I §9：40—41）

这是很奇怪的，因为这种翻译并不是一种先天翻译：它似乎并不只基于语词的含义（就像当我基于 1 英寸 =2.54 cm 的定义进行计算时那样）。这就像用数纽扣来算出 *17+56=73*（首先，17 颗，然后另外 56 颗，然后全部），而不是做算术。这不是一个算术计算，而是一个实验（参 *RFM* I §37：51—52）。也许维特根斯坦在这里心中想的是，这把双边直尺起到典型样本的作用：提供两种单位以及它们二者之间关系的范例（参 *RFM* 430c）。因此，如果"英寸"和"厘米"都被当成是由这把独特的尺子定义的，那 12 英寸（比方说）和从中读取的 30.48 厘米之间的关联就能被说成是从这些语词的定义中得出的。

无论如何，从一个对象的英寸长度得出它的厘米长度，这肯定是从一个陈述到另一个陈述的推理。这个结果真正来说并不是一则新的信息，而只是呈现同样的一则信息（比方说，窗户的长度）的不同方式罢了。正如"~*(p . q)*"和它的逻辑蕴含"~*p*∨~*q*"是同一则只是表达有所不同的信息一样。维特根斯坦的评论的要点是：逻辑并不是新知识的来源，而只是用不同方式表达同样的主张（的某些部分）的一种技术。

不过，在 *RFM* I §5 中，逻辑推理似乎不仅和测量表达的转换相比较，而且也和测量本身相比较。根据不同的逻辑规则进行推理就像是用不同种类的尺子进行测量：

　　如果我们做出一个不同的推理，情况会怎样——我们会**如何陷入与真的冲突？**

　　如果我们的英制尺是用非常柔软的橡胶而不是用木头和钢铁制成的，那我们会如何陷入与真的冲突？

（*RFM* I §5：38）

在何种意义上测量就像一个推理？毕竟，测量并不是转换一个表达，而是制造一个表达，是从零开始对实在的某种描述（比方说，"这本书有 7 英寸长"）。也许它可以被看作是下面这种形式的推理：

111

　　这把尺上相邻的两条线之间的距离是 1 英寸。

　　把这把尺靠在这本书的边上，这本书从第一条线延伸到第八条线。

　　因此，这本书的长度是 7 英寸。

或者，简短点：

　　这本书从这把尺的第一条线延伸到第八条线。

　　因此，这本书的长度是 7 英寸。

如果由于这把尺的材料的缘故，线之间的距离在不同的场合（相对于我们通常的尺来说）也会不同，那我们就会倾向于把这个结果斥为不可靠的。

　　然而，维特根斯坦质疑我们是否真有资格认为这种非常规测量的结果可能是错误的：

157

　　如果我们的英制尺是用非常柔软的橡胶而不是用木头和钢铁制成的，那我们会如何陷入与真的冲突？——"好吧，我们就不会知道这张桌子的正确度量。"——你的意思是：我们得不到（或者不确定能得到）我们用我们的刚性尺子得到的**那个**度量。因此，如果你用那把有弹性的尺子量这张桌子，并且说，用我们通常的测量方式量得五英尺，那你就错了；但如果你说用你的测量方式量得五英尺，这是对的。——"但这肯定根本就不是测量！"——这类似于我们的测量，并且（在某些情形下）能够实现"实际的目的"。（一位店主可能会用它来区别对待不同的顾客。）

(*RFM* I §5b: 38)

维特根斯坦有一次在电影院里看到埃迪·坎特（Eddie Cantor）在电影《桃李花开》(*Strike Me Pink*, 1936) 中扮演一位狡猾的店主，这位店主使用一根有弹性的准绳，在为顾客量出一块布的时候将其伸展，但在剪裁布料的时候将其缩小（因此，交付的要比顾客期望接受的要少）(RR 121—122)。

　　或者还有，一把尺子可能会用在不同温度下尺寸发生显著变化的材料制成：

　　如果一把尺子稍微遇热就会极度膨胀，那我们就会说——在正常情形下——这让这把尺子变得**没用**。但我们可以想到一种情况，在其中这正是我们想要的。我正想象的是：我们用裸眼就能感知到这种膨胀；对于不同温度的一些房间里的一些物体，如果人们用肉眼看上去就一会儿长一会儿短的那把尺子测量得一样，那我们就说这些物体的长度有相同的数值。

(*RFM* I §5c: 38)

如果这把尺子的变化与被测量对象的变化一致，那这样的一把尺子就是有用的（RR 121）。这跟我们用一些颜色样本来确认色度的那种方式可有一比：这些样本在不同的光照下看起来非常不一样，但我们用它们来做比较的那些颜色表面也是这样，因此，尽管这些样本具有可变性，但它们还是能很好地为我们所用。因此，如果我们想象必须要在完全不同的温度下识别相同长度的铝棒，那具有相同热膨胀度的卷尺就可以很方便地让我们忽略温度的变化。

维特根斯坦的观点是：用这样一把可变化的尺子得出的度量不应该被当成可能是**错误的**。只有在我们误以为这些度量是针对我们正常的测量技术的一种无能尝试时，它们才会显得（可能是）错误的。只要我们记住，那把柔软的尺子上的读数不应被当成（按照我们正常标准得来的）对象之长度，那这些不一致的结果就不会被我们称为错误的，而最糟糕就是我们不感兴趣。每一种尺子都定义了我们可能会觉得有用或者没用的一个测量单位。在后一种情况下，这把尺子定义了一个依赖于温度的长度单位，而在店主的情况下，这个单位必须被理解成是在某种程度上由测量者可变地决定的。

在克里斯平·赖特对 *RFM* I §5 的讨论中，他和对话者的不同情的反应站在一起："但这肯定根本就不是测量！"他认为，我们有作为一种可感知属性的长度概念，而测量是为了更精确地确定长度。因此，我们的测量（为了能让它配得上这个名字）必须要和我们的观察评估大致一致，然而，这样一把软尺的读数可能会和我们对一个对象的长度的视觉印象相去甚远。更有甚者：

> 测量概念的一个特征是：一个被精确地测量的物体只有在**它**发生变化的情况下，才会在不同的时间产生不同的读数；测

量就是要确定被测对象的一种属性，这一看法蕴含了许多内容。

（Wright 1980, 58）

但是，那位店主操控一把软尺想来是为了给不同的顾客（或者在售卖的不同阶段）制造不同的"度量"，而他完全知道那些商品本身并没有变化。实际上，这样的一位店主对软尺的狡猾使用预设了"不是由软尺度量决定的一样长度的某种概念"——要不然他就不知道他区别对待了不同的顾客。因此，那把软尺不会定义一个新的长度概念，而只是确定长度的一种不合适的方式（Wright 1980, 60）。

但是，除非对象本身发生了改变，否则对它的可接受度量一定不会变化，当真是这样的吗？在日常生活中，我们往往只需要对物体的长度有一个大致的看法，因此，我们知道它不精确的那些测量程序（比如用伸出的食指和拇指作为单位）也十分够用。但那样的话就很容易想象，一些不谙世故的人会完全依赖这种临时的测量手段。同样值得记取的是，以前的测量单位通常是根据人体的各个部位来定义的，而不考虑个体之间的差异。因此，一埃尔（ell）被定义为一个人的手臂从肘部到中指指尖的长度，而这显然会因人而异。

至于测量和视觉评估之间的关系，有两点可以为维特根斯坦的例子辩护：首先，一把柔韧的尺子不会产生完全随机的结果。它只能够被拉伸到一定程度，而我们可以想象这样来使用这把尺子：当要去测量两个可比较的对象时，人们并不料想用一种非常不同的方式来处理。其次，我们的测量和我们之前的视觉印象相冲突或者修正我们之前的视觉印象，这是十分常见的一件事。因此，我们无论如何都不期望两者之间有一种严格的关联。

最后，这位店主对一把柔韧的尺子的使用从逻辑上来说是寄生在一个更严格的测量概念之上的吗？这取决于我们怎样想象这个情况。我们当然可以想象用两种不同的方式来使用讨论中的这把尺子：要么像一把普通的卷尺那样，要么为了给出较小的测量被随意拉伸。在这种情况下，说这位店主有一把普通的尺子，其精确度可以忍受——只是这把尺子也能通过拉伸以一种欺诈的方式被误用，这么说更自然。但请想象下面这个情景：这把尺子人们不拉伸根本就没法使用它；在未拉伸状态下，它完全是卷起来的，压缩在一起的，以至于无法区分它的刻度。因此，即便是一种公正的使用——没有任何在一个方向上影响结果的意图——也依赖于使用者运用的力量，于是，我们"不确定我们得到了用刚性的尺子得到的**那个**测量结果"。——在这样的一把尺子被有意地以一种偏私的方式使用的地方，使用者肯定意识到它比平时或多或少拉伸了，这是真的：因此，他必定意识到吝啬地测量、大方地测量或者无偏私地测量（比方说）"10 英寸"布匹之间的差异。但从中得不出他肯定有一个"不是由软尺度量决定的一样长度的概念"，因为，即使是他最公正的测量也是用这把柔软且可变的尺子进行的。

当然，在有可能把不同的测量对象并列在一起的情况下，一样长度的一个独立概念是非常有可能出现的。因此，两块长度测量得相等的布匹直接比较时可能会显得非常不同，反之亦然。因此，对维特根斯坦的目的来说，一个更合适的例子可能是测量土地的一种策略，或者测量时间长度的一种技术（比方说，通过背诵某个语词序列）。[1]

无论如何，我们应该注意到：维特根斯坦和他的对话者（以及克里斯平·赖特）的如下愤怒反驳并不完全冲突，即"这肯定根本就不是测量！"维特根斯坦自己满足于说这至少"类似于我们的测

114

---

[1]　贝克和哈克（Baker & Hacker 2009，324—327）给出的是传统日本时间测量的例子。

量"——即便它没有达到克里斯平·赖特赌咒说的那个更苛刻的测量概念的要求。这毕竟（就像测量一样）是系统地回答对象长度问题的一种方式，而我们可以想象人们有这样一种实践，怎么称呼它随你的便。

现在我们必须考虑这种偏离常规的测量方式（或者半测量）和不同种类的逻辑推理之间意欲达到的类比。如果我们把一个偏离常规的测量理解成是在一个完全不同的单位的框架内，而该单位由那种实践所定义（这么说吧，不是英寸，而是弹性英寸），那一个偏常的测量并不是错误的，就算是这样，我们还是不清楚，在关涉到允许如下过渡的一条推理规则之际，我们可以采取一个类似的步骤：

（L）$p \lor q \Rightarrow p$

因为，在这里和那个新的度量单位相对应的是什么呢？按照正常的解读（把"$\lor$"这个符号理解成"或"），这个推理是无效的，因为前提（"$p \lor q$"）为真而结论（"p"）为假，这是可能的。

当然，我们可以简单地把（L）理解成是对"$\lor$"这个符号的部分再定义，表示它在这里可以被用来意谓"和"。但是，维特根斯坦思考不同的逻辑规则或者数学规则之可能性的时候，这种琐碎的、仅仅是记号上的差异并不是他心中所想的。毋宁说，那个看法似乎是我们有不同的推理规则：该推理规则让我们从同样的前提得出不同的结论（参 RFM I §7：40）。

维特根斯坦的类比表明从"$p \lor q$"（在正常意义上来理解）到"p"的一个推理可以被接受为有效——假如结论是在一个不同的意义上来理解的话。但在何种意义上？——想来，那个结论必定被当成一个不同种类的陈述，也许是本身并不承诺它所说的为真的一个陈述，

而只是把它作为一种可能之事提出来。考虑到已经设想了两种可能
性（"$p \lor q$"），得出其中一个**是一个合理的推测**，这可以被认为是合
法的。在这个意义上，"p"可以被说成是从"$p \lor q$"中"得出"的。

人们或许想要反驳，"但这肯定根本就不是逻辑推理！"而正
如在类比的那个测量的例子中那样，维特根斯坦的回答会是：这类
似于我们的逻辑推理，并且能够（在某些情形下）实现"实际的
目的"。当然，如果我们坚持认为一个逻辑推理必须"保真"（truth-
preserving）的话，那这另外一种逻辑就是不可接受的；但我们可以不
这么坚持。只要我们知道我们在干什么，采用一种合理推测（这些
推测中有些被证明为假）的逻辑并不会让我们和真冲突。毕竟，即
便写小说也不会让你和真冲突，只要你没有混淆你的那些语词的角
色和意义。

数学的偏离常规的那部分又怎样？让我们考虑下面这个相当奇
怪的交换：

"你只需要看一下这个图形

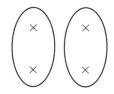

就能看出 2+2 是 4。"——那我只需要看一下这个图形

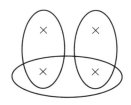

就能看出 2+2+2 是 4。

（RFM I §38：52）

这是怎么回事？这种情况可以被看成是来自《哲学研究》§185 的那位偏离常规学生的一个变种。正如我们所有人都可能会这样延续 1000 以后的 +2 序列：1002，1004，1006——而不是：1004，1008，1012——我们会很自然地把第一幅图画接受为是 *2+2=4* 的一个证明。或者，用一种不同的方式来表达：当被问到 4 里面有几对的时候，我们会回答 2 并且第一幅图可以为我们起到一个证明的作用。然而，那位偏离常规的学生可能会认为他发现了 4 里面有三对，正如第二幅图所表明的那样。

我们当然会抗议说人们一定不能把同样的东西数两遍——就好像它属于不止一对那样，但那位偏离常规的学生不会理会。"我还以为我就应该这么做呢。"也许他会争论说，这两对终归必须要被连起来，就像链条那样。

就像在我们熟悉的遵守规则的场景中一样，维特根斯坦在这里的主题是强制的观念。我们当然把前一幅图画接受为一个证明。"但是，我能不这样做吗？难道我不是**必须**接受它吗？"——好吧，我们确实相当强调地接受它，所以我们使用"我必须承认这一点"这个强调表达（*RFM* I §33：50）。——但是，我们难道不是被迫接受它吗？——是吗？维特根斯坦的回答是：并非如此（*RFM* I §51：57）。毕竟，这只是一幅**图画**，而一幅单纯的图画怎么会包含一种义务呢（*RFM* I §55：59）？

就像在遵守规则的例子中一样，如果人们固执地坚持一种偏离常规的理解，那我们就不能强迫他们玩下去。不过，尽管在遵守规则（延续一个符号序列）的简单例子中，这就是问题的终结，但在数学中，事情似乎有所不同。自然的回答是：*2+2+2=4* 就是错误的；而要是我们的证明不能说服那位偏离常规的学生，自然会说服他。因为，对这个怪异等式的应用会经常导致挫败。（买 4 块饼干不能让你给汤姆、迪克和哈里每人两块。）

作为这样一种异于常规的计算的另一个例子，维特根斯坦思考了一种应用的那些可能结果：

> 想象有人中邪了，于是他这样计算：

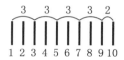

> 即 $4 \times 3 + 2 = 10$。

> 现在他要应用这个计算。他拿四次坚果，每次 3 个，最后再拿 2 个，他把这些坚果分给十个人，每人**一个**坚果；他根据这个弧形计算来分，而每当他给有些人第二个坚果时，坚果就会消失。

> （*RFM* I §137: 91）

在这样神秘的环境下——或者，在坚果没有明明白白的理由就消失的这样一个奇怪的世界里——"$4 \times 3 + 2 = 10$"这个怪异的等式能被成功地应用。

假设——这当然是极其不可能的——我们所有人都这样中邪了，而由于坚果和其他可数事物的这种奇怪的表现，我们应用这个等式的时候几乎从未遇到过困难。这就是维特根斯坦在下面这则评论中想象的那种情况：

> 想象下面这种奇怪的可能性：我们到现在为止做 12×12 的乘法一直都做错了。确实，这怎么会发生是不可思议的。因此，

117

所有这样计算出的东西就都错了！——但这又有什么关系呢？
一点关系都没有！——而在这种情况下，我们对算术命题的真
伪的看法就一定有问题。

（*RFM* I §135：90）

这些牵强附会的可能性在何种程度上会为算术命题的真假投下
光亮呢？——它们意在驳斥那幅柏拉图式图画（根据这幅图画，
12 × 12 = 144 是一个超级坚硬的形而上真理）和那幅经验论者的图画
（根据这幅图画，*4 × 3 + 2 = 10* 是错误的是因为坚果之类的东西并不
那样消失不见）。

　　首先，对遵守规则的思考侵蚀了这样一个看法，即存在一个柏
拉图式的领域，在该领域中，所有的步骤都已经被采取了。遵守一
条规则（根据一个给定的方案操控符号）并不是讲清楚在某种意义
上已经在那里——并且永远在那里——的什么东西。它从本质上来
说是一种人类活动：基于我们的态度和倾向的稳定性。我们在这样
而不是那样应用一条规则之际感受到的那种逻辑强制性是人为的：
是我们自己非要坚持这样而不是那样走下去（*RFM* I §118c：82）。从
社会的角度来讲，就我们驳斥了偏离常规的行为而言，它是强制
性的：我们不会把它**称为**"遵守规则""加""推理"等等（*RFM* I
§§116，131，133：80，89，90）。但那样的话，在**没有**越轨行为的地
方——在这里我们对用某种方式应用这条规则都表示同意，就不可
能有错，因为那样的话就会要求维特根斯坦所反对的那种柏拉图式
正确标准了。[1]

---

　　[1] 不过，请注意，这并不意味着集体一致就是我们的正确性标准。毋宁说，除了诉诸
规则之外——在设想的越轨情况中，这并不能解决争端——并不**存在**进一步的正确性标
准。存在的只是一些原始事实，这些事实关乎那些我们**当成**是正确的事物。这正是维特根
斯坦从那位偏离常规的学生的例子中得出的结论之一：我们不能**证明**他错了（参 *RFM* I
§§113，115：79，80）。因为，说我们**所有人**都这样做——这并不是一个证明。

因此，当我们想象那位偏离常规的学生的奇怪行为总是和**我们** 118
的行为一致时——在那种情况下，这对我们当然不会显得奇怪——
这就不能被说成是错误的。

关于遵守规则且缺乏柏拉图式基础就说这么多。但是，数学不
仅仅是根据演算规则制造公式。根据"两划一圈"这条规则来制造
图案线条（也许是在制造墙纸的时候）并不是数学（*LFM* 34）。正如
维特根斯坦所说的那样：

> 我想说：那些数学符号也能**穿着便装**被运用，这对数学来
> 说是基本的。
>
> 正是数学之外的用法，因此是这些符号的**含义**让这种符号
> 游戏（sign-game）变成数学的。
>
> （*RFM* 257de）

这个序言性的表述提醒我们：这话可能需要限定。[1] 当然，并不是
每个数学**命题**或公式都有数学之外的应用，维特根斯坦的说法也是
如此。他只是要求数学**符号**——或者概念（*RFM* 295f）——要有这
样一种外部用法。人们有资格说的话是：一个数学符号要从定义上
来说和出现在数学之外的符号（也许只是间接地）联系在一起，这
就够了（*LFM* 33）。

至于数学命题，很长的数学证明**中间**的一行显然并不意在被

---

[1] 参弗洛伊德和穆尔霍尔泽（Floyd and Mühlhölzer，2020，42—49），在我看来，他们
夸大了这则评论的试验性（tentativeness）。毕竟，数学是面向应用的这个看法可以回溯
到《逻辑哲学论》（6.211），然后才变成了维特根斯坦把数学说明为语法（即作为非数学语
言的语法）之际的核心观点（MS 127，236；见第 6 章；参 Baker & Hacker 2009，262—
270）。在维特根斯坦 1939 年的讲演中，他解释道"包含某种符号的数学命题是在非数学
陈述中……使用该符号的一些规则"（*LFM* 33；参 46）。还有："数学的所有语词也都出现
在数学**之外**。数学为操作这些语词给出规则"（*LFM* 268）。*RFM* 259de 的看法在 *RFM* 295f
被毫不犹豫地重申："在'必然'命题中出现的那些概念肯定也出现在非必然命题中，并
且在非必然命题中具有一个含义。"

应用，而只是通往可能会被应用的某种东西的道路上的一步。而即便是一个证明的最终结果也可能意在更进一步的内数学（inner-mathematical）工作，而不是意在（比方说）工程学中有一个应用。此外，即便是一条公式的间接的外数学（outer-mathematical）有用性可能也只是一个模糊的希望，而不是一个清晰的意图。即便一个既定的数学作品和它的应用之间的联系一般来说只是间接的，而且往往只是一个模糊的未来可能性（RR 122），我们依然可以争论说：如果这个操作的维度被彻底消除的话，那下面这一点就会变得更不清楚，即我们关心的还是数学，而不是更像象棋难题之类的东西——在一个单纯的游戏内部对逻辑关系的研究。

此外，正如 *RFM* I 的那些例子清楚表明的那样，维特根斯坦关心的（至少从 1937 年以后）最主要是初等数学，他曾经把初等数学称为"数学的开端"[MS 169，36v（1949）]。这就是说，他旨在澄清日常语言的一个面相或者日常语言为我们所熟悉的一个延伸——我们所有人在学校里学会的算术和几何。至少在数学最常见和最重要的这部分中，它的符号和规则从本质上来说是面向数学以外的应用的，这肯定是真的。

因此，为了让我们以那种方式计算 *12×12*（或者：*4×3+2=10*）的一个假定的错误变得无关紧要，我们（所有人）仅仅发现这个计算很有说服力（即使在一遍又一遍核实的时候）仍是不够的；我们还必须发现它是可应用的。*RFM* I §137 的奇怪情景阐明了这是如何可能的：在事物无缘无故但有规律地消失的一个世界里，拥有一个相当奇怪的算术系统，或者甚至是计数系统，这可以是很实用的（参 *RFM* I §140：91—92）。

但请注意维特根斯坦的说明和一位经验论者的说明之间的差异：

经验论者对算术的看法是：等式是关于加上或减去物理对象的

结果的一般性主张——

> 把两个苹果放在没有东西的桌子上，不要让任何人靠近它
> 们，也不要让桌子摇晃；现在再把两个苹果放在桌子上；现在
> 数一数那里的苹果。你做了一个实验；数数的结果很可能是4。
>
> （*RFM* I §37: 51）

按照经验论者的看法，这种经验以及类似的经验把我们导向2个
对象加上2个对象总是得到4个对象这个断言，用等式表达就是：
2+2=4。因此，一个等式就是关于可数对象的一个通用断言，而要
是我们一旦遇到一个例外：比方说，把2个东西加到2个东西上去
结果只是3个东西的情况，那这个断言就会被驳斥。

然而，维特根斯坦意识到这不是算术和经验相关联的那种
方式——

> 如果2个苹果加上2个苹果只有3个苹果，这就是说，在
> 我放下两个苹果然后又放下两个苹果之后，一共就有3个苹果，
> 那我不会说："因此，2+2毕竟并不总是4"；而是会说"不知
> 怎的，有一个苹果肯定不见了。"
>
> （*RFM* I §157: 97）

这就是说，当我基于我们对坚果和苹果等等的经验来给出"*2+2=4*"
这个简单计算的时候，这个计算之被呈现并不作为一个经验性概括，
而是作为一条表征规则或者规范，而这意味的是它不受经验证伪的
影响。即便在经验看起来和它相冲突的地方，我们还是会坚持它：
在那种情况下，我们宣布我们的经验是不准确的。我们说我们没看

120

见的别的什么事情肯定发生了。

然而，即便相左的经验不能**证伪**一个数学命题，但反复的反面经验会削弱它的有用性。如果把两对苹果放在一起结果总是多于或者少于 4 个苹果，那我们就会不得不说我们的算术对苹果不适用了；事实上，它并不适用于水滴（一滴水加一滴水还是一滴水）或者不同液体混合的过程（一夸脱的酒精和一夸脱的水只能产生 1.8 夸脱的伏特加）。[1]

　　……但如果对于棍子、手指、线以及大多数其他东西也发生了同样的事情，那这将会是所有算术的终结。"但我们那时难道不应该还是有 2＋2＝4？"——这个句子会变得不可用。

（*RFM* I §37: 51—52）

它不会是错误的；它在某个演算中可能还是被当成一个定理；但那个演算至少就目前来说还没得到有用的应用。

而这就是维特根斯坦在 *RFM* I §38 中似乎要证明的那件怪异的数学作品 *2＋2＋2＝4* 的情况。被提议的那个图画证明**可能会**说服人们，让他们把它采纳为一个数学命题。人们不能辩称他们采纳的是一个错误来对之反驳。因为，在他们的（诚然很奇怪的）演算中，这就会是一个定理。当然，被我们自然而然地当成是与之相对应的经验陈述的东西则会为假：如果你在一张桌子上放三对苹果或者坚果，并且注意没有减少或增加，你肯定会数出一共有 6 个苹果，而不是 4 个。但这样一个**经验**陈述的虚假性并没有让"*2＋2＋2＝4*"为假。它只是让它变得很不切实际。

---

[1]　即便在这些情况下，我们还是可以计算我们放入的东西（比方说，2 夸脱的液体）；只是随着时间的推移，这些单位并没有按照我们的加法规则加起来了。

此外，我们可以用 *RFM* I §137 中的那个例子的方式想象奇怪的周边环境，在该环境下可数对象的消失让那种奇怪的算术很有益地被应用。或者，不那么异想天开，我们可能会撞上一些事物或者化学物质，它们加起来后正好为 *RFM* I §38 中的第二种"证明"所表明的那样：于是两对"重叠"为一个单位（"*2+2=3*"）。（因此，这种演算可以用来计算像自行车链条的长度之类的东西。）[1]

因此，数学并不是由于对事实为真而被强加给我们；它或多或少要被评价为实际不实际或者有没有用，而这和我们所处的环境和目的有关。一件偏离常规且怪异的数学作品（正如导致"*4×3+2=10*"的一种证明方法）并不是错误的，而只是极其不可能是实际的。在 *RFM* I 中，维特根斯坦想象的那些周边环境是如此的奇怪，以至于被讨论的那个等式事实上可能会是很实际的。在一次讲演中（1937 年），维特根斯坦想象了一个更有可能不起作用的情况（*LFM* 202—203）。这个例子稍微有点不同，但是同一种类：使用三竖为一组的一个图表，但是这三竖在其中一竖上重叠，它算的是 *9=4×3*。

121

> 假设人们……想要分发小木棍的时候这样计算。如果九根小木棍要分配给三个人，他们从给每个人发四根开始发。那时，人们能想象发生各种各样的事情。当这种分配方法没有用的时候，他们可能会非常震惊。或者，他们可能根本没表现出任何震惊的迹象。那时我们该说些什么？"我们不能理解他们。"
>
> （*LFM* 203）

---

[1] 我们会在第 9 章和 10.1 中再回到这个例子。

如果糟糕的数学并不是错误的，而是不切实际的，那么，那些不顾它明显的无用性而坚持它的人们是很难理解的。这并不是他们把他们的事实理解错了，而只是他们看起来如此不可理喻。他们就像下面这种人一样不可理喻，这些人的数学计算完美无瑕，但他们计算我们认为是错误的东西：他们用一种奇怪地不切实际的方式应用他们的计算。这就是维特根斯坦在 *RFM* I §§149—150 中呈现的那些柴火商人的例子：他们随意把柴火堆成不同重量的几堆，然后根据堆占面积按比例出售。

> 我怎么向他们表明——正如我会说的那样——如果你购买覆盖了比较大的区域的那一堆，你真正来说并没有买更多的柴火？——我应该，比方说，拿起在他们看来很小的一堆，然后把木头摆开，把它变成一"大"堆。这可能会说服他们——但也许他们会说："是的，现在这是一大堆木头，也更值钱了。"——而这事情可能就这么结束了。——想来，在这种情况下我们应该说：他们用"很多的木头"和"很少的木头"意味的只是和我们不同罢了；而且他们有一套相当不同于我们的支付系统。

(*RFM* I §150：94)

他们可能只是愚蠢罢了（ *RFM* I §151：94；*LFM* 202），但话说回来，他们可能会有不同于我们的要务，因此，他们对利润或储蓄最大化不感兴趣。他们说的"很多的木头"意味的是覆盖一大片地面的木头，他们完全知道同样数量的木头可以被制作成"很多的木头"或者"很少的木头"。也许他们欣赏售卖者把木头摊开使它们占据一大片地面的技术，并且在这件事干得很漂亮的时候十分愿意花更多的

122

钱（就像我们中的很多人愿意为精美包装或者售货员的和蔼微笑花更多的钱一样）。

克里斯平·赖特对维特根斯坦对这些奇怪的木材销售商的讨论的批评，就像他对维特根斯坦的弹性尺子的例子的批评一样。他的反驳是：维特根斯坦没有让下面这一点变得可信，即想象的那个部落具有一个不同的测量概念（在一例中）或者量的概念（在另一例中）（Wright 1980，68）。他认为维特根斯坦面临一个困境：这些人的目的在被描述的这个操作中要么和我们的目的一样（比方说，决定他们要买多少木头才能维持这星期），要么不一样。在前一种情况下，他们的操作肯定会被批评为：基于同样的长度或者量的概念，但极为无能。在后一种情况下，虽然我们不能批评那些操作无能，但我们也没有很好的根据把一个**长度**或者**量**的概念归因于那些操作。所以，维特根斯坦并没有表明有可能存在另一种测量或者量的概念（Wright 1980，71—72；参 Stroud 1965，295）。

然而，奇怪的是赖特的批评缺乏重点，这是把和维特根斯坦的评论相异的议程归结到他身上的结果。维特根斯坦的目标是为人们描述另一种**量**的概念吗？这并不是他所说的。毋宁说，我们被告知这些人与我们完全不同地使用"更多的木头"和"更少的木头"这些表达：**不是**为了描述木头的**量**，而是为了指示排布木头的一个面相。事情怪就怪在他们把这个面相当成对木头的定价来说是至关重要的，尽管他们似乎也知道这个面相很容易就能改变。[1] 这个故事的要点并不是为了表明可以有不同的量的概念，而是表明我们可以想象这样一种社会生活，这种社会生活并不像我们这样聚焦于量的

---

[1]　因此，他们不必像巴里·斯特劳德（Barry Stroud）所认为的那样是不可思议地愚蠢（1965，295），但他的如下结论是正确的，即这些人（被维特根斯坦呈现出来是为了阐明使用根本不同的概念的可能性）可能"对我们来说是完全不可理解的"（298）。因为我们的概念反映的是我们的关心和旨趣以及我们的思考方式。

概念，即便是涉及商品交换的时候也不聚焦于此。我们理所当然地认为木头的价格一定要和木头的量成比例。但不同的交换形式是可以想象的，比方说：

> 不管每位购买者拿多少，他都付同样的钱（他们觉得像这样生活是可能的）。直接把木头扔掉，这又有什么话好说呢？
>
> （*RFM* I §148：94）

虽然这些人的行为很奇怪，但他们并没有弄错他们的事实。他们用一种奇怪地有选择的方式应用他们的计算（只用于面积，不用于体积），但很明显这并没有让他们的计算出错。我认为，这就是维特根斯坦也想要我们看待不同形式数学的例子的那种方式：不把它们当成是错误的，不把它们当成是关于实在的错误断言，而是把它们当成一些工具，这些工具被以一种奇怪且很可能不切实际的方式使用着。在木材商人的例子中，那些工具和我们的很像，但其奇怪的应用方式在我们看来是愚蠢的；在之前的分派坚果的例子中，那个工具本身看起来就不合适（除非发生了奇怪的事情）。但是，在这两种情况中，这些工具、这样的那些计算不应该被评估为是错误的。

如果一个数学命题是对事实的一个陈述，那它就会独立于人们的信念而或为真或为假。那时我们可以想象整个共同体都错误地相信 $2 \times 2 = 5$。但我们真的能这样想象吗？

> 但**这话**是什么意思："即便每个人都相信 2×2 是 5，2×2 还是 4"？——因为，所有人都相信 2×2 是 5 是怎样的一种情况？——好吧，我可以想象（比方说）人们有一种我们不会把它称为"计算"的不同的演算或者技术。但它是**错误**的吗？（加

冕礼是**错误**的吗？对不同于我们的存在者而言，加冕礼可能看起来十分奇怪。）

（*PPF* §348；*LW* I §934）

关键之点在于：为了把一个经过深思熟虑的数学信念 *2×2=5* 归给一个共同体，我们就得想象他们有一个相应的数学实践：一种演算及其应用。他们在数学中**相信**的东西是他们在计算和应用数学的时候所**做**的事情的反映。因此，**如果**我们的确能够想象他们有这样一种实践，那么，相应的信念就理所当然是真的。因此，我们的批评不可能是：他们的信念是不真实的（如果信念正确地反映了他们的实践，那它就不是不真实的）；而只能是：他们的实践是完全不切实际或者甚至是荒谬的（参 *RFM* I §§152—153：95）。此外，我们很可能不会把它当成"计算"或者我们愿意称为"数学"的那种东西的一种形式。

这同样适用于那些不坚持价格与所售货物数量成正比的商人的情况。我们可以想象这样一种实践，尽管我们觉得这是相当不可理解的，如果不是发疯了的话。但在这里，就像上面 *2×2=5* 的例子一样，维特根斯坦提醒我们：我们自己的文化中的熟悉元素在理性的局外人看来可能是奇怪的，比如加冕礼（*RFM* I §153：95）。正如他注意到：我们可能会觉得"*2×2=5*"太奇怪而不能被称为"数学"，就像我们可能会拒绝把从一个语句到另一个语句的偏离常规的过渡（比方说，从"*p∨q*"到"*p*"）称为"逻辑的"或者"推理的"一样（*RFM* I §116：80）——同样，维特根斯坦显然会同意克里斯平·赖特提出的反对意见，即那些卖木材的人使用的"更多"或"更少的木材"并没有描述我们会称为量的那种东西。

8.6 结 论

"当然，"维特根斯坦写道，"在某种意义上，数学是一个知识体，但它依然还是一种**活动**"（PPF §349；*LW* I §935）——内嵌于一种生活形式之中并部分构成这种生活形式。因此，想象不同的另一种形式的初等数学，我们就必须想象不同的实践，想象它们能在其中发挥作用的不同的生活形式。如果我们试图想象一种**根本**不同的算术，那我们就应该要么想象一个奇怪的世界（在这个世界中对象莫名其妙地消失或者出现），要么想象人们用非常奇特的方式来行动和回应。如果这就是他们的实践，那么，表达他们所应用的表征约定的一个演算就不能被称为假的。毋宁说，我们的批评只能把这样的实践斥为愚蠢的，并且把他们的约定斥为和我们的约定太不相同，以至于不能被称为"数学"。

为了想象根本不同的初等数学，我们就必须想象一种不同的生活形式，这种生活形式很可能处在一种非常不同的物理环境之下（比方说，对象离奇地消失的物理环境）。但是，这当然意味的是：不存在这种根本不同的初等数学来供我们选择。因为，在我们的世界里，对象**不会**以这样一种方式消失，以至于让（比方说）"*7+5=11*"经常可应用而不会让我们陷入困境；我们也不愿意采用包含这样一种态度的生活形式，即对这样一种偏离常规的算术可能会导致的分歧和矛盾表示漠不关心。相反，对我们来说，数学的应用往往是一种准确观察和注意细节的态度的重要组成部分。**鉴于我们（想要）用数学来做的那些事，似乎没有别的东西可以替代我们的数学。**（这就是说，在初等数学的范围和发展上当然会有巨大的差异；如果考虑到不同时期的不同文化，确实存在这种情况。但这些是不同地区不一样的复杂度的差异，而不是彻头彻尾的矛盾。包含 *1，2，3，…，10*，**多**（*many*）这些数的一种算术，其应用可能会是有限的，但它不会导致和经验相冲突的任何结果。）

如果维特根斯坦的思考的结局就是，对于像我们这样的生活形式的人来说，根本没有一种完全不同的数学可供选择，那么，他是否应该被视为约定论者，这就显然值得怀疑了（参 Steiner 2000，334）。毕竟，正如之前解释过的那样，约定的特点是带有任意性成分，在以某种方式行事是约定的地方，这并非完全是由事情的本性来辩护的；毋宁说，行为的正确性是由于以某种一致的方式做事，而这种一致本可以是不同的。因此，在英国，我们靠左行驶，我们用"红色"（red）这个词称呼熟透的西红柿的颜色，但很容易想象不同的（矛盾的）约定——靠右行驶，把西红柿称为"**胭脂色**"（*rouge*）——这同样合用。不过，有人可能会争论说，我们的数学实际上确实包含了相当数量的约定上的任意性。首先，就像在语言的其他部分中一样，存在类似的记号上的差异。正如法国人对"红色"有不同的说法一样，他们对数字或数学术语也有不同的称呼。其次，我们靠左行驶可以与我们书写数字和算式的方式相比较：从左到右。第三，把胭脂虫归入红色但把橘色视为一种不同的颜色，这种分类上的任意性也许可以和我们有基于 10 的一个数字系统相比较。正如我们发现数学中约定上的任意性的空间，受到我们的需要和兴趣的限制一样，对交通规则和语言的约定性也可以这么说。责令人们靠右行驶的一个约定同样合用，但是，不同意我们靠一侧行驶，而责令我们从一侧弹飞到另一侧，这却不是一个切实际的选择。再者，一种根本不同的算术演算（比方说，由维特根斯坦的韦恩图（Venn diagrams）表明的一个演算，它得出：*2+2+2=4*）的等价物可

125

能是颜色词，该颜色词的指称一天接一天在互补色之间摆动：比方说，"红色"今天适用于西红柿，明天适用于翡翠，而"绿色"反过来也一样。

维特根斯坦肯定不是一个"激进的约定论者"，但把他称为一个"温和的约定论者"，这似乎是合适的。他的**约定论**被可以叫做他的**工具主义**的那种东西所限制：这就是说，他强调数学的可应用性。因此，为了让某个东西被接受为一个数学概念，它必须适合具有我们的生活形式（我们的工程、商业和科学兴趣）的人，并且在一个像我们这样的世界里（在这个世界里，许多对象被很可靠地计数和测量）存在。

9　经验命题硬化为规则

之前一节把我们引向下面这个结论，即维特根斯坦的约定论被他对数学的经验适用性的关注所调和。因此，更密切地关注维特根斯坦思想中的这些经验主义或工具主义因素可能是有用的。

如前（在第 6 章）所述，维特根斯坦认为数学命题可以被看成是源自经验命题，这些经验命题在后来的某个时刻被"硬化"为规则（*RFM* 324b，325b，437e）。[1] 他似乎认为我们的算术是基于数对象个数的经验，比如下面这个实验：

> 把两个苹果放在没有东西的桌子上，不要让任何人靠近它们，也不要让桌子摇晃；现在再把两个苹果放在桌子上；现在数一数那里的苹果。你做了一个实验；数数的结果很可能是 4。
>
> （*RFM* I §37：51）

---

[1]　他考虑把数学当成一种"冻结或石化了的物理学"（MS 123，17v）。

因为这种实验很可靠地导致同样的结果，于是我们引入一条相应的规则，这条规则，这么说吧，把一个极有可能的结果转变成概念上的必然性。

> 我相信很可能总是会这样（也许是经验教会了我这一点），而这正是我为什么愿意接受这条规则的原因：我会说，一组事物是 A [| | | | | |] 这种形式，当且仅当它能被分割成像 B [| | |] 和 C [| | | |] 这样的两组。

> (*RFM* I §67：62)

因此，在发现 *2 和 3* 的概念和 *5* 的概念**从经验上来说**是联系在一起的之后，我们随后引入作为一个**数学**命题的 "*2 +3 =5*"，即一种表征规范。如果现在那个最初的实验导致了一个不同的结果，那我们就不该接受它——我们应该坚持认为，我们肯定是犯了一个错误或者肯定发生了某种奇怪的事情，以此来说明与我们的规范相偏离的这种情况。

初等数学命题不仅（从基因上来说）被认为是基于相应的经验命题或者经验的，它们还要求我们的经验继续在大体上和我们的计算相一致。尽管个体经验不会否证被用作一个表征规范的算术等式，但规则与经验之间的有规律的分歧就会侵蚀这条规则的有用性，并最终让我们抛弃或者改变它。

> 我们的孩子们是这样学习求和的……人们让他们放下三颗豆子，然后再放下三颗，然后数一共有多少。如果结果一会儿是 5，一会儿是 7（因为，比方说，**正如我们现在会说的那样**，有一颗豆子有时被加进来，有时又自行消失了），那我们要说的

第一件事就是：豆子不再适合用于教授求和了。但如果对于棍子、手指、线以及大多数其他东西也发生了同样的事情，那这将会是所有算术的终结。

"但我们那时难道不应该还是有 2+2=4 ?"——这个句子会变得不可用。

（*RFM* I §37：51—52）

这是维特根斯坦对数学加以说明的很值得强调的一个核心面相。一个等式（比方说，"*2+2=4*"）并不是一个经验上的概括，因此，没有相反的经验能够否证它。另一方面，它也不是完全独立于经验的。它从本质上来说是描述可数事物（像豆子和棍子之类）的一个规范，因此，它依赖于针对这种目的的适合性（*RFM* 357c）。

> 规则并不表达一种经验上的联系，但我们制定它是因为存在一种经验上的联系。

（*LFM* 292；参 *RFM* 357c）

规则的有用性依赖于它连续的经验适用性。回到在第 6 章讨论过的那个三角学的例子，不仅仅是我们在（M2）[1] 的光照下拒斥了（A2）[2]，即我们坚持认为对屋顶的某些测量肯定是不准确的；而且还是，当我们在这种情况下再次更仔细地测量或计数时，我们几乎肯定会发现我们的经验观察与该规则一致。在这种情况下，如果其他测量很合理地被表明是准确的，那我们就会发现：

128

---

[1] 如果一个直角三角形有一个角是 15° 而相邻的直角边是 5.36 米，那对边就是 1.44 米。
[2] 我的单坡顶车库的屋顶与地平面的夹角是 15°，屋顶从墙壁水平延伸 5.36 米，屋顶的一侧比另一侧高 1.32 米。

（E）我的单坡顶车库的屋顶与地平面的夹角是 15°，屋顶从墙壁水平延伸 5.36 米，屋顶的一侧比另一侧高 1.44 米。

这就是说，我们把一个经验命题［比方说（E）］当成是一个数学命题［比方说（M2）］的确证；确证的不是（M2）的**真理性**——因为（M2）是一条规则而不是一个概括，而是基于经验，我们确证的是（M2）的适合性（suitability）和有用性（usefulness）。

我们可以想象一个部落的人已经掌握了计数（一套自然数），但还没有任何计算技术，他们随后采用一些算术陈述作为准语法规则。在像"*2+3=5*"这样的初级等式的例子中，这不会有太大区别，因为它的应用无论如何一眼就能被证实，但假设他们经常有把一打的一打东西（砖块、鸡蛋或者椰子）放在一起的场合。在各种不同的场合数过总数是 144 后，他们采用"12 个 12 是 144"这条顺手的规则。

或者还有，假设那个部落里的一位农民想要圈一块面积为 100 平方英尺的长方形地块。显然，他想要在围栏上尽可能花费最少的时间和材料。他通过试错意识到：两条边的长度之间的差异越大，周长就越大——围栏的花费就越大。一块 2 乘 50 英尺的地需要 104 英尺的围栏；5 乘 20 的地只需要 50 英尺的围栏。撞上最优的那个解并不困难：一块正方形的地只需要 40 英尺的围栏。我们可以想象，由试错来指引，这个农业共同体很快就会采纳并通过如下规则，即对于所有既定面积的长方形，正方形的周长最小（参 Kline 1953，40）。

这实际上大致就是埃及人和巴比伦人获得最初的数学的那种途径：不是通过系统的推导或者证明，而只是从经验上通过试错（Kline 1953，40；Meschkowski 1984；41—42）。显然，这种经验地发现的数学规则或者技术可能会是不准确的甚至是错误的。巴比伦人决定一个圆的面积的那种技术相当于让 π=3。这个结果想来对他们的实际目的来说是足够准确的。然而，他们计算金字塔或截锥体体积的方法显然是非常错误的，即使按照他们自己的精度标准也是如此（Meschkowski 1984，41）。

对于只使用很少几条孤立的走捷径的规则（比方说，"*12×12=144*"或者"*正方形的周长最小*"）的一个部落，说他们有得体的数学，我们会很犹豫（参 MS 127，225）。这是因为我们期望数学是成系统的。在一个相当小的范围之内，通过记忆就能做到这一点（比方说，所有一位数的乘法运算），但很快就太多了根本记不住。那时需要的就是一种计算技术，这种计算技术允许人们在不同的情形下灵活地制造不同的结果，比方说：把**任何**数相乘的一种技术。实际上，维特根斯坦倾向于认为，**计算**（制造新结果的一种系统化的技术）对数学来说是基本的：

数学中的每一个命题必定属于数学的一种演算。

（*BT* 637）

数学命题由算法 // 计算构成，而不是由命题构成。

（MS 121，71v）[1]

我愿说：数学是证明技术的一种**混杂**（MOTLEY）。

（*RFM* 176c）

---

[1] *Die Mathematik besteht aus Kalkülen // Rechnungen nicht aus Sätzen.*（MS 121，71v，27.12.1938）

　　因此，让我们考虑早期的一个计算系统。在古代埃塞俄比亚发展出了下面这个乘法运算系统［也被称为俄罗斯农民乘法运算（Russian Peasant Multiplication）］。对于要乘的两个数，第一个数被逐渐平分，第二个数被逐渐加倍，按栏写在要乘的两个数下面，直到第一栏到 1 为止。忽略平分一个奇数后的余数。然后，划掉以偶数开头的那些行。最后，把右边（加倍）栏剩下的数加起来。这是一个例子：

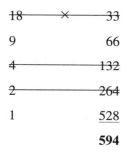

这种早期乘法运算的实践者们可能无法给出任何数学上的证明来说明为什么这个程序是可靠的。事实上，它的有效性很可能被广泛地认为是神奇的，因为传统上给出的划掉以偶数开头的那些行的理由是如下信念，即偶数是不吉利的（Meschkowski 1984，34）。

130　　对于这样的初等数学，一种经验主义的说明似乎是相当准确的。这种"平分 / 加倍"的乘法运算计算本身并不能被认为是提供了证明（这和我们的一般的长乘法运算相对，维特根斯坦经常将其称呼为"证明"），因为，这个程序为什么会导致这个乘法运算的这个结果，远非清清楚楚。而我们可以假设（或者想象）它并非通过证明或者任何先天推理建立起来，而只是通过试错建立起来的。那么，首先要说的是，它的地位就是一种经验上的概括，这个概括后来被硬化为一条规则（*RFM* 324b）。从此以后，如果数总数导致和那个计算不一样的结果，那我们就会认为数数数错了（或者我们认定那个数发生了变化）。

> 而这条规则那时就变成了测量的一个标准。规则并不表达一种经验上的联系，但我们制定它是因为存在一种经验上的联系。
>
> （*LFM* 292）

到目前为止，数学的成功的可应用性看起来不是一个问题。**从经验中得来**的规则后来被发现**和经验一致**，这一点儿也不奇怪。这只是归纳的一个例子。

马克·斯坦纳（Mark Steiner）对维特根斯坦的解读强调了这一点：数学应该被理解为基于对经验上的规律性的观察，并被硬化为规则。斯坦纳认为，1937 年维特根斯坦的思想中发生了一场无声的革命，正是那时对经验规律性的观察的"硬化"变成了维特根斯坦的关键看法（Steiner 2013，参 2009）。这似乎并不完全准确，因为维特根斯坦在 1934 年的讲演中就已经表达了这个看法（*AL* 84），但说下面这话很可能是正确的，即 20 世纪 30 年代中期，维特根斯坦的思想中有一个逐渐的转变：从一种纯粹的先天的说明到一个更加注意数学的经验基础的说明。

斯坦纳正确地注意到：数学基于经验上的规律性似乎和他的数学作为语法的其他看法相冲突，鉴于他早期关于语法自治的看法（2009，10）。也许这个冲突可以被解决，因为，即便一条规则最初是从经验中得来的，一旦它被弄成独立于经验，那它就能被称为"自治的"；而相应经验命题的真理性并不需要演算中的那条规则的数学正确性。

然而，维特根斯坦 20 世纪 30 年代早期在某些相关段落中的断言是：语法不可以通过指称实在来**辩护**（*LL* 49，58，*PG* 184），而这似乎恰恰就是当人们指出如下这点时所做的事，即经验上的规律性让采纳被讨论的这条规则变得很合理。而维特根斯坦对"任意"这个词的使用肯定是相当误导人的（参 Hacker 1996，274）。采纳"*12×12=144*"这条规则一点儿也不是任意的；我们不可能随意地选择用"*12×12=77*"取而代之。

不过，斯坦纳并没有把他对数学的经验规律性（empiricalregularity）的说明限制在我们一直在考查的被仔细限定的那些初等数学上。他把所有的初等数学和所有初等数学的计算技术都包括进来。他说："这些证明本身……和那些定理一起，都来自经验。"（Steiner 2009，13）我会争论说，这是不可信的。

那就让我们从埃塞俄比亚平分 / 加倍乘法运算（我们假定这种乘法运算的正确性只是它的实践者们从经验上学来的）转移到我们当前的计算技术上来，从加法开始。（我们的长乘法运算是基于我们记住的短乘法运算表的，短乘法运算可以通过反复相加来证明。）

（A）*7+5=12*

（A）是基于经验的吗？是也不是。当然，它能够用苹果和其他事物的实验来证实，而且很可能是一开始由苹果和其他事物的实验表明的。但它也是一个必然的先天真理。斯坦纳认为它的必然性单单就等于它被规约为正确，即被赋予一条规则的地位（Steiner 2009，12）。[1]

---

[1] 索林·班古（Sorin Bangu）也为同样的看法辩护（2017）。

　　首先来说，人们可能会反驳：我们单单将其采纳为一条规则的那种东西，我们不会把它称为必然真理。象（在象棋中）只能沿对角线移动，人们不会称其为一个必然真理；它只是象棋的一条规则而已。相反，在这个游戏的那个框架内，人们完全可以把人们不能只用一个马将死对方称为一个必然真理。差别在于：这本身并不是象棋的一条规则，而是**逻辑地**从象棋的规则中**得出**的某种东西。正是这种逻辑蕴涵（logical entailment）让我们谈及必然性。另一方面，把"单身汉是未婚男人"称为一个必然真理，这听起来并没有什么错，尽管没有什么推理被包括进来：它陈述的只是一个语词的含义。也许人们可以说：尽管这个规约并不是必然的，考虑到某种东西被规约了，那就能——很琐碎地——得出它现在是如此这般。因此，毕竟还是存在一个（琐碎的）逻辑推理，并因此存在必然性。

　　即便如此，像（A）这样的算式事实上并没有被单独规约为一条规则。毋宁说，我们赋予整个算术演算以规范性地位，而把任何单独的算式当成是仅仅从那种演算中得出来的，而不是直接地规约的。此外，加法演算能够被看成是从自然数序列中发展出来的一个自然的概念延伸，该自然数序列被用在递归计数的实践之中。数对象的个数意味的是：在传统上来说一个固定的符号序列（1，2，3，…）中的每一步（从一个数到下一个数）指示了"多一个"或者"加1"。换句话说，经由我们数事物个数的实践，自然数序列已经被含蓄地以加一的形式定义了：

　　　　0 和 1 = 1

　　　　1 和 1 = 2

　　　　2 和 1 = 3

132

187

3 **和** *1=4*

4 **和** *1=5*

等等。

我说"**和** *1*"而不是"*+1*"，因为在（$_N$ 英语的）这个阶段，我们还没有加法的一般概念。把任何两个数加起来是一种新的技术，一个新的概念，尽管人们很可能在掌握了计数中连续加 1 的概念后不久就会发展出这种新概念。一旦引入了这个概念，数的定义就可以重写为算式：

0+1=1

1+1=2

2+1=3

3+1=4

4+1=5

等等。

而针对我们的计数的这个修订过的定义序列，加上加的概念，就足够通过逻辑蕴涵（或者一步一步用定义项来代替被定义项，或者反过来）产生任何算式。因此，

（A）*7+5=12*

并不是（或者主要不是）在一种语义规约的意义上，即作为那些规则的一部分而成为必然的。首要的是，它在如下意义上是必然的，即它逻辑地从我们关于计数的基本语义（即前数学的）规约以及加

法的一般概念中得出：[1]

$$7+5$$
$$=7+\underline{4}+\mathit{1}$$
$$=7+\underline{3}+\mathit{1}+1$$
$$=7+\underline{2}+\mathit{1}+1+1$$
$$=7+\underline{1}+\mathit{1}+1+1+1$$
$$=\underline{8}+1+1+1+1$$
$$=\underline{9}+1+1+1$$
$$=\underline{10}+1+1$$
$$=\underline{11}+1$$
$$=\underline{12}$$

正如《逻辑哲学论》的这位作者所说的那样："数学是一种逻辑方法。"（*TLP* 6.2）数学计算是逻辑推理的一种形式：发展出在对概念的定义中我们制定的那些东西的含意。而算术的那些基本概念是由我们的实践构成，首先是递归计数，然后，通过扩展"多一个"的计数概念，发展将任意两个数相加以计算总数的一种技术。[2]

但那样的话，斯坦纳归于维特根斯坦的那种经验主义立场就肯定是错误的了。一个算式（就像"*7+5=12*"）并不是从经验观察中

---

[1] 参艾耶尔（1936，109—115）。——正如弗雷格在关系到莱布尼茨（Leibniz）给出的一个类似的证明时注意到的那样，我们在此预设了加法的结合属性（Frege 1884，§6）。但这个预设可以被如下考量所辩护，即对于我们的事物之数量的概念来说，我们数这些事物的顺序是无关紧要的。因此，当我们把七个对象加上一个然后再加上一个的时候，我们是从七开始还是从两个单独的对象开始——计算 *(7+1)+1* 还是计算 *7+(1+1)*——这没什么差别。

[2] 请注意，从一种维特根斯坦式的观点看，用皮亚诺公理来定义自然数的那种观念和其他基础主义尝试是同样误入歧途的。数词是数学符号在数学之外具有含义的最明显的例子（参 *RFM* 257de）。算术增加了它们的含义，但不是从零开始重新定义它们，就好像它们是独立存在的对象的名称似的。

得出的（或者，要是它是的话，那我们很容易就能找到一个包含更大数目的算式，而这个算式并非来自经验观察）[1]，而更重要的是，这个算式也并不需要经验上的证实，它和一个重言式具有同样的先天地位。把它看作是基于经验的，就像认为"单身汉是未婚男人"最终是从经验发现中得出的一样，都是令人误入歧途的。

在此值得注意的是：先在一张桌子上放 7 个苹果，然后再加上另外 5 个苹果，然后数桌子上的所有苹果（参 *RFM* I §37：51—52），这个和等式相应的实验不是对"*7+5=12*"这个等式的一个测验。因为这个等式只告诉我们有多少苹果被放在那张桌子上了，而并没有告诉我们片刻之后一共有多少个苹果：

> 情况似乎好像是 5+7=12 这个等式让我们有权做出关于未来的陈述，即预测当我数我每个口袋里有多少先令［5 个和 7 个］时会发现有多少。但情况并非如此。关于未来的这样一个陈述是由处在这个算法之外的一个物理假设来辩护的。如果我们数的时候，一个先令突然消失了，或者一个新的先令突然出现了，那我们就不应该说经验否证了 5+7=12 这个等式；同理，我们也不应该说经验证实了这个等式。
>
> （*PLP* 51—52）

同理，如果人们只邀请单身男性和单身女性参加晚宴，但发现宴会

---

[1] 索林·班古在发展维特根斯坦的"一个经验命题硬化成一条规则"（*RFM* 325b）这个看法时，谈到了对数学必然性的一种"两阶段的谱系说明"：首先，我们发现"具有压倒性优势的大多数人"得到某个结果（一个实验的"峰值"结果），然后，这个结果被按照惯例规约为正确的（Bangu 2017，166）。在一则脚注中，他勉强承认：对于很大数字的算式，我们很可能没有这样的"峰值"结果；但那时我们"通过诉诸证明来'硬化'"（2017，166；n. 50）。但在这些情况下，维特根斯坦的硬化隐喻就正好不再合用了，因为一般来说在我们依赖证明的地方，一开始就没有经验上的概括（没有"峰值"结果）；没有什么经验上的东西要硬化。

上的有些客人是已婚了的，那人们并没有因此就否证了单身男性和单身女性是未婚的这个分析真理。这个观察只会表明：要么有些人未被邀请就来了，或者有些受邀者在宴会期间结婚了。

当然，在某些情形下，算术可能会不再可用，这是千真万确的。在一组事物的数量莫名其妙地改变或者只是变化得太快的情况下，现在是 *5+7* 的东西片刻以后可能就**不是** 12。但那时你也会发现：现在是 12 的东西后来也不是 12。换句话说，不仅仅是我们不能**计算**，我们甚至都不能**定量**。如果数量太不稳定，计数或测量它们就会变得毫无意义，因为结果只会在短暂的瞬间准确，然后就不再适用了。因此，并不是**我们的**算术变得不适用（而另一种相反的算术会适用）；毋宁说，在这种情况下，我们不再能有用地决定一组事物的数量，不管是通过计算还是通过数数。

尽管可以想象，"*7+5=12*"这个等式是从对可数对象的实验中，是从对下面这点的反复观察得出的，即我们先数 7 个再数 5 个，那我们也能数出 12 个，但这似乎并不是当斯坦纳给出如下断言时他心中所想的东西，即即便是数学**证明**也来自经验（steiner 2009，13）。在那里被引证的是人们在做出计算之际的有规律且可预测的行为。人们在做 25 乘 25 的乘法运算的时候一般来说总会得到 625 的结果（*RFM* 325b）。维特根斯坦也经常强调**行为**规律性作为数学概念的可应用性的先验条件的重要性，这是千真万确的。如果不能可靠地教会人们以同样的方式进行计算，那我们就不可能有一个算术系统。但很明显的是，经过适当训练的人进行既定演算的规律性不可能是导致该演算之形成的经验数据。遵守规则的那种行为上的规律性是**任何**演算的一个先决条件——也是 25×25 得出 3 的演算的一个先决条件。因此，这种行为上的规律性不能被援引来解释为什么我们有的是**我们的**算术，而不是一种不同的算术，即为什么我们使用这样一种演算，在这种演算中"*25×25=625*"（比方说）是一个定理。

先天综合

一个算式（比方说"*7+5=12*"）一般来说并**不**是从经验（作为要"硬化"为一条规则的一个经验观察）得来的，而是计算得来的，即逻辑地从某些定义得出来的。但是，在一个分析真理（比方说"单身汉是未婚男人"）和"*7+5=12*"之间还是存在一个有趣的差异。如果你不知道"单身汉"和"未婚男人"是同义词，那你就无法同时理解"单身汉"和"未婚男人"这两个表达，但是（正如康德众所周知地注意到的那样），你完全可以理解一个正确的等式两边的数学表达式，而不用知道它们等于同一个数。"单身汉"和"未婚男人"这两个谓词有完全相同的应用标准；"*7+5*"和"*12*"则没有：前者要求你先数到 7 然后再数到 5，后者要求你数到 12。理解前者的人可能甚至都数不到 12。

康德认为这个差异表明了"*7+5=12*"不是分析的，而是先天综合的（synthetic a priori）。有趣的是，维特根斯坦也觉得把数学真理称为"先天综合"是合适的。他的评论暗示了下面几条理由：

（i）和重言式不一样，数学等式说出了一些东西（*WVC* 106）。它们是有信息的，甚至可能是令人惊奇的（参 MS 164，38ff.）。"25×25=625"告诉我：（比方说）25 盒每盒 25 个的松饼不足以让 650 位代表每人有一个松饼（MS 123，44r）。

（ii）数学命题需要被算出来，它们需要一种构造，而不仅仅是对含意的拼写。因此，"101是素数"并不是从素数的概念中分析出来的（*RFM* 247a）。

（iii）这样的计算的结果被当成是一条规则（*RFM* 340c）。因此，我们的语法铸造了一个等式两边之间的同一性，比方说，"25×25"和"625"（*RFM* 358—359）。

然而，这些是否可以作为把数学真理当成是先天综合的有说服力的理由，并不清楚。弗雷格在他的《算术基础》中令人信服地提出了一种相反的观点，他认为算术完全是分析性的：

> 康德明显……低估了分析判断的价值……更富有成果的定义是画出之前根本没有给出的边界线……在此，我们并不是简单地把我们刚刚放到盒子里的东西再拿出来。我们从中得出的结论扩展了我们的知识，并因此（按照康德的看法）应该被当成是综合的；但是它们可以用纯逻辑的方法来证明，因此它们是分析的……我们往往需要几个定义来证明某个命题，这个命题因此并不包含在任何一个单独的定义之中，但是它确实是从所有定义的全体纯逻辑地得出的。
>
> （Frege 1884，§88）

弗雷格有效地回答了维特根斯坦的前两个关注点。"*7+5=12*"确实 不像"单身汉是未婚男人"，但它可以和下面这个逻辑上为真的陈述［来自刘易斯·卡罗尔（Lewis Carroll）的逻辑难题］相比较： 136

> 既然没有一首有趣的诗不受真正有品味的人欢迎并且现代诗没有不矫揉造作的，而你所有的诗都是以肥皂泡为题的，但

是，没有一首矫揉造作的诗在真正有品味的人中间受欢迎，且
没有一首古诗是以肥皂泡为题的，于是得出你的诗是无趣的。

这也同样需要一些计算，最后的结论句不能从对任何一个概念的分析中得出，因此，这个陈述可以是有信息的。人们满可以知道一系列前提，但还是会被它们联合起来必然会产生的某种东西所惊讶。[1]

至于（iii），它至少表明了：在一个发达数学系统的情况中被我们斥为错误的那种东西（即一个等式两边之间的那种同一性）在个例中是被明确规约的。[2] 事实上，考虑到我们的数字系统，我们并没有**铸造** 25×25 和 625 之间的同一性；我们**计算出**存在这样一种同一性。

***

概括来说，正如在第 5 章中提到的那样，维特根斯坦的数学哲学能够用**两个**关键看法来刻画，我们到目前为止只讨论了其中一个（数学是语法的看法）。不过，我们发现数学命题像语法规范（它们的崇高地位要归功于我们的背书）这个看法需要一些限制条件。因为（除开数学规范通常并不属于日常语言这个事实以外）这种约定论被数学的如下需要严格限制，即数学要在某种环境中由一些造物

---

[1]　这也是对庞加莱反对逻辑主义的回应的一部分，即它不能解释数学如何能够是一种发明性且不断成长的学科（1905, Ch. 1; 参 Shanker 1987, 282）。此外，把数学当成是分析的，并没有承诺任何逻辑主义还原论。显然，数学的发展部分是由于新概念的引入，而这不必被还原为逻辑学家的工具箱。

[2]　*RFM* 359a 结尾的插入语的确来暗示了斯特纳的看法：算术等式基于经验根据而被采纳。在我们的算术中，算式并不单独被赋予规范性地位，更不用说是基于经验证实的根据了。数也许可以被当成通过经验被强加于我们的东西——大量的对象种类样本和某些经验的反复出现，这让人们非常自然地发展出计数的概念。但是，随着一个开放的数字序列的就位，以及像增加数量、减数量或者分配数量这样的同样自然的观念，算术其余部分的发展在很大程度上就是合乎逻辑地紧随其后的。

带着某种旨趣去应用。这就是说，为了让算术等式是可行的，它们不能只是（**i**）**由约定而为真**；从本质上来说，或者更准确地来说，它们的应用必须也要（**ii**）**从经验上来说为真**。但现在我们（再次）遇到了似乎是数学真理的第三种来源：数学命题必须要（**iii**）**根据计算或者证明规则而为真**。数学真理的这个三种来源如何能够被结合在一起？

　　（**i**）**约定的真理**

　　（**ii**）**经验真理**

　　（**iii**）**根据计算或者证明规则而来的真理**

我们已经看出前两个是如何被结合在一起的，即经验发现能怎样被"硬化为规则"。一条规则可能首先是由经验发现提出的，而它的成功应用取决于它与经验发现的持续一致，但是，让它成为（类似于）一个约定的那种东西而不是一个经验上的概括的，是以下这点，即我们不允许它被一些相反的观察所反驳。[1] 但现在我们发现：数学命题来自相应的经验命题然后被硬化为规则这个看法只适合于非系统的入门数学。一旦我们遇到一个充分发展了的演算，比方说我们学校里的算术，它的算式或者命题就是从一些基本概念逻辑地得出的，而不是从相应的经验断言归纳地得出的。

　　从诠释的角度来看，我们也应该注意：尽管维特根斯坦偶尔使用对规律性的观察被"硬化为规则"这幅图画，但他对数学证明之思考的主旨恰恰是朝着相反的方向的。一个证明的显著特征就是它**不**需要对规律性的观察：它可以让我们一劳永逸地相信某事，而

_____

[1]　不过按理来说，任何成熟的高层次经验概括都是如此。让我们怀疑与之相冲突的证据而不是这样一个普遍主张的是：后者基于多得多的支持性证据。这和约定性无关。

195

不需要经验的证实。而维特根斯坦关于数学证明的关键看法（这将会在下一章进行讨论）是：让经验证实变得可有可无的是概念上的转变。

入门（经验主义的）数学和系统（逻辑的）数学之间的同样的对比可以用历史的方式表达出来。数学的**基于经验的语法观**可以极好地被**巴比伦人**或者**埃及人的数学**所阐明，他们的数学大部分在于经验观察、测量，然后转变成为工程师和商人所用的实践规则。另一方面，**演算观**——如果我们至少在广义上来理解"计算"的话，以此来理解算出或者证明新结果的任何系统化的方法（包括几何证明）——为**希腊数学**的成就提供了一个很好的描述：这是一群绅士学者们的研究，不那么受到实际需要的驱动（他们把这些留给奴隶去做），而是沉迷于由先天证明所建立的无时间且必然的真理的观念。

让我们至少粗略地瞥一眼数学中较为新近的发展：瞥一眼牛顿对微积分的发展。17 世纪的物理学不仅关注一个物体在某个时间段里的平均速度，还关心加速度。开普勒第二定律（比方说）描述了行星在围绕太阳的椭圆轨道上运行时速度的连续变化。弹道学要求计算炮弹在特定时间点的速度，从而计算炮弹的冲击力。科学家们试图计算一个物体从时间 t 开始的在一段时间 h 内的速率。人们把 h 取值越小，在 h 内的平均速率就越接近在 t 点的瞬时速率。为了计算在 t 点的瞬时速率，人们令 $h=0$。在物理学中，这种计算方法被证明是成功的，尽管在数学中这在相当长的一段时间里依旧是有争议的。"对这个过程的反驳是：人们从一个不为零的 h 开始，并执行诸如分子和分母除以 h 的运算，这些运算只有在 h 不为零时才正确。"但是，最终为了获得**瞬时**变化率，h 被取值为零（Kline 1980, 130）。

138

微积分被认为是倍加可疑的。在引入明显不一致的瞬时变化概念时——例如，没有运动的速度，这在概念上是有问题的。正如伏尔泰（Voltaire）所说的那样，这是"对其存在无法想象的事物进行精确编号和测量的一种艺术"（Kline 1953，266—267）。此外，根据现存的数学概念，即便是像拉格朗日（Lagrange）和欧拉这样最重要的数学家也认为这样的计算是错误的（Kline 1953，267）。它不能用严格的数学术语来辩护，而只能从实用的角度，即它在现代物理学中的卓越用途来辩护。

这似乎就是人们可以称之为经验主义的约定论的一个可信的例子。一个重要的新数学工具不能从现有的数学概念和规则中逻辑地得出来。毋宁说，为了得出物理学家需要的那种公式，这些规则必须被弯曲或修改（允许像除以零这样的东西存在）。是微积分在经验上的成功而不是它固有的数学上的合理性导致了它在 17 和 18 世纪被接受。在数学史上，很可能还能找到更多这样的例子：有这样一些革新，其数学资格一开始是有问题的，但后来基于它们成功的适用性而被（至少部分）接受。这可能并非恰好就是经验命题"硬化为规则"这回事；经验上的证实可能会比维特根斯坦的隐喻所表明的更间接。然而，这还是数学约定至少部分基于经验考量而被采纳这回事。

不过，我的印象是：这是一些相当例外的情况。我倾向于相信：一般来说，新数学技术的发展（尽管也许受到潜在的经验适用性的驱动）也需要从一种固有的数学观点来看是合理的——能够从现有的概念和规则中严格地得出来。

尽管如此，即便从整体上来看，而且对我们的学校里的数学而言肯定是这样的，即维特根斯坦的硬化经验命题隐喻所表明的那种

139

经验主义约定论看起来并没有提供正确的模型，但这并没有减损维特根斯坦如下基本观点的合理性，即数学的准语法规范必须要和经验相一致。硬化经验命题的隐喻错在把协调的过程只放在**命题**层面，而事实上该过程在选择合适的数学**概念**这个层面上就已经发生了。

正如之前讨论的那样，我们的算术源自我们的递归计数实践，在这种实践中数列是由"多一个"（即加一）的承继关系决定的。这样，加法的基本概念就已经包含在我们的计数实践中了。当然，我们也可以引入另一种加法概念，比方说，把要加的项重叠在一起，得到如下的算式：

$$1 \dagger 1 = 1$$
$$2 \dagger 1 = 2$$
$$2 \dagger 2 = 3$$
$$3 \dagger 2 = 4$$
$$3 \dagger 3 = 5$$

等等。

不过，这种 $\dagger$ 运算（让我们把它称为"重叠加法"）[1] 并非自然而然地从我们的计数实践（通过不断地加一）中得出的。加法（就像数数）是确定两个集合中对象总数的一种技术；因此，它和数的概念是紧密联系在一起的。相反，重叠加法并不是确定两个集合中对象总数的一种程序。这是一种全新的技术，其结果引入了一个全新的概念（它相应的实例就是一排物体由一些较短排物体在连接处重叠组成得到的总长度）。

---

[1]　灵感来自 *RFM* I §38：52，在 8.5 中已经考虑过了。

即便不用我们的加法，我们引入重叠加法，一种算术也会从我们的概念中系统地得出，而不是根据经验观察到的将几排东西连接起来的**特定**结果，以此零碎地推导出来的。

我们也可以想象基于不同的递归计数实践的一种算术。假设我们这样来数数：　　　　　　　　　　　　　　　　　　　　　　　　　　140

$$1，2，3，和，4，5，6，和，7，8，9，和……$$

这就是说，在每三个数后面我们插入"**和**"这个词，这个词也要被关联到一个要数的对象上去，但结果并不增加。因此，我们数 **3** 个火枪手，也数 **3** 个季节（**1，2，3，和——结果：3**）。加法就会像下面这样：

$$2+1=3$$
$$2+2=3$$
$$2+3=4 或者 5$$
$$2+4=6$$
$$2+5=6$$
$$2+6=7 或者 8$$

因此，斯图尔特·珊克说"数学命题是我们**自由构造**的'语法规则'"（1986，21）这话至少是误导人的。自由构造发生在——在这里和其他领域里一样——概念层面，而不是命题层面。**概念**（比方说，我们的自然数概念）的确是以珊克表明的那样被创造的：以实用性考量和美学考量为指导（1986，23）。那种"自由构造"在如下意义上并不是任意的，即根本不同的一些概念也正好能适合我们。

以我们的生理能力和倾向，我们可能永远不会对截然不同的数的概念感到满意，这也可能是真的（参 Dehaene 2011）。我们说"自由构造"意味的只是：我们的——或者另一种的——概念不能被当成是真的或者假的。另一方面，数学**命题**可以被当成是真的：不是被自由构造的，而是从我们对数学概念的定义中推导出来或者计算出来的。

经常有人说高阶数学中的证明之构造需要创造性思维。但正如马库斯·杜·索托伊（Marcus du Sautoy）解释的那样，这并不和把它们看成是发展了逻辑蕴含不相兼容。能够从一个现存的数学体中得出的大多数定理都是"陈腐或无趣的"：

> 数学不仅仅是生成数学真理。作为一名数学家的艺术在于挑选出那些具有特殊之处的逻辑路径。
>
> （du Sautoy 2011，21—22）

数学家的创造力在于发现那些后来会被证明为富有成效的逻辑蕴含，既在数学内部，也最终在它可能的应用中。

10　数学证明

正如已经说过的那样，演算观对维特根斯坦关于数学的思考来说直到大约 1937 年都是核心的，从那以后他转而强调语法观，但并没有收回演算观，演算观还是被呈现在他对数学证明的讨论中。

演算观被强有力地呈现在《大打字稿》（1933）中：

数学中的每一个命题必定属于数学的一种演算。

（*BT* 637）

数学完全由计算构成。

在数学中，**一切**都是算法，**没什么东西**是含义。

（*BT* 749）

因为数学就是一种演算。

（*BT* 750）

201

作为对我们的数学实践的经验观察，这似乎是没有争议的，至少当我们用"计算"来理解任何种类的证明新结果的技术时（这些技术也包括几何上的构造）。在数学中，我们不仅证明或者计算，说我们的数学概念本质上就在于它包含证明或者计算，听起来也很合理。换句话说，如果（正如之前想象的那样）"*12×12=144*"这个等式作为一则实践准则单独出现，而不是一个计算的结果，那我们把它称为数学就会很犹豫。对于这些人来说，它可能会获得关于量的准语法规则地位，而在这方面它就非常像我们的数学等式。但这里存在一个至关重要的差异：它不是根据某些规则而来的一个计算或者证明的结果。然而，数学语句以某种方式被引入和辩护，这却是数学的一个基本特征。这是它们的语法或者用法的一部分（正如宗教陈述并不像科学假设那样被引入和对待是其语法或用法的一部分一样）。数学语句（如果它们不是赋予新的符号以含义的一些定义的话）既不是通过反复测试被经验地证实的，也不是基于权威而被采纳的。它们必须要通过证明或者计算来演绎。这就是说，它们是准语法规则：通过应用第二层的准语法规则被制造出来的（*RFM* 228f）。——因此，没有一个算术演算，"*12×12=144*"这个等式真正来说就不是一个数学命题。

关于数学的演算观和经验论版本的语法观（正如马克·斯坦纳所呈现的那样）是不兼容的。数学**命题**（相对于概念）是典型被计算出来的，而不是来自经验的起源。但是，这并不意味着演算观和语法观本身是不兼容的：数学命题的规范性地位（类似于语法陈述）可以独立于它们是否被认为具有经验的或逻辑的起源而得到支持。那样的话，出现的那幅图画就会是：在维特根斯坦看来，数学命题有（正如之前注意到的那样）两个基本特征：

首先，数学命题被赋予准语法规则（表征规范）的地位，这是由适用性的需求所限制的（尽管数学命题在很大程度上并不基于经验观察）。

其次，除开定义（和公理），数学命题必须通过证明才能合法化。

请注意，带有第二层规则的一种实践并不是从一开始就被规约的，而是能够（或者必须）根据某种受规则制约的程序后来被引入，这个想法并非闻所未闻。一个常见的例子是法律系统，法律系统不仅仅由一套法律组成，也包含合法地引入新法律的程序规则。

维特根斯坦对数学证明的讨论围绕着三个主要问题，我们将依次考查：

1. 什么是一个数学证明？（把它和一个单纯的实验区别开来的是什么？）

2. 一个数学命题和它的证明之间的关系是什么？（一个数学命题的意义是由它的证明决定的吗？）

3. 一个数学命题的证明和它的应用之间的关系是什么？

10.1　什么是一个数学证明？

维特根斯坦用和他的《哲学研究》第一页相似的一种方法来接近数学证明之本性这个问题，即通过思考人为的简单情节、原初"语言游戏"，因为"在运用语言的原初方式中，人们能够清楚地综观语词的目的和功能，驱散研究语言现象的迷雾"（*PI* §5）。因此，他呈现了下面这个原初的一个数学证明的例子：

143

但是，当我确信这个线条图案：

（a）

和下面这个图案的角数对等的时候，情况会是怎样？

（b）

通过把它们关联起来（我有意让这些图案让人难以忘记）
可得：

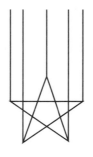

（c）

现如今，当我看着这个图形的时候，我确信什么？我看到
的是一颗有丝状附属物的五角星。——

但我可以这样来使用这个图形：五个人按照安排站成一个五边
形；有一些棍子靠墙而立，就像（a）中的竖线那样；我看着图
形（c）说："我能给每个人一根棍子。"

我可以把图形（c）当成是我给五个人每人一根棍子的一幅
扼要的**图画**。

……

我可以……把图形（c）构想为一个数学证明。让我们给图形（a）和图形（b）起名字：把（a）叫做一只"手"，简称 H，把（b）叫做一颗"五角星"，简称 P。我证明了 H 的竖线和 P 的角一样多。而这个命题再也不是有时间性的了。

（*RFM* I §§25—27: 46—48）

一个数学证明的下面三个重要特征就出现了：

（i）一个证明所建立的东西后来能被**用作一条捷径**。至少在初等数学的情况中，这个应用是在数学之外的。因此，我们可以把棍子和人的两组等同起来，作为图案 H 和 P 的实例。那样的话，在 H 和 P 相应元素间的一一对应关系的这个证明就允许我们说：H 组的棍子和 P 组的人数量相同。一般来说，将来不管何时我遇到图案 H 和图案 P，我就不用关联或者数数，我立刻就能看出它们是数量相等的（*RFM* I §30: 49）。这个证明为我们提供了"建立起数量同一性的一种新的方式"（*LFM* 72）。这当然预设了 H 和 P 的例子很可能会反复出现，而且它们直接就能被认出来（*RFM* I §27，41: 47—48，54）。——同理，"$21 \times 36 = 756$"的长乘法运算构成对这个等式的一个证明，只是因为现在我们能够把它应用到可数对象上去（*LFM* 36—38）。它让我们知道 21 包每包 36 个的坚果一共有多少，而不用去数这一大堆。

（ii）一个证明必须是**可综观的**（*RFM* I §154: 95）。这并不意味的是必须要有可能一眼就看清全部（这仅仅对大多数初等证明而言是显然为真），而意味的是它可以被有效地**复制**（*RFM*

143；Mühlhölzer 2006；Büttner 2016a）。"比方说，要是〔在一个长乘法运算中〕底线上的那个数字总是变来变去的话，这对我们来说就是没有用的一个证明。"（*LFM* 37）

（iii）最重要也最容易引起争议的是，维特根斯坦坚持认为一个证明包含一个**规约因素**：对一个**新的或者改变了的概念**的引入（*RFM* 166a—d，172b，196f，237e，240c，244d，297f，411b，432f，434c）；在一例中发现的东西后来被接受——被采纳为一条规则（*RFM* I §§33，67：50，62）——为**普遍地**成立。维特根斯坦对数学加以说明的这个最为独创和最具争议的面相将会在本节的剩余部分加以探讨。

145　　在 *H-P* 证明中，只是这幅特定的**手**画的划道数被发现和这幅特定的**五角星**画的角数相同："计数或者关联产生的结果只是：我面前的这两组……在数量上相同。"（*RFM* I §31：49）因此，我们怎么知道这对所有的**手**和**五角星**都成立呢？

　　　"为什么不会呢？因为 *H* 和 *P* 的**本质**就是它们数量相同。"——但是，你怎么能通过把它们关联起来就得到**这个**结论呢？

（RFM I §31：49）

维特根斯坦无暇顾及胡塞尔（Husserl）的 *Wesensschau*——所谓的"本质直观"——的看法。那是一种柏拉图式的神话。本质不可能被探究或者发现，它们只能被约定所**创造**：

　　　我把属于本质的东西存放在语言的范例之中。

数学家们创造出**本质**。

（*RFM* I §31：50）

看到这只**手**和这个**五角星**数量相同，我感到应该把它们的等势性作为所有的**手**和所有的**五角星**的一条规则。

　　同样的思想也被表达在维特根斯坦的如下说法中，即一个证明并不是一个实验，而是**实验的一幅图画**（*RFM* I §36：51；160c）。最初的那幅连线图画可以被当成是一个实验；但是后来（当我把它当成一个证明的时候）我决定把看起来像一个实验的那东西当成一个范例来对待，而未来的例子要通过这个范例被裁决。"当人们把这个过程只看作一幅令人难以忘记的图画的时候，实验的属性就消失了。"（*RFM* I §80：68）

　　因为一个证明包含一种规约，它也导致**含义的变化**。*H-P* 证明改变了"有同样的数量"这个表达式的含义，因为它引入了针对数量相同的一个新标准（*LFM* 73）。

　　维特根斯坦预料到针对他对证明之说明的最自然的反驳：

　　　　"但现如今，要是他有 *H* 个东西和 *P* 个东西，而他实际上又把它们关联起来了，那他肯定就不**可能**得到其他结果，除了它们数量相同这个结果。——而这是不可能的这一点肯定可以从那个证明中看出来。"

（*RFM* I §31：49）

　　换句话说，人们倾向于反对说：没必要规约，也没有为任何规约留下空间，因为**手**和**五角星**的概念就足以暗示一一对应的可能性了。在提供证明的那幅图画中，我们似乎可以感知到它们的等势

146

性之必然性。然而，维特根斯坦坚持认为我们感知不到这样的必然性。[1] 我们发现未来把它们关联起来的尝试会产生一个不同的结果，这**的确**是可能的。未来我们可能会少画一条关联线（*RFM* I §31：49），或者，我们可能会"发现（正如那时我们应该说的那样）我们之前一直都把线画错了。我们可能会由于疏忽总是在同一个点上画两条线"（*LFM* 72）——这种发现可能会让我们总结说：实际上一个**五角星**的角数要比一只**手**的划道数多一个。

另一个原初的例子是证明四个直角三角形能被排列起来构成一个长方形，像这样：

再一次，严格来说，我们看到的只是**这些**特定的三角形能够被排列起来构成一个长方形，而得不到那个与之相对应的说**任何**四个这些尺寸的三角形的普遍命题（*RFM* I §42：55）。人们可能会为解决这个难题而徒劳地挣扎，想象这一点很容易，所以我们现在怎么能如此自信**这总能被做到**，而不仅仅只在这一个场合才可能呢（*RFM* I §47：56）？毕竟，尤塞因·博尔特（Usain Bolt）不到9.6秒就跑完100米，这并不是任何人都能做到这一点的一个证明。

然而，维特根斯坦的最令人困惑的例子是第8章已经讨论过的：

---

[1]　在这里有休谟和维特根斯坦之间的一个有趣类比。两人都寻找必然性但都没找到。休谟总结道：（在解释因果关系的过程中）我们必须对抗恒常联结（constant conjunction），而在维特根斯坦看来，必然性不该被否认，它只是不是**被发现的**，而是被规约的。

"你只需要看一下这个图形

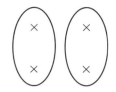

就能看出 2+2 是 4。"——那我只需要看一下这个图形

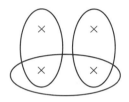

就能看出 2+2+2 是 4。

（*RFM* I §38：52）

第一幅图画看起来把 4 分成了两对，但后来第二幅图画把 4 呈现为三对。而维特根斯坦似乎认为：虽然一般来说我们可以赋予前者以规范性力量，但我们也可以把后者规约为对 *2+2+2=4* 的一个证明。

对最后这个例子的回应是：通过把三对的这幅图画推荐为对"*2+2+2=4*"的一个证明，人们将表明一种相当不同的加法概念。这三对是重叠的，但对**我们**的加法概念来说基本的是：要加的总数是被严格区分开来的。维特根斯坦的例子的含意是下面这个，即我们必须想象这个"证明"是在我们的算术演算出现**之前**被提出来的：当人们已经学会了数数，但还在用可能的算术运算进行试验的时候。那样的话，对"*2+2+2=4*"的图解式证明就相当于引入了重叠加法运算（已经被呈现在第 9 章了）。如果我们用"十"这个剑号来把这个运算符号化，我们就能定义：

$$n \dagger m = n + m - 1$$

按照这种解读，说这个证明包含了一个规约元素，建立了一个新的加法概念（重叠加法），这就立即变得很可信了。

那个 *H-P* 证明也引入了新的概念。正如已经提及过的那样，维特根斯坦认为它确定了"有同样的数量"这个表达式的含义。我宁愿强调它引入了一只**手**或一个**五角星**的新概念。仅仅被告知这是一只手：

（a）

而这是一个五角星：

（b）

——我们还不能排除：下面两幅图也不能被分别算作是一只**手**和一个**五角星**：

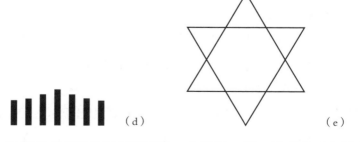

（d）　　　　　　　　　　（e）

毕竟，我们想来不能从理解下面这一点开始，即一只手有五个划道，而一个五角星有五个角，因为那样的话那个证明就是多余的了。因此，只有通过（a）和（b）之间的相关性证明才能告诉我们：划道的数量是一只**手**的一个基本特征，而角的数量是一个**五角星**的一个基本特征，并且它们是相等的。

最后，四个三角形能构成一个长方形的那个几何证明如何能够被说成是包含了一个规约因素？维特根斯坦自己提出了一个令人怀疑的问题，即是否完全有可能**不**接受它：

> 我说过，"我把如此这般接受为对一个命题的证明"——但是，我**不**接受表明这些小块之排列的这个图形为这些小块能被排列成这个形状的证明，这是可能的吗？
>
> （*RFM* I §48：56）

他试图阐明人们如何可能不被这个证明所说服，这显得相当无力。当然，人们"尝试了所有可能的排列，但总是错过这一个，就好像中了邪似的"（*RFM* I §44：56），这是可以想象的；即便在把这个证明展示给他以后。但这为何就该让我怀疑那个证明的结论性呢？这个证明并没有断言人们有能力解决这个难题，它只是表明了一种解决方案是存在的（以及它是什么样子的）。而人们即便在看见一次以后还是做不出来，这也并不奇怪：我们经常发现自己记不住以前知道的把戏。

除开想象一种心理上的困难（"我们的大脑中的一个'盲点'"），维特根斯坦也认为这个难题可能会由于"部件的物理属性"（*RFM* I §44：55—56）而仍然不可解决。一小块可能在不经意间被颠倒过来了，呈现出原初形状的镜像，所以现在不可能完成那个图案（*RFM* I §49：57）。我们还可以想象：由于温度的变化，一些小块的大小或形状发生了轻微的变化，然后不再符合那个图案。——在此，我们再次遭遇到不同的概念：所讨论的三角形可以被视为几何图形还是可以被视为具有某种材质、形状和大小的物理小块。由于刚才提出的那些理由而发现证明不令人信服，这意味的是：假定一个不合适的三角形概念——作为一个可变的物理对象，而不是一个几何形状。另一方面，接受这个证明意味的是：接受三角形的几何概念，而不是那个物理概念，该物理概念让这个难题的可解决性变成了仅仅是偶发事件。

维特根斯坦表达断言（iii）（即一个数学证明包含一个规约因素）的另一种方式是说：**一个证明产生一个新的概念**（*RFM* 166b，248b，297f，411b，432f，434cd，435b）或者**改变一个概念**（*RFM* 166d）。[1] 让我们通过思考几个真实的例子来讨论这个断言的合理性。

（a）$a^0 = 1$ 的证明

爱丽丝·安布罗斯（Alice Ambrose）认为维特根斯坦对证明的看法只有在真正说来不应该被当成证明的例子中才有说服力，尽管那些例子经常被呈现在证明这个头衔之下（1959）。比方说，当一本数学教科书为 $a^0 = 1$ 给出像下面这样的一个辩护时：

$$a^m \div a^m \quad = a^m/a^m \quad = 1$$
$$a^m \div a^m \quad = a^{m-m} \quad = a^0$$

这确实应该被当成是赋予了"a^0"这个符号以含义，或者引入了 0 次幂的新概念。毕竟，根据幂作为一个数乘自己的次数这个最初的

---

[1] 在大多数情况下，这两者的看法是一样的，正如人们可以互换着说"这改变了我们对 X 的概念"或者"这引入了一个新的 X 的概念"，尽管谈论引入新概念也适用于数学家们在其中想出一个全新构造的那些情况。

定义，"a^0"这个表达式是无意义的。但那样的话，真正来说这就不是一个证明，而只是被引证来为一个约定辩护的推理而已。（$a^0=1$ 这个规约让 $a^n/a^m=a^{n-m}$ 这个公式无限制有效，即便 $n=m$。）尽管一个演绎证明（例如欧几里得几何里的一个证明）迫使我们接受一个定理（否则就是自相矛盾），但数学家们完全可以决定不接受对"a^0"的这个定义（正如，比方说，笛卡尔拒绝接受为了让 $x^2=-1$ 有一个解而需要的那种概念上的革新一样）**而无需和它们之前的任何假定相矛盾**（Ambrose 1959，441—443）。

（b）斯科伦对加法结合律的归纳证明

维特根斯坦的断言（iii）——一个证明包含一个规约因素——很可能受到他对归纳证明的反思的激发，尤其是斯科伦对加法结合律的证明（这在 4.2 中已经被考虑过了），它可以被呈现如下（Waismann 1936，91）：

1. $a+(b+1)=(a+b)+1.$ 　　　　　定义 (A1)

2. $a+(b+c)=(a+b)+c$ 　　　　　假设 A(c)

3. $a+[b+(c+1)]=a+[(b+c)+1]$ 　由 1 可得

4. 　　　　　$=[a+(b+c)]+1$ 　由 2 可得

5. 　　　　　$=[(a+b)+c]+1$ 　由 2 可得

6. 　　　　　$=(a+b)+(c+1)$ 　由 1 可得

7. $a+[b+(c+1)]=(a+b)+(c+1)$

　　　　　　　　　　　　　由 3—6 可得：

　　　　　　　　　　　　　A(c+1)

8. 如果：$a+(b+c)=(a+b)+c$，

　　那么：$a+[b+(c+1)]=(a+b)+(c+1)$。　由 2—7 可得：

$$A(c) \supset A(c+1)$$

9. $a+(b+c)=(a+b)+c$ 　　　　由 1 和 8 **通过完全**

归纳可得：$A(c)$

151　基本条件 $A(1)$ 是由定义引入的；然后被证明的是归纳步骤：假定 $A(c)$，我们可以推出 $A(c+1)$；因此：$A(c) \supset A(c+1)$；最后，基本条件和归纳步骤一起证明了 $A(c)$ 这条普遍的代数规律。

最开始的时候，维特根斯坦倾向于否认这是对加法结合律的一个证明，他沿着《逻辑哲学论》的思想线索认为：这样的一条规律不能被陈述或证明为一个命题，而只能显示自身（*PR* 198，203）。更为重要的是，他指出：这并非作为"**等式之链条**的结尾"（*PR* 197）被合时宜地得出的；毋宁说，从基本条件和归纳步骤到一个概括，这需要一个反思之跳跃。无论如何，那个结果是一个新演算（代数）的一条基本规律，而只能这样被规约，不能被证明（*PR* 193）。但是后来，在 20 世纪 30 年代早期，他改变了他的看法，接受了一个更宽泛的证明观念。有趣的是，斯科伦证明的典型特征最初被他认为是否认其证明地位的一个理由——也就是说，其结论被采纳为一条新的规则，有利于一个新的或者至少是修改过的演算——他现在把这个典型特征看作是一个数学证明的基本标志：上述断言（iii）。实际上，斯科伦的证明辩护并且建立了它的普遍结论，但与此同时我们也把它当成是新代数演算的开端。不过话说回来，一种新演算的公理的确立，可以恰当地被说成是一个规约问题，即引入一个新的概念系统的问题，而这个概念系统当然可以被以不同的方式定义。

这个例子的一个重要面相当然是当我们从算术跨步到代数的时候，一种对无限的表征在这里被引入的方式。潜在无限性［无尽性

(endlessness)〕是我们的自然数系统的一个特征，因此也是算术的一个特征。当我们引入完全归纳和代数符号系统的时候，我们谈及这个特征的那种方式可能会让它变成一个无限总体。维特根斯坦热衷于强调：这相当于引入了一种新的演算，此外，这种新演算不需要被理解为假定了无限总体之存在。

（c）康托尔的对角线证明

维特根斯坦对康托尔对角线证明的讨论基于他在 20 世纪 30 年代早期（在 *PB* 和 *BT* 中）就已经发展了的对无理数的看法，尤其是他反驳了实数作为无限展开的这种看法。毋宁说，一个无理数（比方说 $\sqrt{2}$ 或者 π）是产生一个有理数序列（十进制小数）的一条规则或者规律：

$\sqrt{2}$ 后面的那个观念是这个：我们寻找和自己相乘得出 2 的一个有理数。不存在这样的一个数。但是存在以这种方式接近 2 的一些数，而且总是有一些数越来越接近 2。存在让我无限接近 2 的一种程序。这个程序本身就很重要。而我把它称为一个实数。

它在如下事实中找到它的表达，即它产生的十进制小数的位数一直向右边延伸下去。

（*PR* 227）

一个实数会**产生**外延［展开］，但它本身并不是外延［展开］。

（*PR* 228）

152

215

无理数是某种规律，并非旨在填满数轴上的缺口。维特根斯坦反对连续统（continuum）的看法（*RFM* 286d）。有理数之间不存在要被不规则的无限十进制小数填满的缺口（*BT* 754）。数轴上的点这幅图画把无理数同化为有理数，但是维特根斯坦却热衷于强调它们的异质性：一个有理数［它可以被写成一个（有限的或者循环的）十进制小数］明显不同于为了构造这样的十进制小数的开放序列的一条规律。由于无限长（不循环）的十进制展开这个常见的虚构，这个关键差异被令人误导地从我们的视野中掩盖起来，而实际上我们必须要扮演的一个无理数符号（*Zahlzeichen*）的全部角色就是发展那个序列（*Entwicklungsregel*）的规则罢了［MS 126，137—138（1942）］。

对实数的这个说明（发展于 20 世纪 30 年代早期）是维特根斯坦 1938 年讨论康托尔的对角线证明的前提。无理数具有无限的（或者不循环的）展开意味的只是计算它们的技术是没有限制的，而不是它会得出一个无限展开的结果——不存在这样的东西（*RFM* 138c）。

究竟为什么要把无理数称为"数"而不是"数的序列"？因为它们可以是算术运算的结果（比方说，$\sqrt{x}$），我们可以用它们进一步计算，而且它们也能和有理数比较大小（决定比任何给定的有理数是小还是大）（*PR* 236）。

然而，用这个标准来衡量的话，无规律的无理数——比方说，其展开的每一步要由扔骰子来决定——就不应该被算作是数（*PR* 229，*PG* 485）。

更引起争议的是，维特根斯坦也驳斥了如下看法，即把一个无理数定义为对一个常规无理数的某些数字进行替换的结果，比方说，$\sqrt{2}$ 的展开中的每一个"5"都要被替换为"3"：$^{5\rightarrow 3}\sqrt{2}$（*PR* 224—

225）。

　　为什么？毕竟，从其他无理数中通过替换某些数字而得出的这样的无理数是经由一条递归规律产生的，而且也"可以有效地和每一个有理数相比较"（Marion 1998，194—196）。但请考虑被像下面这样定义的 π* 这个数：**π* 和 π 有一样的展开项，只是除了这一点，即任何 100 个连续的 7 要被 0 替换，如果它跟在一个偶数后面的话，否则它就要被 8 替换。**因为我们不知道在 π 的展开项中是否有任何 100 个连续的 7，我们就不能有效地决定 π* 是 =π，< π 还是 > π（参 Davis & Hersh 1982，372—373）。因此，由于实数在大小上不仅应该有效地和有理数相比较，而且也应该有效地和其他实数相比较，我们就有不把 π* 当成一个实数的一个理由。

　　作为对一个真正的无理数的进一步要求，维特根斯坦建议如下：

　　　　π' 这个符号（或者 $^{7\to 3}$π）没有任何含义，如果在 π 的规律中不存在对一个 7 的任何谈论的话（那时我们就能用一个 3 来替代它）。

（PR 228）

换句话说，替换规则（在这个例子里是：7 → 3）必须要被直接应用到那条最初的规则上（在这个例子里是：π），而不仅仅被应用到从最初的规则得出的展开结果上（Da Silva 1993，94）。

　　然而，这个标准似乎基于维特根斯坦在面对遵守规则考量时偶尔的不耐烦，这就是说，一个展开并不由一条规律**所决定**这个看法（他在 20 世纪 30 年代早期有时倾向于这个看法）（*PG* 481，479；参前面第 7 章）。

　　在 *PR* 235 中，他更加仔细地暗示道：可能存在决定，但"我看不出以何种方式"那个结果就被决定了（比方说，素数序列）。因此，为了看清替换指令是否以及在哪里生效，人们必须不断发展那个潜在的无理数。——但为何这就是不把 π' 当成一个真正的无理数的一个理由？

维克多·罗迪奇（Victor Rodych）指出了维特根斯坦提出的把某个东西接受为一个真正的无理数的另一个标准（1999b，287）：一条普遍的运算规则在贯穿不同的底层记号系统之际应该是恒常不变的，而"7 → 3"这条替换规则却依赖于我们使用十进制系统这个偶然事实（PR 231—232）。"$^{7\,\rightarrow\,3}\pi$ 这样就把十进制系统变成了它的主题。"它的应用并不是对一条算术规律的表达，"而只是对语言做出了一个肤浅的改动"（PR 232）。

康托尔著名的对角线证明意在表明实数是不可数的［或者非可数的（non-denumerable）］。它是一种归谬论证：人们首先假定所有实数——比方说，0 和 1 之间的所有实数，被写成无尽的十进制小数——都能被编号，这就是说，和自然数一一对应起来，然后表明怎样去构造不在这个序列里的一个数：通过规约说这个数至少在一位数字上和这个序列里的每一个数都不同：它在第一个数字上不同于第一个数，在第二个数字上不同于第二个数，等等。因此，实数不可能和自然数一一对应起来。于是看起来就有比自然数**更多**的实数，或者，正如康托尔（1891，76—77）所说的那样：实数的无限集合具有比自然数的无限集合更大的基数性（cardinality）。

首先，维特根斯坦反对康托尔的证明招致我们把无理数看作无限十进制小数的那种方式。

康托尔的思考的那幅图画是极为误导人的。因为它向我们表明那些展开——那些数字符号实际上不能被用作数字符号。因此，我们是在那些展开之间插入了一个新的展开（看起来就是这样），还是我们论证了一条新的规律，这并不清楚。

（MS 178c，1）[1]

维特根斯坦的看法是：对角线方法并**没有**产生一个新的无理**数**；正如他不接受π'（在π的展开项中用 3 替换 7 的那条规则）是一个真正的数。很明显，康托尔的"对角线数"也是一种类似的构造。在那些展开中对某些数字的选择依赖于对十进制系统的偶然选择（选择这个系统为的是计算所列的那些数字）。此外，那些数字的排序似乎都是任意的 [2]，而这让得出来的那个"对角线数"也变得同样任意，这就是说，不是由任何一条数学规则所决定的。

康托尔的构造并没有产生维特根斯坦会倾向于把它称为一个数的那种东西，它只是一个展开而已，或者更准确地说，无限制地构造一个展开的一个方案而已。

　　康托尔的对角线程序并没有向我们展示不同于系统中所有无理数的一个无理数，而是赋予了下面这个数学命题以意义，即如此这般的这个数不同于系统中的所有数。

（*RFM* 133f—134a）

这就是说，康托尔的程序向我们表明了，不同于实数在一个既定列

---

[1]　*Das Bild der Cantorschen Überlgg. ist ungemein irreführend. Es zeigt uns nämlich Extensionen—Zahlzeichen, die doch nicht als Zahlzeichen zu benützen sind. So daß es nicht klar ist, ob wir den Extensionen eine neue Extension einfügen (wie es ja aussieht) oder ein neues Gesetz aufzeigen.*

[2]　在康托尔 1981 年的文章中，他思考了"集合 M 中元素的任意一个（*irgend eine*）简单的无限序列"（76）。

表中的所有展开的一个**展开**的开端（*RFM* 134d），而不是允许我们制造那种展开的那个**数**（即一条恰当的数学规则）（参 Han 2010）。这样的一个数仍然有待于寻找：

> 因此，可以把这个作为一个问题**提出来**：去寻找一个数，它的展开按照对角线法不同于系统中的那些展开。

> （*RFM* 134e）

155　把康托尔的程序当成是对这个问题的回答，这就好像认为对"把一个角平分为三部分"这个任务的执行就是把三个相等的角放在一起（*RFM* 125d—126a）。同样，在这个例子中，我们有所需要的答案的那个**结果**（一个角被细分为三个相等的角），但没有那个答案（细分一个既定角的那个程序）。同样的道理，康托尔向我们展示了制造某种**展开**的一种技巧，但没有具体说明任何东西，而维特根斯坦会想要把那种东西接受为用来制造那个展开的一个数（或者数学规律）。

再者，把这个对角线过程呈现为一个新的**数**，这只不过是一个靠不住的技巧，同样的怀疑可以通过下面这个类比来表达：

> 难道这不就像是人们通常也把任何一摞书本身也叫作一本书，而现在我们说："说'一摞所有的书'就没有意义了，因为这一摞本身也是一本书。"

> （*RFM* 130c）

换句话说，康托尔的证明依赖于在一个扩展意义上对"数"这个词的使用。请注意，维特根斯坦在这里并不反对这种用法，即假定我们"通常"也把"书"这个词应用到一摞书上。这暗示的是下面这一点，即把对角线十进制展开当成一个数，这也同样让我们觉得是对"数"这个词的一个自然的使用。不过，我们需要意识到：这包含了一个概念上的扩展。

罗迪奇评论道，维特根斯坦拒绝把无规律的甚至是"数字替换"的无理数当成是正当的数，这是本质主义的一个例子，因此和维特根斯坦所宣称的哲学进路十分相左（1999b，298—299）。但是，对这些数的范畴上的拒斥，似乎只出现在维特根斯坦的中期写作中（*PR, BT*），而出版为 *RFM* 第 II 部分的 1938 年评论则鲜有教条。尽管康托尔的构造在一些评论中据说不是（维特根斯坦会把它称为的）一个数，在其他评论中，维特根斯坦则更关心要**指出**"数"这个词的不同用法（参 *LFM* 15），并在一些例子中质问它们的有用性，而不是独断地把它们查禁为错误。在他对对角线数的批评之后，他思考了下面这个回应，即对角线数毕竟满足在大小上能和其他数相比较的这个标准，而且我们能够用它进行计算（*RFM* 126c）。他回应道：

> 这个问题实际上难道不是：这个数能够**用**来干什么？不错，这听起来很奇怪。——但这话的意思是：这个数的数学上的周边环境是什么？

（*RFM* 126d）

康托尔的证明包含对一个数的一种新的概念（基于在十进制系统中替换数字的一条规则），其数学上的有用性仍然有待被看见。因此，这似乎确证了维特根斯坦的如下断言，即数学证明包含概念上的转变。

批评的另一条线索似乎是：什么是康托尔表明为不可能的那种

156

东西，这并不清楚（*RFM* 129c，130bc，132c，MS 126，10—12）。我们当然可以把涌现在脑海中的所有无理数都列出来，但没有理由从一开始就认为我们已经把它们都列出来了。——然而，即便如此（就像上面注意到的那样），康托尔似乎把那个最初的实数序列呈现为就好像是任意选取的，而现代的说明会提供某种系统性的东西：从自然数到实数的某种函数。无论如何，这都不像是对下面这个不可能性证明的一个强烈反驳，即被表明为不可能的那种东西最初是以一种模糊的或者终究来说——正如那个证明表明的那样——不连贯的方式描述的。

更重要的是，维特根斯坦也反对康托尔把他的证明的结果当成对**所有**实数之集合有所说：

> 如果你把康托尔的程序称为制造一个新实数的一个程序，那你现在就不再会倾向于谈到一个所有实数的系统。
>
> （MS 121，71）[1]

康托尔成功地表明了：没有任何对实数的建议排序可以被当成是完整的，因为我们总是可以构造一个不被该排序覆盖的数，有鉴于此，那我们为什么还觉得有权谈论实数的一个完整集合呢？那个证明的结局确切地说难道不是反过来的吗：即我们没有一个实数总体的概念？毕竟，情况并非如此：最初的排序加上对角线数就会是实数的总体（参 Goodstein 1972，275）。毋宁说，不管我们把什么对角线数加到一个给定的排序上，它仍然不会是一个完整的集合。因此，康托尔得出关于所有实数的集合之基数性（*Mächtigkeit*）的一个结论，

---

[1] *Wenn Du nun das Cantorsche Vorgehen eines nennst, eine neue reelle Zahl zu erzeugen, so wirst Du nun nicht mehr geneigt sein, von einem System aller reellen Zahlen zu reden.*

这对维特根斯坦来说是相当误导人的：就好像它让无理数和实数间"种类的差异"看起来仅仅变成了"外延的差异"（*RFM* 132d），即集合的大小或者基数性的一个差异。——这是表达维特根斯坦所关心的东西的另一种方式。赋予我们谈论"所有自然数"以意义的是归纳——表明下面这种情况的可能性，即对一个序列的一个成员成立的东西对下一个成员也成立；那样的话，要是它对第一个成立，那我们就可以说它对它们**所有**都成立。但是归纳要求一个完整的排序，那样的话，只要你延续得足够长，你就会碰到任何特定的数。随着康托尔的对角线证明表明这样一种完整排序是不可能的，它就给了我们一个**不**说"所有实数"的理由，在这个意义上我们**可以**谈论所有自然数或者某个种类的所有实数，比方说，所有的平方根。[1]

此外，维特根斯坦对康托尔的结论评论如下：

> 说这话什么也没有说出："**因此**，这些 X 数是不可数的。"人们可以说像下面这样的话：如果下面这个被规约了的话，即不管什么数落在你将之安排在一个序列中的这个概念之下，这个序列的对角线数也落在那个概念之下，那我就把 X 数概念（number-concept）称为不可数的。
>
> （*RFM* 128b）

这就是说，这个证明的结果是对一个新的非可数性（或者不可数性）概念的决定。我们普通的（对可数之物的）可数性概念微不足道地不适用于无限——因为"无限"意味的是：数数不会产生一个结果（参 Shanker 1987，196）。显然，这种普通的可数性在此不是问题所

157

---

[1]　这一点我要感谢大卫·杜比。

在，因为在康托尔看来无限的自然数**的确**是可数的。毋宁说，这个看法即下面这一点，我们对某种数有这样一种排序，以至于只要我们把这个序列扩展得足够远，那我们就会碰到每一个那种给定的数。自然数的情况显然就是这样的，而康托尔对有理数也提出这样一种排序（参 *RFM* 140c）。然而，我们对实数却没有这样的排序，而康托尔的对角线证明表明（正如维特根斯坦会承认的那样）继续寻找一个排序也是无效的（*RFM* 129c）。对于任何假定的排序系统，我们都可以构造一个不被它覆盖的数，因此就表明了它终究不是一个适当的排序系统。而这就是在康托尔的证明看来是非可数性这个新概念所意味的东西。

维特根斯坦反对的是如下看法，即康托尔的对角线证明表明了实数比自然数**更多**。按照这幅图画，一个非可数集合就是比一个可数集合要大：如此之大以至于我们甚至都不能开始数它（因为它不能被完全排序）。就好像我们已经有了一个对有限和无限集合都适用的大小概念似的，而这个概念允许我们在不同大小的无限之间做出区分（*RFM* 132d；*PG* 464）。这里的看法是下面这个，即我们说两个集合的相对大小，这意味的只是要用一一对应的标准来决定的某种东西：如果它们能被一一对应起来，那它们就大小相同，如果一个集合的所有数都被一一对应起来了，另一个集合还有未被对应起来的成员，那另一个集合就更大。我们的集合之大小的概念（它基于一一对应这个标准）似乎对有限和无限集合都适用，正如康托尔所论证的那样。

然而，可能的一一对应之标准彻底刻画了我们的集合之相对大小的一般概念，这并不是真的。另一个标准（一样符合直觉）是部分整体原则（part-whole principle），根据该原则一个真子集必定要比包含它且比它多的那个集合要小。但是，每当碰到无限集合的时候，这两种一般标准就分道扬镳了。尽管自然数和偶数能被一一对应起来，说自然数比偶数**更多**仍然是绝对合理的：因为偶数是自然数的一个真子集。康托尔也把一一对应标准接受为无限集合的大小的标准。但是，他的如下断言的矛盾性表明这不再是我们通常的集合之大小的概念（正如应用到有限集合上那样），即一个集合可以和它的真子集大小一样［这经常被希尔伯特旅馆（Hilbert's Hotel）的故事所阐明］。而保罗·曼科苏（Paolo Mancosu，2009）已经表明，康托尔将大小概念扩展到无限的方式并不是唯一的概念选择。人们不但可以克制不对无限集合进行量化，因为坚持我们的普通概念就会导致矛盾，正如伽利略（Galileo）和莱布尼茨（Leibniz）所维护的那样。[1] 最近也有一些数学上的发展［卡茨（Katz）、本茨（Benci）、迪·纳索（Di Nasso）、福蒂（Forti）］，这些新发展并不去扩大一一对应原则的应用，而是将部分整体原则以一种连贯的方式推广到无限集合上（Mancosu 2009，639—642）。[2]

　　总而言之，康托尔的对角线证明似乎是支持维特根斯坦如下断言的一个可信的例子，即数学证明包含概念上的转变（参 MS 163，55r）。首先，有理由说，把一个对角线（"数字替换"）数当成一个无理数，这相当于是对我们的无理数概念的一个扩展。其次，我们似乎并不是非得谈到**所有**实数的一个集合。最后，康托尔对无限集合之不同基数性的引入看起来就是一个概念上的转变，针对这种转变（正如已经讨论过的那样）会存在一些合理的替换物。

---

　　[1]　伽利略（1632，32—33）；莱布尼茨（1875—1890，315）。（引于 Mancosu 2009，618）

　　[2]　哥德尔（Gödel）断言康托尔的发展是不可避免的（1947，259）［这预设了我们把无限发展当成完整集合（Mancosu 2009，637—639）］；与此相反，我们不仅不是非得这样做，而且按理来说这是一个不一致的看法，正如为维特根斯坦的如下情节所阐明的那样："一个生命向后回溯无限时间的人对我们说：'我刚刚写下 π 的最后一位数，它是一个 2'。"（*PR* 166）

（d）欧几里得对一个正五边形的构造

欧几里得的某种几何构造是可能的证明，可以被认为是提供了另一个合适的例子来支持维特根斯坦把证明说明为包含概念上的转变。在《几何原本》第 IV 章命题 11 中，欧几里得论证了如何只用圆规和直尺去构造一个圆内接正五边形。跟随维特根斯坦的思路，人们可以认为这等于是定义了一个正五边形的概念。菲利克斯·穆尔霍尔泽（Felix Mühlhölzer）基于如下根据为这个看法辩护，即在欧几里得的概念框架中没有测量，因此除了一种构造就没有长度相等的标准。因此，没有那个构造证明，人们甚至都不能理解正五边形的定义，即有五个相等长度的边和五个相等的角的图形（Mühlhölzer 2001，229—230）。

但是，两条边长度相等即便没有一把有刻度的尺子或者量具也能用一只圆规建立起来。毕竟，一只圆规的原理就是：从一个既定的点开始，人们可以在所有方向上追踪**相同的距离**。因此，在欧几里得的第一个命题（I.1）中，比方说，一个等边三角形是这样来构造的：用一只圆规先从 A 点然后再从 B 点朝着不同的方向追踪底线 AB 的长度，而在两者相交的地方我们有一点 C，这样的话，AC 和 BC 就都和 AB 长度相同。

因此，即便没有一个构造证明，我们也能很容易通过给出下面这种**实践**说明来解释我们说一个正五边形是什么意思（实际上，对于任何一个数 n，我们说一个正 n 边形是什么意思），这种**实践**说明是关于怎样通过试错来画它的说明：

画一个圆，在圆上选取一点 A，确定圆规两脚之间的一个距离使之小于圆的直径，然后顺时针在圆上找到和 A 点距离固

定的 B 点，然后找到和 B 点同样距离的第三点 C，然后找到和 C 点同样距离的第四点 D，类似还有第五点 E 和第六点 F，如果 $A=F$，那这些点之间的线段就会构成一个正五边形。但是，要是你沿着这个圆做顺时针之旅，F 尚未到达 A，那就增加圆规的两脚之间的距离然后再试。另一方面，如果达到 F 的时候已经超过了 A，那圆规两脚之间的距离就必须减小。不断改变那个距离直到 A 和 F 重合。

显然，可以给出一个类似的说明来画出并确认一个正七边形，尽管对一个正七边形的一种欧几里得式构造是不可能的［正如高斯（Gauß）在 19 世纪表明的那样］。因此，说没有那个构造性证明我们甚至都不能理解一个有 5 条（或者直接就是 7 条）边的等边等角图形的概念，我认为是不可信的。

那么，更可信的说法就是：该证明引入了**用圆规和直尺构造一个五边形**的概念。但真是这样的吗？有人可能会反驳说：这样的一个说法混淆了概念和落在这个概念之下的某种东西。我不知道谁是活着的最高的人（甚至都不知道是否存在这样**一个**最高的人），这并不意味着我没有那个概念。同理，有人可能会认为：因为我们知道什么是一个五边形，而且我们理解如下看法，即只用圆规和直尺就画出一个图形的一种系统化程序，那我们实际上就拥有**用圆规和直尺构造一个五边形**的概念——尽管我们不知道怎样制造出这个概念的一个实例。

然而，拥有一个概念并不要求我们制造出落在那个概念之下的某种东西的一个实例，虽然这是真的，但是，它确实要求下面这一点，即从逻辑上来说某种东西**可以**落在它之下。为了让一个表达式指称一个概念，它必须是一致的。因此就不存在一个圆的正方形的

160

227

概念，因为"圆的正方形"这个表达式是自相矛盾的。在数学中，研究一个新形成的谓词是否有一个应用，这和一种经验的研究十分不一样，比方说，是否存在飞鱼。一个动物它既能在水下游又能飞翔，这个观念显然没有什么不一致的地方，但是，只要我们还没有找到对一个正五边形的一个构造，那我们就不知道它**从逻辑上**是可能的还是从逻辑上不可能的（就像对一个正七边形的构造那样）。但是，只要我们还不知道一个新形成的谓词"*F*"是不是一致的——我们是否能弄清"*F*"是什么意思——那我们就不能真正断言掌握了或者拥有了一个 *F* 的概念。因此，在欧几里得式构造证明的例子中，我们的确可以同意维特根斯坦的如下看法，即它向我们提供了一个新的概念。

（e）欧几里得的不存在最大素数证明

在《几何原本》的第 IX 章 §20 中，欧几里得提供了不存在最大素数的一个归谬证明，这个证明可以被阐释如下：

假定 P_n 是那个最大的素数，然后把所有的素数相乘并且加上 1：

$$(P_1 \times P_2 \times P_3 \times \cdots \times P_n) + 1$$

这个结果数要么是一个素数，在这种情况下 P_n 就终究不是那个最大的素数；要么，这个结果数不是一个素数，那它就必定可以被一个素数整除，但它不可能被直到 P_n 的素数整除（因为总是会有余数 1），那它就只能被一个更大的素数整除，在这种情况下就再次表明：存在比 P_n 更大的一个素数。因此，不可能存在任何最大的素数 P_n。

这个证明引入了一个新的概念或者改变了一个现有的概念吗？

包含在这个证明中的最明显的一个**新**概念的候选就是最大素数，然而这个概念不是被引入了，而是被驳斥了：由于不一致而被排除在外。知道不存在最大素数，这改变了我们的素数概念吗？难道这不仅仅是丰富了我们对一个既定概念的知识？

再者，我们想来并不想说下面这话，即欧几里得**规约**了"最大素数"这个表达式没有任何应用；毋宁说，他表明这是被强加给我们的一个结论，因为它能从我们的素数概念（只能被 1 和自身整除）中演绎出来。同理，说欧几里得用这个证明**改变**了我们的素数这个概念，看起来也是不可信的。那个概念无疑还是那个概念；我们只是看到了它的一个含意。实际上，如果欧几里得只是简单地规约了素数的一个新概念，而不是让我们相信我们原来的概念的一个含意，那我们就不该把它称为一个证明。这似乎就是维特根斯坦在下面这段话中的想法：

> 作为一个**证明**，我可以说，它必须得说服我相信点什么东西。在这个证明之后，我会做或者不做某事。在一个新概念之后，我不做或者没做任何事情。

> （*RFM* 298b）

规约一个新概念并不是要说服任何人相信什么事情。因为一个概念并不是一个事实（*RFM* 298e）。但是，维特根斯坦只是试探性地写下这些评论（想的是它们事后怎样能够被立即驳斥），表明的是一个概念终究可以被说成是说服了我相信什么东西，即，我想要使用它（*RFM* 298e）。不过，在别的地方他设想的是：信念不应该由一种规约引起，而是反过来，一个信念导致一个新的规约：

161

让我们记住：在数学中我们相信**语法**命题；所以，我们相信的表达与结果就是我们**接受一条规则**。

（*RFM* 162d）

因为一个数学命题就是跟在一个发现之后的对一个概念的决定。

（*RFM* 248b）

这是一个两步走的过程：**首先**，我们相信某事（或者做出一个发现），**然后**，我们相应地改变我们的概念。[1] 我认为，维特根斯坦在此心中所想的是和（*RFM* I §42 的）那个几何拼图证明相像的某种东西：在这里某种东西只在一个特例中被发现，但后来以这样一种方式被概括，以至于那个概括决定一个概念（在那个例子里是三角形作为一个几何形状的概念）。在别的地方维特根斯坦写道：

人们会想要说：证明……改变了我们的概念。证明制造新的联系，而且它创造出这些联系的那个概念。

（*RFM* 166d）

首先，我们发现一种新的联系，**然后**，我们在一个新概念中把它系牢。这意味的是推导和概念规约从逻辑上来说必定是有区别的。按照这种说明，一个发生而另一个不发生，这应该是可想象的。后者

---

[1] 这两步反映了维特根斯坦试图调和的数学的两个现象学面相："我很乐意能够描述这是怎么发生的：数学对我们似乎一会儿表现为数领地（domain of numbers）的自然历史，一会儿又表现为规则的集合。"（*RFM* 230e）这就是所谓的"数学命题的双重性质——作为规律和作为规则"（*RFM* 235e），这就是说：事实的和规范性的。当被应用在数学之外的时候，它起到一条规则的作用，而在数学领域中的时候，它似乎更像一个陈述事实的"自然规律"（MS 127，236）。这还是语法观和演算观的结合。

没有前者就发生，这很容易想象：一个数学概念即便没有先前的推导也能被改变或者引入。历史上确实有这样的例子：经验法则在没有任何证据的情况下被约定地采纳。比方说，巴比伦人计算一个圆的面积的法则基于近似测量（Meschkowski 1984，41）。然而，如果数学证明当真是这样的一个两步走的事情，那它应该也有可能只有第一部分：一个其结果后来不被采纳为定理的推导。

　　早前时候，维特根斯坦的数学命题是根据其他规则得出的规则这个看法可与一个法律系统相比较，在这个法律系统中，通过新的法律是由程序法制约的。在那种情况下，某些法律程序的结果后来并没有被采纳，这的确是可能的。因此，维也纳市政议会在 1895 年让卡尔·卢埃格尔（Karl Lueger）选上了市长职位；但是皇帝弗兰茨·约瑟夫一世（Franz Josef I）拒不批准选举结果，于是（在那种情况下）卢埃格尔并没有成为维也纳的市长。在此，我们有两个不同的程序：选举和皇帝的确认。尽管后者只是对前者予以批准封印，但这可能不会发生，正如卢埃格尔的情况所示。不去想象缺乏皇帝对某些法律程序之结果的背书，我们也可以想象大众拒绝接受那个结果。因此，一项正确地通过的法律有可能会被普遍地无视，而不由警察去执行，因此永远不会生效。在数学的情况中，像这样的事情可以想象吗？

　　在当前的例子中，这似乎并不是一个正确的描述。一旦欧几里得得出他的推理（该推理表明不存在一个最大素数），就没有必要为了让它成为一个数学命题而进一步背书。没有什么领衔的数学家们被召唤来决定要不要把这个证明存放在有效数学的一个档案中。正如在之前第 8 章中讨论过的那样，对这样一个档案的讨论，只是针对很容易被记住并因此不需要被反复计算的数学结果（例如我们在学校里记住的初等乘法运算）的一个隐喻。然而，**不**为人普遍所知

231

163 的东西并非由于这事而被拦截在数学之外。当欧几里得构造了他的证明的时候，他不是非要等到他的同事们批准它真正**成为**一个证明。再者，当我第一次碰到这个证明的时候，我就能通过核实其推理的结论性说服我自己：它**的确是**一个证明；我不是非得实施什么社会学的调查研究来看看这个证明是被广泛接受了的。大众的或者专家的称赞并不是数学中的正确性的一个标准。

至少在某一个时刻，维特根斯坦似乎预见到了这个反驳：

但要是现在有人说下面这话又怎样？即"我意识不到这**两个**过程，我只意识到那个经验的过程，意识不到独立于经验的那个形成和转换概念的过程；所有的一切在我看来都是为那个经验的过程服务的"。

（*RFM* 237f）

用"经验的过程"这话，他意味的似乎是数学家们**发现**了它是那种情况，而不是规约了它；就好像他注意不到在概念的、先天的领域中人们也能做出发现似的。无论如何，这个反驳留而未答。

尽管如此，在维特根斯坦对数学证明的讨论中，人们反复遇到这样一些段落，这些段落似乎表明了维特根斯坦对遵守规则加以说明的一种"决志主义"（decisionist）倾向，这在前面（第 7 章）已经被考虑过了，即对一条规则的每一个新的应用都需要一个决定这个看法。比方说，他写道：

［接受一个证明：］我决定像**这样**来看事情。因此，以如此这般的一种方式来行事。

（*RFM* 309g）

这可能是一种漫不经心的夸大其词，特别是考虑到其他更具试探性的评论，这些评论只记录了以这样一种挑衅的方式表达事物的一种**倾向**：

> 我想要说：那个决定的一个根据**看起来**就好像已经在那里了；而它仍然必须被发明出来。
>
> （*RFM* 267e）

或者甚至**质问**这样的一种断言是不是正确的（请注意最后的两个问号）：[1]

> 我能说下面这话吗？即 "一个证明让我们做出某种决定，即接受一个独特的概念组成（concept-formation）"？？
>
> （*RFM* 238f）

其他评论再次清楚地表明："决定"这个词实际上是相当具有误导性的。让维特根斯坦倾向于说一个"决定"的东西只是观察到理由到头了：

> 这是一个自发的决定，这话意味的难道不只是下面这一点吗？即我就是这样行动的；不要问理由！
>
> 你说你必须怎么样；但你说不出什么东西迫使你必须这样。
>
> （*RFM* 326cd）

164

---

[1] 第二个问号在英文版里缺漏了。

然而，让在此谈及一个"决定"变得相当误导人的是（正如维特根斯坦承认的那样）：我别无选择。

> 当我说"我自发地决定"的时候，这话自然并不意味的是：我考虑哪个数在这里会真正是那个最好的数，然后我选中……
>
> （*RFM* 326f）

> "一旦我看到这条规则，**这**就是我们所需要的那东西。"这并不依赖于我是倾向于这样还是那样。
>
> （*RFM* 332e）

如果人们在这样一种情况下当真想要说一个"决定"，那人们就得加上：人们**必须**这样决定（*RFM* 326b）。因为尽管维特根斯坦倾向于反复使用"决定"这个词，但他并没有否认我是**被迫**去采取我采取的那些步骤的：

> "这些规则迫使我……"——好吧，人们确实可以这么说，因为，在我看来什么东西和那条规则一致，这毕竟不是我自己的意愿这回事。
>
> （*RFM* 394b）

事实上，强制性一般是证明和遵守规则的一个基本特征：

> 如果一条规则并没有强迫你，那你就不是在**遵守**一条规则。
>
> （*RFM* 413d）

不过，在这个词的另一种意义上，人们可能会抗议说我们并不是**被迫**接受一个证明的：我们不接受一个既定的证明，因此就展现出对某些包含进来的概念的一种不同的（很可能是怪异的）理解——就像在遵守规则讨论中那位偏离常规的学生那样（*PI* §185）——这毕竟是可以想象的。既然可以想象我们用这种反常的方式来回应，那我们就不是被迫以我们确实那样回应的那种方式回应的。但是，对于用这样一种偏离常规的方式来回应的人，我们应该说他有一个不同的概念。因此，让我们感到被强迫的东西就是：我们对包含进来的概念的既定理解的依附（*RFM* 328i—329a）。的确，没有什么东西实际上把这样的一些概念**强加**给我们，但我们确实把这些概念强加给我们：我们"乐意把这个链条（这个图形）接受为一个**证明**"（*RFM* I §33：50）。[1] 我们就能说：那时我们**必须**接受这个证明，因为我们不想偏离被讨论的这个概念，正如我们理解它的那样：

165

> 因为"必须"这个词肯定表达了我们无法背离**这个**概念。（或者，我应该说"拒绝"吗？）
>
> （*RFM* 238d）

简而言之，与维特根斯坦在一些粗心的或者夸张的评论中可能倾向于说的话相反，对遵守规则的思考不能被令人信服地援引来支持如下看法，即每一个证明都引入了一个新的概念。相反，遵守一条规则（或者应用一个概念）这个观念本身就预设了：这条规则（或者概念）从一个应用到下一个应用保持不变。

---

[1]　*D.h., ich lasse mir diese Kette (diese Figur) als Beweis gefallen.*

穆尔霍尔泽认为欧几里得的证明可以被说成是"创造了从'P_1，…，P_n'到'$P_1 \times P_2 \times P_3 \times \cdots \times P_n + 1$'的一个过渡的概念"（2010，242）。它向我们表明了：基于一个既定的素数，我们如何总能够去构造一个新的更大的素数：

> 这个证明教会我们在 p 和 $p! + 1$ 之间找出一个素数的一种技术。而我们相信下面这一点，即这个技术总是会导向 $> p$ 的一个素数。

（RFM 307g—308a）

但是，这种新技术能被恰当地描述为一个"新概念"吗？

正如维特根斯坦评论的那样，"概念"是一个相当模糊的术语（RFM 412g）。说**某人**的概念改变了意味的可能只是他对一个既定概念的理解改变了，在这个例子中这无疑是正确的。当我对一台电脑的功能获得了一个更好的理解的时候，我就可以说我的一台电脑的概念改变了。[1] 同理，我学习怎样总能构造一个更大的素数，并因此意识到不存在最大素数，这可以被说成是丰富了"我的概念"，即我对一个素数的理解。

或者还有，有时维特根斯坦强调一个证明改变了我"看事物的方式"（RFM 239ef），或者给予了我一个"更清楚的观念"（LFM 88），这也都是一些相当没有争议的断言。

而在某个时候他直接规约：他用"概念"意味的可以是一种方法：

---

[1] 这在维特根斯坦的德语中很可能更加明显。"概念"的德语词是：Begriff，来源于常用动词 begreifen，意为"去掌握、去理解"。而"einen klaren (oder unklaren) Begriff von etwas haben"[对某物有一个清晰的（或者不清晰的）概念] 意味的是：对某物有一个清晰的（或者不清晰的）理解。

他从这个过程上读取到的不是一个自然科学的命题，而是相反：对一个概念之决定。

就让概念在这里意味方法吧。

（ *RFM* 310bc ）

但是，一种新方法也许也可以被描述为处理一些已经存在的概念的一种新的方式：

数学教会我们用一种新的方式运作概念。因此，它能够被说成是改变了我们用概念工作的那种方式。

（ *RFM* 413a ）

这听起来无可厚非：欧几里得的证明给予了我们在任何时候都能制造一个更大素数的一种方法；这准确来说并不是一个新概念，而是涉及我们所熟悉的素数概念的一种新技术。

维特根斯坦的概念转变断言（iii）在其他一些不可能性证明的例子中似乎更加可信：这些不可能性证明基于不同的数学领域之间的联系（Goodstein 1972，277—278）。因此，用直尺和圆规三等分任意一角是不可能的，这是可以被证明的——但不是在这个问题从中产生的初等几何领域内。这个不可能性证明［1837 年由皮埃尔·旺策尔（Pierre Wantzel）给出］基于把几何问题转化为一个代数问题（构建一个其长度为一个三次多项式的根的弦）。和维特根斯坦一道，说几何概念和代数概念的这样一种关联等于是赋予了前者以一个新的、扩展的含义，看起来确实是可信的。再者，安德鲁·威尔斯对费马大定理（对于值大于 2 的任何整数 n，不存在三个正整数 a、b 和 c 使之满足 $a^n + b^n = c^n$ 这个等式）的证明就是基于锻造不同数学概念（尤其是椭圆方程和模形式的概念）间联系——并因此丰富了不同数学概念间联系——的一种不可能性证明（Singh 1997，204—205）。

（f）初等算术中的证明（计算）

例如：

$$25 \times 25$$
$$50$$
$$\underline{125}$$
$$625$$

167　　　这是最乏味无趣的那种数学证明：一个简单的算术计算。它经常被维特根斯坦用来说明另一条推理线索以达到如下效果，即证明引入了新概念。经由一个证明而被引入的这种新技术在许多地方被描述为：铸造并且应用概念间的一个**联系**，而维特根斯坦倾向于把它当成一个新概念（*RFM* 297f）。尽管他在这一点上表现出一些不确定：

　　　一个等式把两个概念联系起来；于是，我现在就可以从一个过渡到另一个。

（*RFM* 296c）

　　　一个等式构建了一条概念路径。但一条概念路径是一个概念吗？要是不是的话，它们之间是否存在一个显著的区别？

（*RFM* 296d）

在最简单的这个例子中，这个证明可以是导致一个等式的一个计算，比方说，*25×25＝625*。一旦算出来了，这个等式就能起到一条替换规则的作用：

> 想象你教授了某人做乘法的一种技术……
>
> 现在他说：这种乘法技术建立起了概念间的联系……
>
> 现在他也会倾向于说下面这话吗？即乘法的这个过程也是一个概念。
>
> （*RFM* 296efg）

> 一个新的概念上的联系也是一个概念吗？而数学确实创造概念上的联系。
>
> （*RFM* 412d）[1]

这个看法似乎是：两个概念的合并（每个概念都是由不同的标准定义的）得出一个新的概念。比方说，如果我们一开始用"酸性"意味的是**把石蕊试纸变成红色**的那种东西，然后又进一步把**释放水中的氢离子**加到对酸性的定义上，我们就有了一个酸的新概念。同理，*25×25* 和 *625* 一开始是有区别的两个概念，它们具有不同的应用标准（数 25 组每组 25 个成员，或者数 625 个）。后来，这个乘法运算的结果赋予了我们可以互换使用它们的权利。因此，通过把这两个不同的标准联系起来，我们就创造了一个新的更复杂的概念：既是 *25×25* 也是 *625*。

不过，这两个例子之间存在一个关键的差异。当我们把酸性的

---

[1]　这则评论在英文版中似乎出现在错误的地方。它应该跟在 *RFM* 412f 后面："我现在应不应该说……"（MS 124，147）

一个新概念定义为满足两个标准（**把石蕊试纸变成红色**并且**释放水中的氢离子**）的那种东西的时候，我们在宣布某种东西具有酸性之前必须要核实这两件事。酸性的这个新概念来自两个标准的联合。与此相反，"*25×25=625*"的关键之点就在于从此以后这两个标准能够被互换着使用：发现某种东西是 25 套每套 25 个项目以后，我们就**不再**需要核实一下是 625 个项目。换句话说，这个新"概念"不是由联合标准而产生的。相反，它似乎基于合并标准。人们可以说，那个证明使我们相信它们的同一性：通过核实某物是 25×25，我们实际上就已经核实了它是 625。

维特根斯坦请求我们把一个等式看成是一个双边的概念。如果一边适用，那另一边也适用。请考虑一个法律上的类比。一条法律规定国家的**总统**自动就是**海军第一大臣**（*First Lord of the Admiralty*）。这条法律可以被说成是创造了一个新的概念：总统和海军第一大臣位置之联合的概念。然而，这是一些宣言式概念（proclamatory concepts）：被宣布为总统（以一种从法律上来说正确的方式），人们就变成了总统。而看出下面这一点也很容易，即这样一个宣言的述行行为（performative act）怎样能扩展开来，以便让人们也变成海军第一大臣。与此相反，数字似乎是描述性概念，而不是宣言式概念。我有的苹果的数量不能通过一个宣言来决定；它是一个经验事实。因此，一个既定的数是否和其他两个既定的数的乘积一样，这不可能是一件有关宣言或者法令之事。而这样的一个宣言当然也被证明的观念排除在外了。

对维特根斯坦看法的自然的回应是说：*25×25* 和 *625* 之间的联系并不需要被创造，因为它作为它们二者之间的一种内在关系已经被蕴含在这些概念之中了（参 Glock & Büttner 2018，190—192）。*25×25=625* 是分析的。我们完全可以说 *25×25* 和 *625* 是"同一个概念的两边"（*RFM* 297c），但这不是因为一个决定要来创造这样一个概念。

维特根斯坦强调一个算术等式的这两边具有不同的应用标准。它们说的不是同样的事情。

> 你怎么能说"……625……"和"……25×25……"说的是一样的事情呢？——它们只是通过我们的算术**合二为一**而已。
>
> （*RFM* 358b）

这确实是很可信的。在我们的算术系统中，我们可以一步步表明：这两个表达式是等价的。但正如维特根斯坦在如下手稿评论中说的那样，是"算术的那个**系统**"让他们等价的，而不是那个**特定的证明**或者计算。[1] 正如维特根斯坦在 1933 年认为的那样，就一个证明"把［一个数学命题］吸收进一种新的算法中"（*BT* 631）而言，一个证明赋予一个数学命题以一个新的意义，但是通过计算 25×25 得出 625，我并没有发展一种新的演算；我只是应用一个现有的演算。

把我们到目前为止的发现总结一下，维特根斯坦的**每一个**数学证明都包含概念上的转变这一断言似乎并不是站得住脚的。事实上，维特根斯坦自己在某个时刻也评论说：他的概念转变断言不应该被笼统化：

> 在此人们不应该想要教条化：对于一些新的证明，人们会倾向于说它改变了我们的概念，对于某些证明——这么说吧，

---

[1]　*Erst als Glieder des Systems der Arithmetik werden sie eins.* [MS 161, 42r]

169

241

很琐碎的证明——它并没有改变我们的概念。

（MS 163, 55rv；参 59rv）[1]

不过，他继续倾向于把概念转变不加限制地作为证明的一个基本特征。即便对那些最琐碎的证明——算术计算或者计算一个无理数的一些展开——他在别的地方也认为它们包含概念转变（*RFM* 267d, 432f）。因此，虽然他意识到他的断言的一些例外 [2]，但很显然，他继续坚持他的断言之应用性的一种稍微有点夸张的看法。

证明与实验

如果对数学证明的一些例子的思想开明的思考事实上并没有表明，所有证明都包含概念上的转变，那维特根斯坦为何要在最开始的时候这么认为呢？也许是他对证明和实验之间区别的关注误导了他？请考虑下面这则评论：

想象你有一排弹球，你用阿拉伯数学把它们从 1 到 100 进行编号；然后你在每 10 个之后留出一个大空隙，而在每 10 个中间留出一个相对较小的空隙，两边各 5 个：这让 10 个一组显得很醒目；现在，你把这 10 组一组接一组地从上到下摆放，在栏的中间你留出一个较大的空隙，这样的话你就上下各有五排；而现在你把这些排从 1 编号到 10。——这么说吧，我们是在用

---

[1] *Hier darf man nicht dogmatisch sein wollen: Von manchem neuen Beweis wird man zu sagen geneigt sein, er ändere unseren Begriff, von manchem—sozusagen trivialen—nicht.*

[2] 参 *RFM* 172b 的让步性措辞。

这些弹球进行操练。我可以说：我们把这一百个弹球的属性展开了。——但现在请想象这整个过程（用这一百个弹球做的这个实验）被拍下来了。我现在在屏幕上看到的东西肯定不是一个实验，因为一个实验的那幅图画本身并不是一个实验。——但我在投影中也看到了关于这个过程的"数学上是本质的"东西！因为在这里首先出现的是一百个点，然后它们被安排成十个一组，等等等等。

170

因此，我可以说：这个证明并没有起到一个实验的作用；但它确实起到实验的一幅图画的作用。

（*RFM* I §36：51）

这则评论以及其他评论（尤其是在本章开头讨论的那些被简化了的例子）阐明了维特根斯坦对证明的观点。他思考了：对一个被应用的数学命题的**经验上的**支持——在这个例子中是对"*10 × 10 = 100*"这个等式的一个应用——如何能够获得一个证明的地位。为了让一个实验变成一个证明，我们得如何看待这个实验？回答是：我们得把它当成是一个实验的一幅单纯的**图画**，把它的结果当成是对这些规则的正确应用的一个标准（*RFM* 160f—161a，319de—320a）。从看到一个实验跨步到把它这样当成表征的一个规范，这可以很可信地被当成是：从对一个特例之观察过渡到普遍概念之形成——之前提到过的两步走程序。针对证明的这个进路依然受到前一章中讨论过的经验主义约定论观点，即数学作为"硬化为规则"的经验观察的一个系统的观点的影响。正如讨论过的那样，这个进路忽视了证明在数学中的突出地位。而维特根斯坦总体上并没有忽视这一点。由于他从来没有放弃过他早前对数学的演算观，他花费了大量时间来讨论证明的本性。然而，情况似乎还是：很不幸，他的说明仍旧带有这些经验主义约定论观点的偏见。因此，他还是倾向于把证明当成是来源于最初的一些实验（*RFM* 160c），而这对许多数学证明（如果不是大多数数学证明）而言似乎并不是一个合适的模型。毋宁说，算术中的一个证明（或者计算）并非基于经验的例证（比方说一排排的弹球），而是完全基于我们的数和运算的概念，这些概念已经被理解为具有它们完全的抽象性和普遍性。这样的证明发生在系统化的抽象层面，而此时令维特根斯坦着迷的那些数学入门——在这里，用具体对象来表示的东西首次被赋予一个普遍的、数学的意义——已经被抛诸脑后。

然而，即便这种基因上的说明——即实验被转变为证明——似乎站不住脚，但那个基本看法还是非常可信的，即出现的那同样的东西可以用两种不同的方式来看待（作为一个实验或者作为一个证明）。也许这种半历史（quasi-historical）的呈现（在诸如 *RFM* 160c 的那些评论中）只应该被理解为并置这两种相反态度的一种绘声绘色的方式，就像一种被简化了的发展中的语言游戏一样（参 *PI* §41）。

10.2　一个数学命题和它的证明之间的关系是什么？

正如之前解释过的那样，维特根斯坦的成熟的数学哲学试图把两种基本看法联合起来，这两种看法我称之为**演算观**和**语法观**。这就是说，数学命题具有两个关键特征：除开定义，它们必须要**通过证明来合法化**，为的是赋予其以一种**表征规范**的地位，这和一个语法命题相类似。

如果数学中的真理意味的是和一条语法规则具有相当地位的某种东西，那似乎就不存在任何我们不知道的数学真理。因为，没人知道其有效的一条语法规则的这个想法是无意义的："我没有察觉到的一条规律就不是一条规律。"（*PR* 176）为了让某个东西具有一种规范性功能，人们必须知道它具有一种规范性功能；它不可能秘密地履行该功能。

然而，这需要加以限定。一个规则系统可能会如此复杂，以至于我们并不总是能够立即看清一个既定步骤是正确的还是错误的。法律系统总是如此复杂，以至于它需要一位专业的律师来弄清楚一个既定的法律问题是怎样被决定的：在这个案例中和法律相一致的东西是什么。然而，为了让这个法律系统如此起作用，弄清楚什么是和该法律一致的东西，什么是不一致的东西，这必须是普遍可能的，至少原则上是可能的。同理，在一个语法规则系统（比方说，针对加法、乘法等等的使用的语法规则系统）允许得出更具体的语法规则（比方说，等式）的那些地方，我们期望的只是它们的正确性并非总是自明的。关键之点在于：弄清楚（根据已经被接受的规则来确定）一个既定命题是不是一条语法规则，这必须总是可能的。

如果一个既定命题要被当成是一个规范系统的一部分，那我们就必须知道怎样核实它的地位。因此，维特根斯坦这样谈到数学命题："每一个命题都是证实的使用说明（*Anweisung*）[1]。"（*PR* 174）换句话说，一个数学命题（例如一个算术等式）和某些证明方法一道而来，这些证明方法属于这个命题的数学意义。

一个像"$25 \times 25 = 625$"这样的等式并不是一个孤立的命题，而是一种算法的一部分（*PG* 376）。因此，这个等式并不只是一条替换

---

[1]　英文版的翻译"路标"（signpost）是不准确的。

规则（*WVC* 158；*PG* 347），就像在第 9 章中考虑过的那条**孤立的**规则"*12×12=144*"那样；它也说：如果我把乘法运算的规则应用到 *25×25* 之上，那我就得到 *625*。这就是说，"="这个符号基本上有两个面相。它既可以意味"能够被……替换"也可以意味"根据算术规则得出"（*PG* 377—378）。一个等式就是以这样一种方式指称它从其中而来的那个计算的。

172　　　正如在 4.2 中解释过的那样，维特根斯坦的严格的数学证实主义不仅仅是语法观的一个必然结果（因为规范性不可能存在却不为人所知），他早期和中期的其他三个观点也向他提出并证实了这一点，它们分别是：意义的确定性之假设，一个有意义的命题是完全可分析的之假设（在数学的例子中就会得出一个证明），任何搜寻必须是系统性的之要求（因此保证了一个明确的结果）。至少这些观点中的第二个——数学中的完全分析必定包含证明——维特根斯坦在他后期写作中还是继续赞同的。因此，他在 1944 年写道：

> 　　如果有人不知道"563+437=1000"这个命题怎样能够被证明，那人们还会说他理解这个命题吗？人们能够否认下面这一点吗？即一个人知道它怎样能够被证明，这是理解一个命题的一个标志。
>
> 　　　　　　　　　　　　　　　　　　　　　（*RFM* 295—296［27.2.44］）

对一个数学命题的一种完全的理解（维特根斯坦认为）要求我们知道对它的完全分析，而这就等于是一个证明。一个定理和对它的证明这两者处在一种内在关系之中，以至于这个命题的意义（至少有一部分）是由对它的证明决定的（*PG* 375；*RFM* 162b）。的确，把那个完全分析过的数学命题等同于对它的证明，这看起来很诱人

（*PR* 192），而维特根斯坦还是继续这么认为，虽然比起 1930 年没有那么教条了：

> 想象你教给了某人一种做乘法的技术。他把它用在一个语言游戏中。为了不必每次都重新乘，他把那个乘法运算缩写成一个等式的形式，他在之前他乘的地方使用这个等式。

> （*RFM* 296e）

换句话说：这个等式可以被当成是这个计算过程的一个缩写。

维特根斯坦在大多数时候并不在常规性计算和创造性证明之间做出区分，在"家庭作业"和数学研究之间做出区分。但这是很值得我们强调并澄清的一个区分。

我们尚未核实其正确性的那些算式又如何？（如果数学意义需要证明）难道我们不会被迫去说下面这话吗？即据我们所知，它们可能根本不是数学命题，而是缺乏意义的。——这并不是维特根斯坦在 20 世纪 30 年代早期的看法，彼时，他认为：算式和家庭作业问题是有意义的，这是由于我们用众所周知的计算方法来检查或回答它们的缘故（*AL* 197—198）。因此，就一个算式反映了"计算中一个可理解的错误"（*AL* 200）而言，即便一个不正确的算式也是有意义的。我们可以把它理解为应用一个大家都知道的方法的失败尝试。——然而，维特根斯坦后来的一些评论则指向了一个不同的方向（*RFM* I §§106—112；76—79）。尽管下面这一点是真的，即我们熟悉的计算技术对任何形如"$a \times b = c$"的算式都会赋予一个直接的用法和含义，但在一个错误算式的情况中则不存在真正的**数学上的**内容。

一个像"$16 \times 16 = 169$"这样的错误算式，就其能被用在数学之

173

外而言（很可能会导致一个经验上的错误），而且就其能被一个计算核实而言，它是有意义的。但是，要是我错误地相信 *16×16=169*，那我相信的就不是一个数学命题；毋宁说，我错误地相信了"*16×16=169*"**是**一个数学命题（*RFM* I §111：78）。因此，我们的确应该说一个不正确的算式没有数学意义（即不具有数学上的表征规范之地位），因此，一个我们尚未核实的算术等式可能最终还是没有数学意义，即便它具有一种直接的用法：把它错当成一个数学命题的人会相应地使用它，而怀疑它的正确性的人会知道怎样去核实它。

然而，存在的不只是初级的学校数学，即为了在日常生活中使用，每个人都在学校里学习的那种基本算术演算，还有作为一门研究学科的数学（其结果后来可能会在自然科学中找到一种应用）。数学研究是开发现有演算的未知含意或者扩展现有演算的一个问题：发展新的数学概念，这些概念是现存计算的（或多或少的）自然延续。例如，对减法的无限制使用导致了负数的引入；对除法的无限制使用导致了小数。它们是演算的扩展。在最初的使用自然数的加法和减法运算中，"5-7"是无意义的；就像象棋中不合法的一步。

因此，我们需要区分出**两种数学：日常数学**，它是**静态的**：在一个既定演算中的一些计算；以及**数学研究**，它关心的是这样一些问题，这些问题用现有演算中已知的算法无法解决：答案不能仅仅用一套既定的规则计算出来。数学研究本质上是**动态的**：它不仅应用在一个现有演算中已建制的算法，而且还发展新的算法或者甚至扩展演算。

在数学研究中，我们问一些我们还不知道怎样去寻找它们的答案的问题，而且我们提出猜想（可能的数学命题），对这些猜想我们并没有一个证明，也没有制造一个证明的一种方法。但是（正如在

4.2 中已经看到的那样）关涉到数学研究，一个数学命题的含义是由
它的证明方法决定的，这个断言似乎有三个自相矛盾的含意。首先，
看起来就好像是

（P1）一个数学猜想目前还没有确定的含义。

无论如何，一个猜想不可能具有一旦一个证明被找到时会有的那种
同样的含义。因此，看起就好像是

（P2）一个猜想永远不可能被证明为真。

因为被证明为真的东西**事实上**必定是不同于仅仅被猜想的那东西的
一个命题（*PR* 183，191；*RFM* 366d）。此外，看起来非常可信的
（*PR* 184b；*WVC* 109）还有

（P3）不可能存在对一个既定数学命题的一个以上的证明。

当然，即便在 1930 年维特根斯坦也并不认为数学猜想是完全
无意义的；不认为它们只是胡说的东西（*PR* 170）。当维特根斯坦在
《哲学评论》和《大打字稿》中努力解决这个问题的时候，他提出了
如下建议（已经呈现在 4.2 中了）：

（i）即便是对于新的、困难的问题，数学家们也已经有解
决它们的一种方法了，只是不是写下来的，而是"在他们的脑
海中"以心理符号的形式存在（*PR* 176）。

（ii）数学猜想和未解的难题只能在数学"散文"中被表述，

而数学"散文"不是数学体统（mathematics proper）的一部分（*PR* 188—189）。

（iii）数学猜想只有一种启发式的意义：以一种可能会被证明为有效的方式指导数学家们的思想（*PR* 190）。

（iv）数学猜想问题或者数学研究问题不是数学的一部分，但应该被看成是有关怎样最好地去**扩展**我们现有数学系统（*WVC* 35—36）。可以和发明满足某些需求的一个新游戏的那种挑战相比较（*BT* 620）。

（v）当我们似乎理解一个数学猜想的时候，我们理解的只是一个相对应的经验断言（*BT* 617—619）。

正如在 4.2 中讨论过的那样，这些建议中的前四个是难以令人满意的。那样的话，维特根斯坦后来的写作是否为我们提供了对数学加以说明的一个更具说服力，而且对解决（P1）—（P3）这三个悖论也更加可信的看法，这依然有待观察。我相信这的确是可能的。根据维特根斯坦深思熟虑的看法，我们可以认为：证明对数学命题的意义有贡献，但无需否认数学猜想同样也能理性地具有清晰且合法的意义。

（a）**证明解释一个命题如何为真**。维特根斯坦把一个数学证明和一个拼图游戏相比较（MS 122，49v）。实际上，他有时候把真正的拼图游戏当成是数学难题（*RFM* I §§42—50：55—57，*LFM* 53—55）。在这样一种情况下，那个猜想的开头就会是这样的某种东西："这 200 小块能够被拼在一起来构成一座山的一幅长方形图画。"在这里很明显的是：这个证明——把所有这些小块以正确的方式拼在一起——所做的不仅仅是建立起那个猜想的真实性。它不仅仅说服我们下面**这一点**，即这些小块能被拼在一起构成一座山的一幅图画，它还向我们表明它们**怎样**能被拼在一起（参 *RFM* 301d；308b）。因此，那个证明不仅仅证实了一个命题，人们可以说，至少在某些情况下，它让我们对它有了一个要全面得多的理解，向我们展示了那个命题的确切含义。

（b）**证明说明了数学必然性**。数学命题是由一种必然性来刻画的，那种必然性必定可以通过一个论证建立起来。如果这是正确的，那不存在最大素数这个命题就应该被更恰当地翻译为：**"不可能**存在一个最大的素数**"**——这表明了当我们把一个命题看作一件数学作品时我们归结给它的那种必然性。那样的话，当然了，这个句子中的情态动词之含义就需要被理解。人们有权问："你说'不可能'是什么意思？"而赋予"不可能"以含义的那个回答是：它是从如此这般的强制性思考中得出的，阐明了我们的定义的含意，即不存在最大素数的那个证明。

以这样一种方式，当那个数学命题被理解为确然是一个必然真理，它就把我们指向它的证明（参 *RFM* 309）。

（c）**只有证明才能表明一个猜想是一致并因此最终来说是有含义的**。请考虑：就我们所知，一个数学猜想可以被证明为假（*RFM* 314d），这就是说，它被表明为是不一致的。然而，如果某种东西是不一致的或者自相矛盾的，那它就没有意义；它就不能被理解；不存在要被理解的什么东西（*LFM* 179，47；*RPP* II §290）。但那样的话，考虑到我们甚至都不知道一个数学猜想是否是完全**可理解的**（而不是无意义的），那我们就更没有理由断言**理解**了它。一个到目前为止我们知道它可能不一致（即无意义）的句子几乎不能被说成是对我们具有一个清楚的意义。这再次证明了维特根斯坦下面这个看法是正确的，即一个证明赋予一个数学命题以含义。

或者，我们要说下面这话吗？即它一直都完全**具有**一个清楚的

176 数学含义，只是我们还不知道罢了——好吧，就这个命题的内容而言，我们也许可以这样说。(维特根斯坦承认"一个数学命题的意义"这个表达式并没有被严格定义，并且能够用不同的方式来解释（MS 122，113)。）毕竟，当后来一个证明被找到的时候，它就被接受为对**那个猜想**的一个证明（比方说，安德鲁·威尔斯的证明以证明了费马大定理而闻名）。我们认为这个证明表明了，那个猜想之前**一直**都是正确的（即可证明的）且因此是有意义的。——不过，我们的语言表达式的意义之概念的另一个面相是：它是正确的语言理解的内在对象。通常来说，一个语言表达式的意义就是一位有能力的说话者理解的那种意义。因此，在目前而言即便是最有能力的说话者（数学家们）也不能完全理解的一个可能的数学命题（也不知道怎么去获得这样一种理解）的情况中，我们也就能适当地说，到目前为止它对我们（或者任何人）都不具有清楚的意义。

(d) **证明提供了规范的合法性，而这是一个数学命题之含义的一个关键部分**。有鉴于维特根斯坦的如下关键看法，即数学命题类似于语法规范（*RFM* 162d，169b，199a，320a），为了让一个命题具有数学意义，它不但必须具有内容，还要有刻画数学之特征的那种**规范性地位**（*RFM* 425e)：它必须被承认为一条语法规则，而一个未经证明的猜想显然不是一条语法规则（因为我们把证明当作是和那种规范性地位相一致的一个条件）。不知道的东西（或者不知道可被证明与否的东西）不可能满足一个规范性功能（*PR* 143；176)。因此，即便我们假定，为哥德巴赫猜想找到一个证明是可能的——这样一种证明的潜能已经在那里了——然而除非那个证明事实上被制造出来，否则它不会被赋予一条语法规则之地位。也就是说，在此之前，它不可能被合法地赋予一个数学命题的那种完整地位。

请再次考虑之前提到过的法律的类比：一个国家有一个由法律

(laws)、条例（byelaws）、法规（statutes）和规章（regulations）组成的复杂且零碎的体系。此外，还有一些律师，他们发展了一个同样复杂的规则系统来解决不同的法条之间的明显冲突。有一天，有一位律师得出了一个法律证明，即总统要在国会上作年度公开讲演。从此以后，总统要在国会上做年度公开讲演就变成了一种**法律义务**。当然，如果这个证明是正确的，那这个证明之前就能被给出。在某种意义上，法律并没有改变；因此，它们一直隐含地要求总统履行那个职责。但那样的话，只要那个含意未被如此承认，它就不可能具有任何规范性力量：它不具有一条法律的地位。同理，一个数学猜想即便一直都是可证明的，它必须先被证明，然后它才能获得一个数学命题的地位。

当我们讨论维特根斯坦把一个数学研究问题和发明一个新游戏的任务相比较的时候［*BT* 620；在 4.2（ix）中被考虑过］，我驳斥了如下看法，即解决一个数学问题（或者证明一个数学猜想）总是包含对新的符号和概念［比方说，带符号整数（signed integers）］的引入。即便极难找到一个只使用现有概念的证明。而现在我希望人们可以看到：从一个猜想到一个定理的含义之转变 [1] 不用如下断言，即一个证明引入了新的符号和概念就能被说明。数学命题类似于语法规则，因此不可能不为人所知而存在，这是从维特根斯坦的关键看法中得出来的。因此，即便（不像维特根斯坦）我们想要说：由一个证明发展出的那些联系已经蕴含在那些规则之中了，但在那些联系变成我们的数学系统的一部分之前，它们还是要被抽出来并且得到承认。

（e）数学猜想（或者难题）能够具有一个相当清楚的意义，但

---

[1]　至少在这个意义上我们可以说：每一个证明都会造成含义的一个变化。它赋予被证明的那个命题以一种不同的规范性地位。

它不是一种真正的数学上的意义。这个看法在《大打字稿》中已经被概述了［见前面的（iv）—（v）］。就我们理解一个数学猜想的内容而言，我们是把它当成一个**经验**命题来理解的，这个经验命题相应于（但又关键性地不同于）我们想要用证明建立起来的那个数学命题。举例来说，在某种意义上我们理解用直尺和圆规构造一个正七边形（而这是不可能的）的那个看法。但这只是因为我们有正七边形的一个清楚的经验观念，这就是说，我们很容易就能想到一个其边和角被测量时都一样的有 7 个边的图形。因此，我们倾向于把这个问题理解为画出这样一个图形的问题。但实际上这不是数学问题。那个数学问题是找到对一个正七边形的一种数学**构造**的问题，其方式类似于人们给出对一个正五边形（比方说）的数学构造。这样一种构造的结果当然也会满足那个经验标准（即测量表明 7 个边和角都大致相等），但这是不够的。作为对一个几何难题的解答，如下这一点是基本的，即只使用直尺和圆规，用一种常规的、可重复的且可传授的方式逐步得到那个图形。我们寻找的不只是一个形状，而且我们还要寻找制造它的那种非常特别的方式。然而，制造这样一个形状的这种特别的方式是我们不能描述的某种东西。我们对这样一种几何构造没有任何观念；因此，我们对这样一种构造的谈论——对这样一种构造的猜想——不具有清楚的数学上的意义；即便它具有一个非常直接的经验上的意义，这个经验上的意义来自对所绘图形的经验测量（参 *PLP* 391—392）。

至于另外一个例子，请考虑哥德巴赫猜想：每个偶数都是两个素数的和。难道我们不理解这个吗？——再说一遍，维特根斯坦的回答是：没有一个证明，我们当然也会对它有所理解，但只是作为一种经验上的概括；这意味的是对于任何偶数在任何时候我们都会考虑我们能找到两个素数加起来等于那个数。这是一个经验上的假设，被我们迄今为止的证据归纳地支持着；但不是一个数学命题（参 *RFM* 280—281）。

数学上的无限总是对一条规律的无尽的可应用性（参 *PR* 313—314；*RFM* 290b）。因此，在（目前为止）我们还没有规律的地方，就没有能被理解为具有一个无尽的可应用性的数学规则，我们就不能有意义地谈论数学上的无限。因此，我们目前为止还不能理解哥德巴赫猜想的**无限范围**（*infinite scope*）。

当我们试图寻找对一个数学难题的一个解答的时候，我们寻找的就是一个证明，而这个证明在我们实际上找到它之前是不能真正被描述的。因为对一个证明的一个准确描述就是这个证明本身。这引出了寻找某种物理对象和在数学中寻找某种东西的区别：在前一种情况中，我能准确知道我要找的是什么。我可以（比方说）为你给出我不知道放哪儿去了的那副眼镜的一个十分准确的描述。在数学中却并非如此，在数学中被寻找的那东西就在于对它的准确描述（*PLP* 393）。从中可以得出：在数学中，除非我们有了那东西，那我们永远不能**准确**知道我们一直在找的是什么。因此，一个数学猜想永远不会具有一个清楚且精确的数学意义，尽管，诚然，我们能够把一个相当清楚的经验意义附加给它，并且还有一些模糊的想法，大致来说就是哪种证明策略我们期望会成功。

总而言之，我们不必把（P1）的那个自相矛盾的看法（即一个数学猜想到目前为止还没有清楚的含义）归功于维特根斯坦。猜想肯定是有意义的；只是它们还有待于被赋予一个准确的数学内容以及一个数学命题所具有的那种规范性地位。这意味的是（P2）一个猜想永远不可能被证明为真吗？因为被证明为真的东西**事实上**必定是不同于仅仅被猜想的那东西的一个命题？是也不是。在一个重要的意义上，被证明的那东西确实是一个不同的命题；但在另外一个意义上，被证明的那东西明显可以被当成是传达了那个猜想所要求的东西，即一个既定的公式，我们对这个既定公式的可能应用已经有了一个很好的理解，它被赋予一个定理的角色。

最后，让我们转到第三个悖论（P3），即如下主张：由于一个数学命题的含义是由它的证明决定的，那两种不同的证明就会导致两种不同的命题。换句话说：一个数学命题不可能有两种不同的证明。

维特根斯坦承认这和我们在数学中所说的相反（*RFM* 189b）。实际上，一个数学命题有不止一种证明，这十分常见。比方说，针对存在无限素数这个定理，至少有六种不同的证明可以被援引（Aigner & Ziegler 2001，第一章）。

让我们首先注意到：一个猜想和那个相应的定理在意义上有差异，维特根斯坦坚持这一点的主要理由在这种情况中并不适用。关键点在于：没有一个证明的背书，一个猜想不可能具有一个数学命题具有的那种规范性地位。与此相反，两种不同的证明在赋予它们的结论以规范性地位这个问题上还是会保持一致。因此，在（看起来是）同一个数学命题被用两种不同的方式证明的地方，这两个证明都会赋予其一个表征规范的地位，并因此让它有资格以某种方式被使用，尤其是针对数学之外的应用：

> 这些证明证明了同一个命题意味的是（比方说）：它们都论证了它是针对同一个目的的一个合适的工具。

> 而这个目的暗示的是数学之外的某种东西。

> （*RFM* 367bc）

数学证明在何种意义上被当成是它们的结论之意义的构成，这个问题可以和数学之外类似的证实主义问题相比较。鉴于含义就是用法，坚持如下两种命题在含义上有重要差异就是非常可信的了，即一方面，一些命题容易受到经验证实或者否证的影响，并且意在被经验证实或者否证；另一方面，有些命题并不允许任何经验上的测试，或者从未意在要暴露给任何经验上的测试（比方说，信条、道德原则）。因此，维特根斯坦强调宗教哲学中最突出的混淆就来源于对这个关键区分的忽视：把对宗教信念的表达当成就好像是宇宙论假说那样来对待（*LC* 53ff.）。

但维特根斯坦倾向于更进一步。他会断言说，即便是在可证实命题这一类别中，不同的证实方法也会导致含义上的差异。他认为，比方说，长度陈述具有一种不同的意义，这依赖于它们是通过使用一把卷尺建立起来的，还是通过天文学的计算建立起来的（*RFM* 146—147；*BT* 80v）。或者还有，一个关于死亡时间的命题的含义有一部分依赖于确定死亡时间的那些方法（MS 122，113v—114r）。这个进一步的断言在如下情况中当然就非常有说服力，即不同的方法会引入不同的标准，而不同的标准会导致在同样的情况中产生不同的结果。因此，有赖于一个死亡诊断是基于心跳停止还是大脑活动中断，这个病人死于下午 5 点 30 分这个命题实际上可能具有不同的含义。

不过，这条推理线索是否在任何时候都能被应用到数学上，这是可疑的，在数学中，不同且不一致的定义几乎不会被容忍。因此，对素数之无限的不同证明肯定不会包含对一个素数的不同且不一致的定义。

实际上，即便是关涉到一个数学命题在数学内部的地位，维特根斯坦后来的一些评论也表明：不同的证明不需要被看成是赋予了那个命题以不同的含义。现在的看法是：一个证明自身无论如何是**不足以**赋予一个数学命题以含义的。毋宁说，它的含义依赖于规则

180

和技术的一整个系统，只不过这些规则和技术中的某些在证明中被
弄清楚罢了：

> 一个命题的证明当然不会提及（当然不会描述）站在这个
> 命题背后并赋予其以意义的那一整个计算系统。

（*RFM* 313d；参 367d）

一个证明把一个命题置于我们的数学系统中；可能存在不同的证明，
这就是说，存在达到同样的命题的不同方法。然而，那个命题的意
义还是它在这个系统中的位置，而不是它达到那个位置的那个途径：

> 对［有无限多素数］这个命题的证明把这个命题置于整个
> 计算系统之中。而它在其中的位置现在就能用不止一种方式来
> 描述，因为（当然了）在其背景里的那整个复杂系统是被预设
> 了的。

（*RFM* 313b）

尽管如此，一个证明可以被说成是**决定**了一个命题的意义，因为它
决定了它在系统中的位置。此外，每一个新的证明都通过增加新的
概念联系到我们的数学系统中丰富了我们的数学系统。因此，还是
可以坚持认为：针对已经建立起来的定理，通过寻找一个新的（第
二种或者第三种）证明，我们增加了它的含义，或者无论如何增加
了我们对它的理解。［当一个非构造性证明被发现之后又发现一个构
造性证明的时候，这是极为可信的（*RFM* 282d；308b）。］

　　总而言之，维特根斯坦的深思熟虑的看法并没有让他犯（P3）
的错：总的来说，他不会坚持认为同一个数学命题不能有一个以上

的证明。

10.3　一个数学命题的证明和它的应用之间的
关系是什么？

　　数学命题是由它们的证明赋予意义的，维特根斯坦 1929 年的这个看法正好可以被看成是一个全面的证实主义的一个特例，该证实主义立场是一个命题的含义就在于它的证实方法（*PR* 200；Frascolla 1994，58—63）。然而，正如之前注意到的那样，在经验领域和数学领域之间存在一个关键的差异。在前者中，我们原则上可以知道一种证实（或者证伪）的方法，而无需在一个既定的例子中当真能够应用它。比方说，我们可以描述一种证据（该证据能解决一个既定的历史假设），而可以不用（正如会发生的那样）获得这样的证据。与此相反，在数学中，一旦我们**知道**一种证实方法，我们就能应用它，因为数学证实方法并不依赖于偶然的意外事件（除了像笔和纸的可获得性这种琐碎的要求）。对什么东西会证实一个数学命题的一个详细的**描述**就已经等于对它的证实了："在那个数学证明被发现之前，它不可能被描述。"（*BT* 631）因此，在数学中，为了满足**可证实性**的证实主义需求，我们必须已经处在能提供一个实际的**证实**的位置上了。[1]

　　然而，在 20 世纪 30 年代，维特根斯坦意识到证实方法只是一个命题之含义的一个面相，而更有甚者：并非所有有意义的陈述

---

　　[1]　正如之前解释过的那样（在 4.2），导致维特根斯坦在 1929 年有如下主张的另一个考量是他在《逻辑哲学论》中对完全分析性的看法（*TLP* 3.25），即一个数学命题的含义是由它的证明明确说明的。如果我们想到一个普通的算术等式，比方说，"*25×25=625*"，那对它的完全分析就**是**对它的证实（参 *PR* 179）。

性话语都是可证实的。这一发展与维特根斯坦语言观从《逻辑哲学论》中的演算模式到他后期哲学的语言游戏观的根本性转变相一致（Baker & Hacker 1980，89—98；Glock 1996，67—72；Schroeder 2013，155—159）。在《逻辑哲学论》中，维特根斯坦给出了语言的一幅数学图画：将语言呈现为一种演算。语言的本质、命题的一般形式是由一个简单的公式给出的（*TLP* 6）。就像一种演算一样，语言被认为是由句法规则制约的：（i）针对名称的合法组合的构成规则，为的是形成基本命题；（ii）针对基本命题的合法组合的构成规则，为的是制造复杂命题；以及最后（iii）真值表规则，它使我们识别出逻辑真理及其蕴涵。在 1930 年，维特根斯坦还是主张"语言是一种演算"（*LL* 117），但在接下来的几年中，他逐渐抛弃了这种演算模式。他慢慢意识到语言在以下几个方面不同于一种逻辑演算：

182

（i）语言能力（不像掌握一种逻辑的或者数学的演算）并不基于规则习得（参 *PI* §54；Schroeder 2013，157—162）。而这对维特根斯坦来说是一个很重要的观点，因为他认为下面这种倾向是一个典型的哲学家的错误，即以一种已经预设了语言能力的方式来描述我们的语言习得，就好像学习一门外语一样（*PI* §32）——或者实际上就像学习一种数学演算那样。因此，他强调：在那些基本的阶段上，语言传授不可能是解释（更不用说是给出规则了）而只能是训练和演习（*Abrichtung*）（*PI* §6）。[1] 而即便是在后来的那些阶段上，语言在很大程度上也是通过收集足够数量的正确使用的例子来习得的，而不是通过规则或明确的解释习得的。"人们通过观察其他人怎么玩这个游

---

[1] 参 MS 179，7v："遵守一条规则预设了一门语言。"（*Einer Regel folgen setzt eine Sprache voraus.*）

戏来学会这个游戏。"（*PI* §54）尽管一种演算这个基本观念就在于：每一个转换都是根据明确说明的规则进行的，但自然语言早在语言学家以语法规则的形式对那种用法进行总结性描述之前就已经被使用了（*BT* 196，*PI* §54）。因此，维特根斯坦在 20 世纪 30 年代早期承认：语言从字面上来说并不是一种演算，它只能和一种演算**相比较**（*BT* 196，*BB* 25，*PI* §81，§131）。[1]

（ii）维特根斯坦注意到，和运算一种演算不一样，对语言的使用并非处处都受到规则的制约（*PI* §84）：总是存在模糊性（*PI* §88）和不确定性（*PI* §80）。大多数语词的含义并不是由定义而是由例子给出的，甚至都不可能回溯性地找到一个定义，因为概念也能够基于一个不规则的"家族相似"网络（*PI* §66）。

（iii）最重要的是，维特根斯坦强调：说一门语言不只是说出或者操纵一些符号，我们对语言的使用本质上是嵌入在我们的生活之中的，和各种各样的非语言行为交织在一起的。针对和其他各种行为［比方说，顾客和店主间的那种语言的和非语言的交流（*PI* §1）］联系在一起的这一整套的符号之说出，维特根斯坦引入了"语言游戏"这个术语（*PI* §7）。尽管演算可能会是从一种语言表达转换成另一种语言表达的一个合适的模型或者比较对象——比方说，当一个推理被得出的时候——但是，语言游戏的概念却强调了语言表露和其他人类行为之间的联系——比方说，当一条命令被执行的时候的行为。这就是后期维特根斯坦对语言的人类学视角：为了彻底理解语言现象，研

183

---

[1] 请注意，维特根斯坦并未因此就收回他的如下关键看法，即语言本质上是规范性的。只是他开始意识到：语言规范（正确使用和不正确使用之间的区别）在很大程度上是通过零碎的例证和模仿获得的，而不是通过学习规则（即概括口头指令）获得的（见 Schroeder 2017b，258—260）。

究语词和句子之间的关系是不够的；相反，我们需要把语言表露看成是人类行为并且把语词和句子当成是针对这样的行为的工具（*PI* §569）。一个语词的含义就是它的用法（*PI* §43），一个句子就是一种工具，而它的意义就是它的应用（*PI* §421）。

维特根斯坦早前的证实主义主张并没有被抛弃，而只是被限制在语言的**某些**使用之上，并且被整合进他对语言的更宽泛的人类学观点之中。经验断言要被理解为屈从于证实或者否证，这的确是给出经验断言的语言游戏的一个基本特征，即我们知道它们的真假会如何影响我们的经验。但那样的话，当然还存在其他一些语言游戏——比方说，对人们的偏爱的表达、诗歌，或者在宗教仪式中——这些语言游戏缺乏这样的一种证实主义的因素。

在维特根斯坦的数学思想中，我们也发现了类似的发展。在大约 1930 年左右的一个证实主义阶段（将证明呈现为数学含义的来源）之后，后期维特根斯坦更加强调用法。在 1942 年 10 月 28 日，他强调：为了让一种演算及其论证有资格被当成是数学，它们必须有一个用法：

> 我想说：那些数学符号也能**穿着便装**被运用，这对数学来说是基本的。
>
> 正是数学之外的用法，因此是这些符号的**含义**，让这种符号游戏（sign-game）变成数学的。
>
> （*RFM* 257de）

不过他还是坚持演算观以及下面这个必然结果：一个定理的含义来源于证明。仅仅在两个星期以后，他在 1942 年 11 月 15 日写道：

　　在某种意义上，诉诸数学中的那些符号的含义是不可能的，只是因为赋予那些符号以含义的只是数学。

（*RFM* 274d）

还有（在 1944 年 2 月）：

　　找到一个定理的数学上的判定，这个问题有理由被称为把数学意义赋予一个公式的问题。

（*RFM* 296b）

维特根斯坦并非没有意识到这两种关键看法之间的张力。他勉强承认他旧的证实主义口号（证明决定含义）需要加以限制。这里面有真，但也有假 [*RFM* 367d（16.6.41）]："证明似乎并没有决定被证明的那个命题的意义；然而，它似乎又决定了它的意义"（*RFM* 312g）。

　　毫无疑问，证明是数学含义的**一个**来源。有人只基于权威就相信"*563＋437＝1000*"这个命题（他不能自己算出这个命题），他不能被认为对这个命题有一个**完全的**理解，而会论证 *563＋437* 等于 *1000* 的人至少因此就展现出了对这个命题的某种理解（*RFM* 295—296）。显然，即便可能存在对数学猜想的某种理解，但是，一旦我们被给予了一个证明——比方说，对费马定理的证明——那我们就比以前更理解它了（MS 127，161）。

　　因此，证明是对含义的一种决定，但并不是唯一的决定。毕竟，"人们可以完全知道一个证明并且一步步地跟着这个证明，但与此同时还是**不理解**有什么东西被证明了"（*RFM* 282f）。这有一部分是因为一个证明只是一个复杂而且开放的"在那个命题后面并且赋予其

184

以含义的计算系统"的一个例证，而不用在那个证明中被明确表达出来（*RFM* 313d）。不过，即便有人已经掌握了证明定理的一整个系统——比方说，罗素的《数学原理》中的那些定理——还是可以只机械地计算（不理解那些符号的含义），因此并没有完全掌握被证明的那些命题（*RFM* 257—258）。

此外，数学命题的应用和它们的证明是可分开的，正如下面这个思想实验所阐明的那样：

> 想象计算机器出现在自然界，但人们无法穿透它们的外壳。而现在假设这些人使用这些设备，就像我们使用计算机器一样，虽然他们对这些设备一无所知。因此，比方说，他们在这些计算机器的帮助下做出预言，但对他们来说，操纵这些奇怪的设备是做实验。
>
> （*RFM* 258ef）

这些人和我们一样把算术等式用作准语法命题，尽管他们计算不出那些算术等式，而是**发现**它们的。（这也许和一些对数学一窍不通的学龄儿童用计算器得出结果的那种方式没有太大区别。）在这种情况下，我们可以假定：**存在**针对被讨论的这些命题的一些证明，即使人们无法接触到它们，它们也无法为人们发挥作用。但是，正如维特根斯坦在 1944 年写下的那样，"人们也可以应用一个未经证明的数学命题；甚至一个错误的数学命题"（*RFM* 435f）。

185　　　因此，我们必须承认数学含义有**两种**来源或者面相：证明和应用。维特根斯坦有时也认为这二者可以结合起来：证明（或者至少是对一个证明的一种恰当的理解）会包含对一个定理的可应用性的理解：

证明（就像应用）处在那个命题的背景之中。证明和应用是联系在一起的。

（*RFM* 304e）

如果一个命题在应用中显得不合适，那证明肯定必须要向我表明为什么不合适以及**必须**怎样才合适；这就是说，我必须怎样把它与经验相协调。

因此，证明是针对规则之运用的一幅蓝图。

证明如何为规则辩护？——证明表明规则是怎样被使用的，因此也表明规则为何能被使用。

（*RFM* 305cde）

证明表明人们如何顺利地按照规则前进。

（*RFM* 306g）

对一个定理的证明会以何种方式指导该定理的可应用性，或者干脆就是该定理的可应用性的一个证明？

正如之前讨论过的那样，证明说清楚了数学概念的定义的逻辑蕴含。在某些情况下，人们可以说：一个数学命题首先是未定的（underdetermined），而证明提供了一个进一步的决定：以这种而非另一种方式发展这个概念。这就是维特根斯坦的数学证明作为概念转变的看法，这个看法我们发现在某些情况下可能是正确的，但在其他情况下则不正确。尽管如此，不管在哪种情况下，一个证明可以说是引出了某些数学概念的含意。问题只是：是否所有相关概念一直都被明确地定义了，或者，其中一些概念是否只是由证明本身含蓄地加以锐化的。换句话说，举一个形如下面这样的一个证明：

265

（P4）由概念 Φ 和 X 可得：是 φ 和 χ 的东西也必定是 ψ，

按照维特根斯坦的模式，这个结论蕴含了对最初的 Φ 和 X 概念的一个定义上的增加。因此，这个证明的一个更加明确的图式是：

（P5）由概念 Φ 和 X，二者**被理解为要被定义为具有特征 Ω**，可得：是 φ 和 χ 的东西也必定是 ψ。

186   如果这就是一个数学命题的一个恰当的概念，那一个定理的可应用性就只能依赖于它的概念的可应用性（正如在证明中被理解和解释的那样）。请再次考虑维特根斯坦的重叠加法的例子（*RFM* I §38：52）。*8 † 8 = 15* 的一个证明肯定向我们表明了"必须怎样才合适"——通过澄清"†"这个运算符号的含义。这就是说，**如果**我们找到了应用这个符号的场合，那这个证明就会说服我们：应用"*8 † 8 = 15*"这个定理必定是可能的。但是，当然了，无法保证能找到任何有用的应用。一个数学证明（尤其是在一个较高的层次上）肯定不会把我们引向对其结果的一个**经验上的**应用。

正如之前已经注意到的那样，期望每件数学作品、每一个定理在数学之外都找到一种应用，这是不现实的。维特根斯坦也没有提出这样的一个要求。他倾向于坚持的全部就是：**数学符号**或者概念也被用在数学之外（*RFM* 257e）。但即便这样，也未必在所有情况下都是如此。比方说，（欧几里得）已经证明了：对于每一个梅森素数 m（$=2^p-1$，p 本身也是一个素数）都存在一个完全数 P（即一个其真因子之和等于这个数的数），也就是说：$P=2^{p-1}(2^p-1)$。为了让它成为一个得体的数学定理，一个梅森数和一个完全数的概念（或者它们的符号）显然不需要在数学之外找到一种应用。即便是（在我们对一个数学证明的图式中的）那个基本概念 *Φ* 和 *X*——比方说，自然数的概念和算术运算的概念——有一种穿着便装的应用，这对所有能够以 *Φ* 和 *X* 形式定义的更抽象概念（比方说，梅森素数），以及这些概念在定理中的出现而言，也并不需要为真。

总而言之，坚持如下看法听起来是可信的，即我们的数学实践从概念上和经验语言联系在一起，这对我们的数学实践来说是根本性的，但这几乎不可能是针对每一个独立的数学命题或者概念的要求。我们的数学概念和定理中的哪一个能找到一个经验应用，这肯定不能从一个证明中读取出来。

尽管如此，把证明和应用合在一起，这仍然是可能的，如果我们从一开始就采用一个足够宽泛的使用概念的话。

> 对这些符号的使用必须要决定［一个命题的意义］；但是，我们把什么东西算作是使用呢？
>
> （*RFM* 366e—367a）

某种语言表达或者句子被使用的那种方式，维特根斯坦也称之为一个语言游戏（*PI* §23），不过，一个语言游戏不但包含**导致**某种表露之形成的那东西，而且还包含从中**得出**的东西。因此，一个科学命题的使用或者语言游戏，既包含它从反复实验、假设和证实中被推导出来的那种方式，也包含它后来被使用（比方说，在工程学中）的那种方式。同理，数学的语言游戏也包含证明和（只要是有可能的）应用。

当维特根斯坦从 20 世纪 30 年代的证实主义阶段转变到含义作为使用的概念的时候，一个命题的意义是由它的证明赋予的，这个看法并没有被斥为错误的，而是被限制为：只是一个部分的答案。

187

维特根斯坦坚持如下看法，即对一个命题能怎样被证实的解释"是对这个命题的语法的一个贡献"（*PI* §353）；问题只是这不是一个完全的说明。含义就是用法，或者一个语言表达在一个语言游戏中所扮演的角色，而在经验命题的情况中这就**包含**证实方法。同样，在数学哲学中，维特根斯坦从一个数学命题的意义是由它的证明决定的这个看法转到一个更全面的说明，即含义作为用法，而用法既包括证明也包括应用。

最后，我们需要重新考虑一开始在第 6 章中提出的数学的预测上的有用性这个问题。

一方面，维特根斯坦坚持认为：数学只呈现描述的一个框架（*RFM* 356f），它并不告诉我们**关于未来**的什么东西。如果我先在桌子上放 5 个苹果，然后再放另外 7 个，算术并不会告诉我**后来**数总数会得出什么——这取决于苹果的物理属性（*PLP* 51—52）；它只能提供对我在桌子上放**了**多少苹果的一个再描述，即"5 和 7"也能被称为"12"。

另一方面，我们确实用数学来**预测**情况会是怎样的（*RFM* 232b，356a），比方说，为了覆盖某个表面区域需要多少块瓷砖。数学的不可否认的预测上的有用性难道不是和语法观是不兼容的吗（MS 163，62r）？

要谨记的要点是下面这个，即数学的每一个**应用**都会导致有关一次计数或者一次测量之结果的一个**经验**断言。数学变形本身是先天的，但因为它得出了具有不同应用标准的一个表达式，它就对应于（对）一个不同的经验观察（的预测）。如果你有 25 包每包 25 个的坚果，那你就一共**有** 625 个坚果，这是分析的；但是你**数** 625 个坚果却是经验的。经验的（预测的）因素不仅仅在关系到**未来**观察的时候出现，而是在计数或者测量的同时就已经出现了。

在 $_N+$ 英语中，"我有 625 个坚果"只是对"我有 25 倍的 25 个坚果"的一个转释，但在 $_N$ 英语中（这是我们只用来描述我们数数的那种英语——当我们尚未做一个计算或者当我们数数来核实一个计算的时候，我们会暂时转到这种英语），我们的预测也会被发现为真，这是一个明显不同的断言。

最后，预测就等于是：我们的数学概念会继续契合我们日常的观察概念。比方说，加法的算术运算对应于把一个对象加到另一个对象上去的物理操作，我们的自然数的数学概念对应于体现在递归计数中的数的概念。

人们可能会倾向于反驳说："但可以肯定的是，即使对象放在一起或者重数时消失了，有 25 倍的 25 个坚果，那我**实际上**就有 625 个坚果，这依然是真的。"这当然是真的，但是，我们这么说的时候使用的是 $_N+$ 英语，这种英语的经验上的可应用性并不是由数学来保证的。下面这点是可想象的，即（回转到 $_N$ 英语）这种情况下，我数 25 倍的 25 个，但不是 625（*RFM* 358f）。也许当我数三位数时总是弄混了。预测的因素在于如下假设，即 $_N+$ 英语的概念契合我们数对象个数的经验（并且一直会契合）。

用数学真理的三个明显的来源（这在上面第 9 章中考虑过）的方式来说，情况可以被描述为下面这样：我们得这样来选取我们的概念**约定**，以至于引出（或者有时是扩展）它们在计算或者**证明**中的含意，它们的应用会**从经验上**被发现为真。

188

11　不一致性

希尔伯特的证明理论。 20 世纪头十年讨论数学基础的主要参与者之一就是大卫·希尔伯特以及他的证明理论计划 (programme of proof theory)（也被称为形式主义）。和罗素一样，希尔伯特操心的是要证明数学是完全可靠的，这种操心部分受到集合悖论的刺激（集合悖论曾经打乱了弗雷格的基础主义方案），也受到了如下担心的刺激，即我们熟悉的逻辑（和排中律）被应用到无限总体之际会遇到麻烦，正如在（以无理数形式进行）分析时被援引并在康托尔的超限数（transfinite numbers）理论中被进一步发展的那样。和直觉主义者不一样，希尔伯特不愿意满足于一个改良过的数学体系，修剪掉与无限总体的自由接触。他著名的宣言是："没有人能把我们从康托尔为我们创造的天堂中赶出去。"（Hilbert 1925，141）针对逻辑主义者的方案，他反驳说：逻辑主义的某些公理令人难以置信地任意，而且无论如何，数学的终极主题都是先于逻辑运算之应用的：

在表征（*Vorstellung*）中某种东西必定已经被给出了：某些

超逻辑的（extra-logical）离散对象，它们作为直接经验直观地
存在于一切思想之前。

（Hilbert 1922，202）

因此，希尔伯特在 20 世纪 20 年代提出的"一劳永逸地建立起数学
方法的确定性"（1925，135）是像下面这样。首先，算术要被形式
化：被重构为一个公理体系。为此，希尔伯特满怀赞许地借鉴了弗
雷格和罗素的成就，但和这些逻辑主义者不一样，他并不打算制造
一种完全基于二阶逻辑和集合论的演算。毋宁说，逻辑公理和真正
的数学公理在数字符号（最初是划道记号）和算术运算符号这两方
面要结合起来（Mancosu 1998，129）。为了覆盖所有的经典数学，
希尔伯特的公理体系也要包含对"理想元素"（可以和在射影几何中
平行线据说在无穷远处相交的那个点相比较）的推定，比方说超穷
基数（transfinite cardinal numbers）。不过，这种带有理想元素的丰富
了的公理系统应该以工具主义或游戏形式主义（game-formalist）的
方式来看待（Mancosu 1998，136）。尽管它根植于（我们对很小的
自然数的直觉）经验，而且它的结果会再次被应用在经验世界（在
贸易、工程或者物理学之中），但演算内部的单个表达式不需要被理
解为要指称任何东西：

190

> 做出下面这样一个普遍的要求一点儿也不合理，即每一
> 个单独的公式都可以由自身来解释；相反，一个理论就其本质
> 而言就是这样的，以至于我们不需要在某些争论中回落到直
> 觉之上。物理学家对一个理论所要求的就是：命题要从规律
> 得出……完全通过推理得出，因此基于一个纯粹的公式游戏而
> 没有无关的考虑。只有物理规律的某些结果才能用实验来检

验——就像在我的证明理论中只有真正的命题才能直接得到证实一样。

（Hilbert 1928，475）

但那样的话，作为不是通过试错而被经验地检测的数学结果（不像物理理论），这种带有"理想元素"的演算的合法性是什么？希尔伯特的回答是：一个一致性证明——为了避免循环，这个证明不使用任何非有限（non-finitary）方法（如在无穷域中的归纳）。他的计划的第二部分被称为元数学。它应该被理解为关于那个公理体系，即严格意义上的数学（mathematics proper）的二阶理论。虽然那个公理体系只包含"纯粹形式化的推理模式"，而在元数学中"我们应用内容推理"，但是，内容只是我们的公理体系的一些记号，是符号的有限组合罢了。

维特根斯坦 1930 年读过希尔伯特，他首先反对的就是希尔伯特的作为一种理论（该理论关乎严格意义上的数学）的元数学观念。毋宁说，"元数学"和普通数学的关系就像"象棋的理论"和象棋的关系。然而：

> 我们知晓为"象棋的理论"的那东西并不是描述什么东西的一个理论，它是一种几何。它反过来当然就是一种演算而不是一个理论。

（*WVC* 133）

在否认这样的元话语的理论地位之际，维特根斯坦关心的是什么？一个**理论**在此被理解为：对一个独立存在的主题的一个系统描述，然而，**演算**中的那些公式是正确的并不是因为它们正确地描述了什么东西，而只是因为它们是根据规则得出来的（*WVC* 141）。下面这一点对维特根斯坦的总体看法而言当然是基本的，即数学不应该被当成是一个理论（比方说，描述了某种柏拉图式的对象），而应该被当成是具有经验应用的一个演算网络。而希尔伯特的元数学对维特根斯坦来说只是另一种这样的数学演算罢了（*WVC* 121）。这是因为正确性的那个标准并不是一个正确观察的标准，而只是对规则的应用。与此类似，如果"象棋的理论"认为某个终局位置无法获胜，这并不是基于对实际游戏的经验研究，而是通过思考被应用到那个位置之际的那种象棋规则直截了当地表明的。再者，代数不是对算术进行观察的一个概括理论，而是基于算术规则的另一种演算，这些算术规则不仅被应用到数上去，也被应用到变量上去（*WVC*136）。同样，希尔伯特的元数学是一种更高级的数学演算，而不是**关于**数学的一种准经验（quasi-empirical）理论（参 Mühlhölzer2012）。[1]

右上角页码：191

　　更重要的是，维特根斯坦坚持认为没必要寻找一个一致性证明。他在 1930 年挑衅地评论道：

> 　　我一直在读希尔伯特论一致性的一本书。让我印象深刻的是：这整个问题都提错了。我想要问：数学当真**能**是不一致的吗？
>
> 　　　　　　　　　　　　　　　　　　　　　　　（*WVC* 119）

---

[1]　西蒙·弗里德里希（Simon Friederich 2011）认为：在希尔伯特和维特根斯坦的明显的差异之下存在一个基本的一致，即希尔伯特的公理化方法也是对数学的一种非描述、规范性的说明。

他的意思是：一个演算如何能被说成是不一致的，这并不清楚。

在维特根斯坦看来，这样的一种演算只有在有自相矛盾的规则之际才会是不一致的，比如在某种情况下，我们被告知要做某事并且也被告知不要做某事。那时我们就被阻碍了：我们就是不知道要干什么。不过，这样的一个问题很容易就能被解决。我们只需对互相冲突的规则之一进行限制即可，由此允许与另一条规则相一致的一个例外（*WVC* 120）。

希尔伯特心中所想的是某种不同的东西。这是两个断言之间的矛盾。维特根斯坦在 1930 年似乎倾向于把它当成严格来说不是数学内部的一个问题，而是只出现在"散文"中的一个问题（*WVC* 120），而且可以通过更加仔细地分析在这个演算中实际上发生了什么来避免（*WVC* 122）。但是，后来他逐渐强调：为了让一个演算成为数学，它必须要不仅仅只是一个演算：它的概念要有经验上的应用："正是数学之外的用法……让这种符号游戏变成数学的。"[*RFM* 257e（1942）] 因此，数字符号被用来计数和量化对象，这对算术来说是基本的。尽管在一个未经解释的演算中，"*p . ~p*"这种组合可能会被我们心安理得地忽略，但在算术中得出自相矛盾的等式则是一件不同的事情。因为，像"*7+5=12*"这样的一个等式，我们确实把它当成是像一个语法命题的某种东西，而我们不能轻巧地把它和对它的否定一起坚持。

正如之前讨论过的那样，维特根斯坦的确倾向于把算术等式当成是类似于语法规则。但这样的话，它们就不仅仅是一个演算（定义一个写出符号的游戏）中的规则，而是关于怎样处理数量的规则，当这些规则被应用在一个既定情况中的时候就有经验命题从中得出。比方说，先放 7 个苹果在一个篮子里，然后再放 5 个，就可以得出：12 个苹果被放在那个篮子里了。因此，在一个既定的情形中，算术指导我们做出一个经验断言，比方说："12 个苹果被放在那个篮子里了。"如果我们也可以得出"7+5=15"这个等式，那我们就会被导向一个矛盾的经验陈述："15 个苹果被放在那个篮子里了。"我们就会在经验断言之间有一种不一致性。

因此，考虑到维特根斯坦把算术的地位说明为和经验话语从根本上来说是联系在一起的，那他就不能像 1930 年那样轻易地说下面这话来驳斥对一致性的关注，即演算不做断言，因此就不可能是不一致的。

在维特根斯坦 1939 年的讲演和他 1940 年的手稿评论中，他对希尔伯特以及其他人的如下担心还是同样地轻蔑，即要确保数学不包含任何隐藏的不一致性，但是他的论证发展了。他的挑衅性立场是：矛盾是无害的。当矛盾出现的时候，我们可以忽略它们或者修正它们。不存在像一个"隐藏的矛盾"这种东西，因为只要一个矛盾还没有出现而且我们不知道怎样得出它，那它就不存在（*LFM* 209—229，*RFM* 202—221）。

他的立场可以被分解为四个断言：

（i）不一致性是由于我们在对规则进行规约之际的粗心大意（*LFM* 213，221—222；*RFM* 202—204；*BT* 549）。比方说，一个国家的成文法可能会规定副总统在节庆日要坐在总统的边上，但最后我们发现这些规则中存在一个不一致，那样的话，在某些情形下我们就不能全都遵守它们（*LFM* 210）。在算术中，假设我们不注意二阶幂运算的范围就引入了二阶幂运算（*LFM* 218）。我们只是写下，比方说：2^{3^2}。有时我们计算 $(2^3)^2=8^2=64$，但有时我们像这样算：$2^{(3^2)}=2^9=572$。换句话说，我们没有意识到执行这两个运算的顺序会造成差异，于是我们在我们记号中略去对那个顺序的标示。其结果就是一个模糊的符号。

193　　（ii）最终当这些不一致性暴露在阳光下的时候，这个问题也很容易被解决：通过引入一条新的规则或者限制互相冲突的那些规则中的一条规则。"当一个矛盾出现的时候，那时就有消除它的时间。"（*LFM* 210）因为这只是一个地方性问题，而不会影响到对这个演算的其他更直接的使用。因此，在弗雷格的逻辑中发现的那个矛盾不会让任何（那个算法可以被用来证明的）有效论证无效（*LFM* 227；Marion & Okada 2013，70）。

　　（iii）一位逻辑学家担心的是：从一个不一致性（例如两个相反的结果）中，人们能得出一个彻底的（形如"$p.\sim p$"的）矛盾，而这反过来意味着，在形式逻辑中人们能从中得出任何东西：所谓的爆炸原理 [*ex contradictione (sequitur) quodlibet*]。维特根斯坦对这个担心的回答是："那好吧，那就不要从一个矛盾中得出任何结论。"（*LFM* 220）

　　换句话说，维特根斯坦提醒我们注意一个重要的区别。有可能从一个演算中得出一个矛盾，并从这个矛盾中得出别的随便什么东西，这个事实并不意味着：这种事情**不经意地**发生是可能的。即便根据规则有可能从中得出各种胡说八道，我们也不愿意这么干，因此，由于这不是人们做了但不会被发现的那种事情，我们就不会这么干。因此，不一致性甚至都不应该是可能的，这个数学要求与其说有任何实践上的重要性，还不如说是纯粹主义的一种形式（*RFM* 371—372）。

　　（iv）像希尔伯特这样的数学家担心的是可能的隐藏矛盾。虽然算术看起来是一种前后一致的演算，但我们怎么确定未来不会出现不一致性呢？难道我们不需要用对不一致性的一个形式化证明来把它排除在外吗？——不需要，维特根斯坦回答道，一个"隐藏的不一致性"这个观念本身就是误导人的。我们还没有意识到的可能性还不是我们的演算的一部分。在数学中，你甚至都不可能去寻找某种东西，如果你连怎样寻找都不知道的话。

维特根斯坦在他的 1939 年讲演中把他关于不一致性的看法呈现给那些学生，其中之一就是艾伦·图灵（Alan Turing），他并没有被说服。他提出了对维特根斯坦的看法的两个批评性回应：

首先，对（iii）的回应是，即使在一个矛盾从未被弄清楚的地方，我们也能感觉到爆炸原理：人们可以"得出任何人们喜欢的结论而不用实际上贯穿那个矛盾"（*LFM* 220）。即便"*p*"和"~*p*"从未出现在一条线上，那也可以得出任何结论"*q*"。所以，即便我们小心翼翼地从不使用形如"*p* . ~*p*"的一个前提，那种破坏也会发生。这个反驳再次且更加强调地被查尔斯·S. 千原（Charles S. Chihara）给出，他尖刻地怀疑"维特根斯坦没有理解这一点"（Chihara 1977，330）。

其次，对（iv）的回应是，图灵极力主张那种破坏可以是十分严重的，他认为对包含一个隐藏矛盾的一个演算的使用可能会导致工程事故，比方说一座桥会坍塌（*LFM* 218）。

194

论图灵的第一个反驳：

（1）为了得出任意的结论，"*p*"和"~*p*"不必以一个合取出现，这是真的，但它们都要以一种十分明显的方式作为前提出现。换句话说，尽管爆炸原理不需要从"*p* . ~*p*"中推出，但它确实需要从"*p*"和"~*p*"中推出，而这并不是我们可以轻易忽视的某种东西（Shanker 1987，242—243）。我们为自己制定如下目标，即不从一个公式和它的反面推导出任何东西，这肯定不是不合理的或者不现实的。无论如何，最后这样做 [1] 预示的要么是粗心大意，要么是混乱，这就是说，对我们的演算和程序不熟悉，而这是令人讨厌的。

当千原思考维特根斯坦对图灵的观点的回应之际，他引用维特根斯坦说的话："唯一的要点就是：怎样避免**贯穿**那个矛盾而不自知。"（*LFM* 227）如果这话有任何意思，恰恰也是和千原的轻蔑的怀疑完全相反的东西。因为维特根斯坦在这里承认有可能意识不到一个矛盾，想来是因为它能够被分裂开，它的两部分"p"和"$\sim p$"出现在不同的线索中。因此，谈到爆炸原理，我们唯一——而且这是十分琐碎的——要担心的就是必须要足够注意我们的演算，不可忽视如下情况，即一个公式和它的反面同时作为前提出现。

实际上，不管怎么说，这种"爆炸"十分显眼且很容易就被认出，这是很清楚的，因为它包含写下一个完全**任意的**公式这一独特步骤。没有哪位哪怕只是中等清醒的逻辑学家注意不到：在某个时刻他写下**不管怎样只要他喜欢的公式**（比方说，通过析取引入规则得来的），然后（最终）还把这个任意选取的公式当成一个结论。

（2）对爆炸原理的关注无论如何都是维特根斯坦称之为"逻辑对数学的'灾难性入侵'"的一个例证（*RFM* 281f）。在算术中不存在这样的规则。因此，要是我们在算术中发现一处不一致性，我们不会被授权在我们的算术演算内部从该不一致性中得出我们喜欢的任何东西。再举我们之前的那个模糊的幂运算的例子，如果针对 2^{3^2} 我们得出了不同的结果，于是我们写下这个矛盾式："*64＝572* 且 *64≠572*"，没有数学规则会允许我们继续写下："因此，$2 \times 2 = 500001$"。正如维特根斯坦注意到的那样："我们不应该把这

个称为'乘法运算'"（*LFM* 218）。在这种情况下，形式逻辑并没有做它应该做的事情，即对数学中的理性程序给出一个形式化的且更准确的说明。毋宁说，它引入了一条十足怪异的推理规则，这条规则没有哪位明智的数学家会在任何时候倾向于去使用一下。当遭遇到一个不一致性的时候——比方说，计算出某个值 *x*=*180*，而片刻之前我们发现 *x*=*181*——只有一个疯子才会从中得出"因此 *2*×*2*=*500001*"。

195

图灵并没有在数学和逻辑之间做出区分。他谈到"这样一种情况，在这种情况中你有一个逻辑体系、一个计算体系，而你使用这个体系来建造桥梁"（*LFM* 212）。千原以同样的方式谈到工程师和科学家们使用一个"逻辑体系"（Chihara 1977，334—335）。事实上，他们并没有这样的一个体系。工程师们应用的是数学而不是形式逻辑。数学和逻辑之间存在一个至关重要的差异。数学是我们的语言的一个扩展，给予我们的新的概念和运算来处理数量和形状。它需要在日常语言之上被学习和应用。与此相反，形式逻辑并不是日常语言的一个扩展，只是对日常语言的某些特征（它的内在逻辑）的一个重构或者模型化。形式逻辑旨在对我们在日常语言或数学中不管以何种方式进行的推理形式给出一个齐整的、人为地准确的再描述或者分析。和数学不一样，形式逻辑并没有实质上丰富我们的概念库。这就是为什么它（和数学不一样）并不在学校里被教授的原因。它没有实际的应用。为了解答一个二次方程，你首先要学习一种新的方法或者公式。为了合乎逻辑地进行推理，你不需要参加逻辑课程：这些课程只会教给你针对推理形式的一些标签，而这些推理形式你一直都非常熟悉。

但是，一旦我们提醒自己：工程师们并不应用形式逻辑的演算，下面这一点就会变得十分清楚，即逻辑学家对矛盾"*p*．~*p*"会引发爆炸原理的担心就是相当不现实的。工程师们使用的那些数学演算可能会导致不一致的结果，但工程师们很可能不会得出一个命题和该命题的否定。而即便是他们这么做了，他们也不会把一条**形式**逻辑规则（比方说，爆炸原理）应用于其上。

（3）无论如何，千原的如下看法都是相当错误的，即阻止从"*p . ~p*"中进行推理是维特根斯坦回应不一致性的关键看法。这只是作为一种可能性而被呈现，因为维特根斯坦完全意识到不一致性会让我们以其他方式感觉到它们。如果事情因为我们从一个矛盾中进行推理而出错，维特根斯坦建议我们不要这样做就好了。但他还考虑了一些不包含一个形式矛盾的不一致性。[1] 他反复提到的是除以零的一个例子：从 *4×0 =5×0* 中，你可以得出 *4=5*，如果你允许除以 *0* 的话（*LFM* 221）。因此，任何错误的等式都可以被证明，而在任何时候都不用援引爆炸原理或者甚至制造一种形式上的矛盾。

196　　　维特根斯坦的观点只是：我们确认这种不一致性结果的来源——在这里是除以 *0*，在上面那个例子中一个模糊的二阶幂运算，或者确实从一个矛盾中得出的一些结论——然后消除这些不一致的结果就行了。我们需要充分熟悉我们的演算来理解（在一个既定情况中）一个不一致性能怎样产生，并且随后避免导致这种不一致性的那条路径（*RFM* 209c）。

（4）和日常语言做一个类比是有启发意义的。说谎者悖论能够被理解为表明了下面这一点，即英语这种日常语言在下面这个意义上是不一致的：使用日常的语义规则（尤其是关乎"真"这个词的使用），我们可以构造一个为真的命题当且仅当它为假。假定这个命题必定为真或为假，我们就得出了一个矛盾。这意味着英语是一门

---

[1]　哈利·塔彭登（Harry Tappenden）提醒我注意这一点。

有缺陷的语言而且运用英语作出的论证（比方说，在一种科学研究中）是不可信的吗？当然不是。它意味的全部就是：要避免对真值谓词的某种非常独特的自指用法。我们显然并不是要构造一个说谎者类型的悖论，然后通过爆炸原理从中得出任意的经验断言（*RFM* 376h，*LFM* 213）。

千原义愤于维特根斯坦对说谎者悖论的快速消解，而这个悖论，他抗议道，已经迷惑了"逻辑和哲学中一些最优秀的头脑"（Chihara 1977，335）。他显然没有理解维特根斯坦的要点。维特根斯坦并没有否认：人们完全可以想要找到一种分析来消解这个谜团；只是即便这个谜团不能被解决：如果这个谜团确实在我们的语义规则系统中引出了一种不一致性，那也并没有如下倾向，即感染或者侵蚀对卷进来的其他（且更重要的）概念之使用。维特根斯坦想要我们从一种人类学的视角来看待不一致性（*RFM* 220b；参 *WVC* 201）。我们要明白，**我们**是以我们认为合适的那种方式来**使用**语言，包括数学概念的；语言不会把能被当成是逻辑上可能的所有用法强加给我们，比方说，某些无用的和高度人为的矛盾。

在回到图灵的第二个反驳之前，我们将简要考虑两点，维特根斯坦给出这两点来支持（iv）：他对试图给出一个一致性证明的了无兴趣的冷漠态度。

（1）在维特根斯坦和石里克（Schlick）以及魏斯曼（Waismann）的谈话中（1930），他很重视如下看法，即在数学中，如果我们没有寻找某种东西的系统的方法，那我们就无法有意义地寻找它。因此，据说一个猜想在一个现有的数学演算中没有一个证明或者否证，而只能通过一种扩展了的演算来证明（*PG* 359—363）。出于同样的原因，我们不可能有意义地寻找或者担心一个可能的隐藏矛盾

（*WVC* 120）。这一点在 1939 年讲演中被重述："如果不存在［寻找隐藏矛盾］的技术，那我们就不应该谈论一个隐藏的矛盾。"（*LFM* 210）

197

这并不是一个很强的论证。即便我们同意说下面这话，即对某些革命性数学作品的证明必须要超越现有的演算，这也并没有让这个证明变得有任何不真实或者不受人尊重。同样，对可能的不一致性的担心也可以是令人尊敬的，即便还没有探查出那些不一致性的一种方法。此外，没必要把希尔伯特的如下想法排除在外，即制造一个一致性证明的一种井然的方法；即便哥德尔第二不完备定理（Gödel's Second Incompleteness Theorem）似乎最终让希尔伯特的雄心壮志化为了泡影。

（2）同样的看法的另一个面相是：只在将来才会被发现的一个不一致性实际上并不是我们当前的演算的一部分——它尚不存在。关涉到一个演算（作为一种规范性实践）的那些特征，维特根斯坦遵从存在（*esse*）即被感知（*percipi*）的原则（*RFM* 205fg）。

再次地，我们可以同意维特根斯坦对它的表达：我们不知道的东西不可能是我们的数学实践的一部分。但这并没有让对未来发展的关心变得不合理。一旦导致一个矛盾的一种方法被找到了，它实际上将会不可避免地**成为**我们的演算的一部分，这样认为并非不可置信。在维特根斯坦的讲演中，他给出了监狱的一个类比，这座监狱以这样一种方式被建造，以至于其目的就在于两名囚犯在任何时候都不能见面——

> 我们可以设想那个走廊系统非常复杂——复杂到你注意不到这种情况，即一个囚犯终究还是可以通过一个相当复杂的路线进入另一个囚犯的房间。这样的话，那种设计的意义就丧

失了。

　　眼下，让我们先假设没有任何囚犯曾注意到这种可能性，没有一个人曾那样走过。我们可以想象，无论何时当两条走廊垂直相交的时候，他们总是直接走过，而从没想到转过弯去。假设盖监狱的人自己也从来没想到囚犯们会在相交的拐角处转弯的可能性。因此，这座监狱就运行得完美如金。

　　然后，让我们假设后来有人发现了这种可能，并且教其他犯人在拐角处转弯。我们能不能说，"这座监狱一直有问题"？

（*LFM* 221）

我们当然可以说：在这个发现之前，这座监狱运行得很好。在如下这种意义上，这座监狱没什么毛病：在那些情形下（包括犯人们对转过拐角的后果的无知），犯人们见不到对方。但是，在另外一种意义上，人们也可说，这座监狱建筑一直有问题，即它总是具有这个弱点：一旦有人发现了在拐角处转弯的可能性，这座监狱就不再满足它的目的了。同理，担心一种暂时有效的演算可能会因为一种合法措施（该措施会废除这个演算的目的）的发现而变得不那么有用，这看起来并不是不合理的。维特根斯坦的另外一个例子是游戏的例子，在该游戏中可以发现一个花招，通过这个花招一方总是保证会赢（*RFM* 203c，373cd）。再说一遍，发现这样一个花招的单纯可能性并没有让这个游戏变得不好玩，只要这个花招还没有被发现。但话说回来，这样的一个花招的存在肯定会被当成是这个游戏的一个设计缺陷。因为一旦这个花招被发现且为人所知，那这个游戏就很可能失去它大部分的魅力。

198

　　图灵的第二个反驳让维特根斯坦的挑衅性观点（iv）压力更大。

如果一个不一致性会导致一座桥的坍塌，那寻找一个一致性证明肯定就是十分合理的了。那样的话，维特根斯坦怎么能对尚未被发现的一个不一致性的那种可能性持这样一种漠不关心的态度呢？

（1）维特根斯坦设想工程灾难的来源只有两种可能：

> 对于某种错误会导致桥梁的倒塌，我们对此有如下观念。

> （a）我们掌握的是一个错误的自然规律——一个错误的系数。
> （b）计算中出现了一个错误——有人乘错了。

> （*LFM* 211）

千原反驳说还有第三种可能性：

> （c）［工程师们］使用的逻辑体系是有缺陷的并且导致他们做出无效推理。

> （Chihara 1977，334）

正如已经注意到的那样，这是对逻辑和数学的一种拼接。工程师们并不使用形式逻辑体系，他们只使用数学。因此，他应该说："他们的数学演算是有缺陷的。"维特根斯坦的一个学生德里克·普林斯（Derek Prince）试图描述这样一种情况：

> 假设我们有会导致不同结果的两种乘法运算，问题只是我们没有注意到这一点。我们用这两种运算中的一种算出一堆重物的重量，用另一种算出黄铜连杆的强度。我们得出结论说连

杆不会断裂；后来，我们发现事实上连杆断裂了。

（*LFM* 216）

这种情况类似于维特根斯坦的没有括号的二阶幂运算的例子：一种模糊性会允许得出不同结果的两种不同的计算方法。维特根斯坦似乎并没有否认事故可能会由于这种模糊性而发生；他只是让我们注意：事故不**一定**会发生（*LFM* 217）。

　　因此，普林斯的例子是否表明存在第三种导致工程事故的原因？维特根斯坦似乎并不这么认为。普林斯的例子后不久的一则评论可以被当成是维特根斯坦对普林斯的例子的部分回应（尽管他似乎并不确定是否要把普林斯的例子当成是"隐藏的矛盾"的一种情况），他说：

　　　　人们为什么会害怕数学内部的矛盾……？图灵说，"因为和应用有关的某些东西会出错"。然而，没什么事情一定要出错。而且，要是真有什么事情出错了——比如桥塌了——那你的错误是使用了一条错误的自然律的那种错误。

（*LFM* 217）

这就是说，应用某个演算（该演算会允许两种不对等的乘法运算方法——或者，举另外一个例子，一个允许除以 0 的演算）的决定本身并不是一个数学决定。毋宁说，维特根斯坦认为这属于物理学；就像在宇宙学中决定使用非欧几何一样。这等于下面这个经验断言，即某种现象能够被某个概念系统准确地表征或者模型化。为了表征经验现象而对一个概念系统（某种数学工具）进行选择，这只是制造一个数学公式来表达一条自然规律的一个面相。一个工具可能不适合一个既定的目的，但它不必从本质上就是一个坏工具："对于**这些**目的来说不可用（也许对其他目的有用）。"（*RFM* 204e）

在这个节骨眼上，维特根斯坦继续道：

> 这难道不就像我曾经不做乘法做除法吗？（就像实际上会发生的那样。）
>
> （*RFM* 204e）

这说明选择一个不合适的数学工具也能被当成是"计算中的一个错误"——维特根斯坦在（b）中设想的另一种可能的导致工程事故的原因。不过，只有在我那时应该知道得更清楚的情况下，这才似乎是一个恰当的描述，而在讲演中被讨论的那种情况是到目前为止还没有人注意到不一致性的情况；因此，对那种演算的使用看起来就不仅仅是一个粗心大意的问题。

下面这一点似乎不可否认，即选择一种合适的数学演算来模型化一个既定范围内的现象是经验科学的一部分，而不是先天数学的一部分。然而，人们可以把这一点接受为高级科学理论建构的一个特征，但在普通工程学对算术之使用的例子中回避这样一个断言。算术能够被用来决定日常物质对象的数量或者决定测量单位，这难道不是深植于我们的算术之中的吗？考虑到数和初等算术被锚定在我们对物质对象进行计数的实践中的那种方式，我们可以认为：一个在初级层次上就得出不一致结果的一种演算就是有**数学上的**缺陷的。

然而，正如我们之前（见 8.5）看到过的那样，这并不是维特根斯坦的看法。偏离常规的数学（其应用很可能会导致错误的经验断言）并非因此就被当成本身就是错误的；它只是不切实际的。维

200

特根斯坦把不一致的算术和已经讨论过的某些偏离常规的数学程序（例如，"重叠"除法 / 乘法（*RFM* 206a），一种奇怪的计算木材价格的方式（*LFM* 214），或者有弹性的尺子（*RFM* 377c—f））相比较。而他再一次强调这些奇怪的方法"不必然"会让我们陷入困境（*LFM* 212）。不过话再说回来，我们应该回答说：由于经验事实的缘故，在像我们的这样一种环境下，让具有我们这种生活形式的人拥有这另一种演算，这并不是一个选择。我们可以在下面这一点上同意维特根斯坦，即一个得出不一致结果的算术并非从本质上就是错误的，而只是不切实际的；但是，它对我们的目的来说很可能是无用的就是一个理由，这个理由足以让我们把它当成是一件有瑕疵的数学作品。

换句话说，我们可以在下面这点上同意维特根斯坦，即当我们应用一个不切实际的演算之际就会出错的东西属于最广泛意义上的物理学（a）那一面，这就是说，这样一种演算对我们没有用，这是一件**经验的**事情（因此，维特根斯坦反复坚持认为：事情**不一定**会出错）。但另一方面，因为我们都同意：我们不想让我们的算术不一致（*RFM* 377f），那么随后的发现是：我们认为是一致的东西终究还是允许了不一致性，这就让我们说下面这话变得十分合理，即在这样一种情况下出问题的是我们的数学，而不是我们的科学理论。我们确实会倾向于把这当成是造成工程事故的第三种可能原因：不是对被讨论的经验现象的错误评估，而是对演算的错误评估。

（2）所以，一座桥梁会因为一个隐藏的矛盾而坍塌吗？是的，维特根斯坦并没有否认这种可能性（*RFM* 400b，*LFM* 217），他只是认为我们操心这样一种遥远的可能性会是过度"担忧"，如果不说"愚蠢"的话（*LFM* 225）。

一方面，激励我们去寻找一致性证明的那些矛盾并不会出现在严格意义上的数学之中，而只会出现在把数学还原为逻辑和集合论的基础主义计划之中。改写一下卡尔·克劳斯（Karl Kraus）对精神分析的判断，人们可以说，集合论恰恰就是怀疑论问题的根源所在，而它本应该为它提供一个解决方案的。为了让罗素悖论导致一座桥梁的坍塌，我们就得想象（正如千原似乎做的那样）工程师们不使用普通数学，而是用弗雷格《算术基础》中的公理系统进行计算！这的确会是导致灾难的一种方案。在弗雷格的演算中，计算哪怕是最琐碎的算式，其十足的复杂性也会让错误和事故非常有可能发生——这实际上比从一种罗素类型的矛盾中得出一个推理出错和出事故的可能性要大得多。毕竟，罗素悖论具有说谎者悖论结构的那种牵强附会的人为性，而这在像修桥这样的实际工作中非常不可能出现。

另一方面，需要注意到的是：发现弗雷格的系统中隐藏的不一致性不需要很长时间——罗素给弗雷格写那封著名的信是在 1902 年，那时《算术基础》的第二卷还没有出版——而在《数学原理》中，罗素针对那个悖论相对直接地采取了预防措施（通过引入类型论）（*LFM* 229）。千原反驳说，实际上"罗素花费了多年繁重的工作"来制造他的分支类型论（Chihara 1977，332），但这是不得要领的。我们在这里要理解的主要事情是：一个矛盾如何能从弗雷格的演算中得出，并因此有效地警示人们那种可能性，而罗素通过给弗雷格写信已经做到这一点了。通过限制集合之形成来预防这样的矛盾的那个基本看法（正如千原不得不承认的那样）是"足够简单的"。仍然需要多年的辛苦工作来详细发展那个系统，这反映的恰恰是那个逻辑主义计划的复杂性［在这个逻辑主义计划中，罗素和怀特海（Whitehead）用了将近 770 页来推出"*1 + 1 = 2*"这个"偶尔有用”的命题]。[1]

第三，至于实际的数学，远不是要被下面这个想法所困扰和妨碍，即可能存在一些会在应用中显示其自身的隐藏的问题，我们显然应该尽可能多地继续应用我们的数学，因为这是检验数学并让可能的问题暴露在阳光下的最有效方式。从应用而来的反馈完全可以刺激我们完善和改进数学理论。

最后，算术已经被广泛而成功地应用了几千年（参 *RFM* 401b），几个世纪以来，即使是分析也在物理学和工程学上取得了巨大的成功。如果（正如图灵认为的那样）“几乎可以肯定的是：如果存在矛盾，那在某个地方就会有什么事情出错”，那么（正如维特根斯坦回应的那样）“到现在为止还没有什么事情曾那样出错”，这个事实就让下面这一点变得可能性压倒性地小，即我们的算术确实包含任何不一致性。显然，如果算术存在一个不一致性问题，那在过去 2500 多年的时间中早就该显现出来了。在如此广泛地被使用的那些数学工作中，可能存在一些隐藏的矛盾——这些矛盾不仅仅是人为构造的哲学谜题那一类（比方说，说谎者悖论），而且还可能导致实际的问题——这个想法是极为不大可能的：这个想法与其说是数学上的一个挑战，不如说是我们在哲学上熟悉的怀疑论担忧的一个亲属（他人有心灵吗？我是不是只是一个缸中之脑？）。

值得注意的是：尽管维特根斯坦的看法看起来对（从事某种基础主义计划的）数学哲学家们是极为无礼的，但这些看法在那些实操数学家那里并不是闻所未闻。因此，针对隐藏矛盾的一种类似的放松态度就被尼古拉斯·布尔巴基（Nicolas Bourbaki）表达出来了，尼古拉斯·布尔巴基是一群法国数学家中有名的领头羊，他们从

202

---

[1]　《数学原理》（1927）第 II 卷第 86 页的 *110.643 命题。

1939 年起就在出版《数学原理》(*Éléments de Mathématique*)，这是对当代数学的艺术呈现进行系统陈述的一部著作（目前出版了 11 卷）。在维特根斯坦和图灵讨论他的那些看法的同一年，布尔巴基也表达了如下信心："我们永远不会看到雄伟的数学大厦的实质性部分因为突然发现一个矛盾而坍塌。"[1]

---

[1]　*En résumé, nous croyons que la mathématique est destinée à survivre, et qu'on ne verra jamais les parties essentielles de ce majestueux édifice s'écrouler du fait d'une contradiction soudain manifestée; mais nous ne prétendons pas que cette opinion repose sur autre chose que sur l'expérience. C'est peu, diront certains. Mais voilà vingt-cinq sièclesque les mathématiciens ont l'habitude de corriger leurs erreurs et d'en voir leur science enrichie, non appauvrie; cela leur donne le droit d'envisager l'avenir avec sérénité* (Bourbaki 1939，E I.13) ——这段引文归功于迪迪埃·巴比尔（Didier Barbier）。

12　维特根斯坦对哥德尔第一
不完备定理的评论

维特根斯坦把数学说明为（类似于）语法，这和数学上的柏拉图主义是完全相反的，维特根斯坦把数学柏拉图主义称为"数学作为'数学对象'的物理学"的立场（MS 163，46v）。柏拉图主义倾向在数学家中间很常见，但从哲学上来说往往是幼稚的。不过，20世纪具有柏拉图式立场的一位杰出数学家库尔特·哥德尔（Kurt Gödel），他不仅用严肃的数学哲学工作来补充他的数学成就，他还把他最著名的数学成果——不完备定理（1931年）——当成就好像是为数学柏拉图主义进行辩护的某种东西。他自觉远离对数学的任何维特根斯坦式看法（他在1926年至1928年参加维也纳小组的会议的时候碰到过这些看法），他写道：

我从大约1925年起就是一位概念实在论者和数学实在论者。我从不认为数学是语言的句法。毋宁说，我的成果可以**证明**这个看法（如果这个看法在任何合理的意义上被理解的话）

291

是错误的。

[哥德尔，给格兰德让（B.D. Grandjean）的未寄出的信；引于 Goldstein 2005，112]

甚至还有传记上的证据表明：哥德尔有意发展了他的某些关键看法来对抗那些志趣不相投的维特根斯坦式立场（Goldstein 2005，73—120）。因此，维特根斯坦对不完备定理的批评性评论是相当有趣的，尤其是在哥德尔对维特根斯坦毫不同情的态度的光照之下。

哥德尔 1931 年的著名论文《论〈数学原理〉和相关系统中形式上不可判定命题 I》（On Formally Undecidable Propositions of *Principia Mathematica* and Related Systems I）是对试图把算术还原为形式逻辑和集合论的基础主义方案的一个贡献。哥德尔考虑一个公理系统 P（类似于罗素和怀特海 1927 年的《数学原理》中的那个系统），该系统利用带等词和后继运算的二阶逻辑词汇，并基于五条合适的公理。然后他进而"算术化"P，这就是说：他把公式（以及公式序列）映射为数，并把句法属性和关系映射为数字属性和关系，然后它们被再次表达在 P 中。每一个符号、公式以及公式序列都被关联到一个具体的"哥德尔数"上，通过因子分解人们能够反过来确定它关联的是哪条公式。P 的所有初级符号都被任意分配一个数：为此目的，哥德尔选取前七个奇数和 > 13 的某些素数作为变量。然后，一个公式的哥德尔数就像这样被构造起来：把这条公式的第 n 个符号和第 n 个素数（按照逐渐增大的顺序）关联起来，每一个素数都升格为幂次，这个幂次就等于那个相应的初级符号的哥德尔数，最后我们形成这些数的乘积。举例来说，重言式"$p \supset p$"在 P 中可以被表达为

$$(\sim (x_1)) \vee (x_1)$$

它的初级符号像下面这样和数关联起来：

$$(\quad \sim(\quad x_1 \quad)\quad)\vee(\quad x_1 \quad)$$
$$11\ 5\ 11\ 17\ 13\ 13\ 7\ 11\ 17\ 13$$

于是，这个公式的哥德尔数就能够被计算如下（Hoffmann 2017，207—209）：

$$2^{11}\cdot 3^5\cdot 5^{11}\cdot 7^{17}\cdot 11^{13}\cdot 13^{13}\cdot 17^7\cdot 19^{11}\cdot 23^{17}\cdot 29^{13}$$

P 中的一个证明被当成是一个公式序列，它也被分配一个独特的哥德尔数。为此，我们再次计算前 n 个素数（因为一个证明由 n 个公式组成）的乘积，每一个素数都升格为幂次（幂次就是该证明的相应公式的那个哥德尔数）。请考虑（比方说）下面这个通过假言推理得出的小证明，用上面编纂的那个公式作为结论：

$$(p\supset(p\vee p))\supset(p\supset p)$$
$$p\supset(p\vee p)$$
$$p\supset p$$

如果这三条公式的哥德尔数分别被计算为 k，l，m，那整个证明的哥德尔数就是：

$$2^k\cdot 3^l\cdot 5^m$$

值得注意的也许是：这些哥德尔数很快就会变得极其巨大。即便　205

对于初阶逻辑中只有三个简短公式构成的这样一个十分琐碎的证明，它的哥德尔数的十进制位数也比宇宙中基本粒子的个数还要多（Hoffmann 2017，210）。

在引入了针对 P 中的公式的编号系统之后，哥德尔给出了对各种数谓词的递归定义。尤其是，他递归地定义了关系"xBy"，该关系成立，当且仅当 x 是哥德尔数为 y 的那条公式的一个证明的哥德尔数。最终，基于"xBy"他可以定义：

$$Bew(x) \equiv \exists y(yBx)$$

换句话说，哥德尔数为 x 的一个公式是可证明的，当且仅当，对哥德尔数为 x 的那个公式存在一个哥德尔数为 y 的证明。

最终，哥德尔成功地构造了这种形式的一个公式：

（G）~ $Bew(n)$

这个公式的哥德尔数能够为 n。这就是说，他能够在他的 P 系统中构造一个公式（G），（G）把下面两个特征结合在一起：

（i）（G）具有哥德尔数 n。

（ii）（G）为真，当且仅当，哥德尔数为 n 的那个公式在 P 中是不可证明的。

这第二个特征也许也可以更加切中要害地这样来表达：

（ii）'（G）说的是：哥德尔数为 n 的那个公式在 P 中是不可

证明的。

而要是我们把它和（i）一起来理解，我们甚至可以构造出（正如哥德尔在对他的证明的一个初步概括中所做的那样）：（G）"说它自身在 P 中是不可证明的"（Gödel 1931，175；tr.：19）。

然而，暂时坚持（i）和（ii），稍作一些反思就会表明（G）必定为真。因为，如果（G）为假，那么根据（ii），哥德尔数为 n 的那个公式在 P 中是**可证明的**，因此，它就为真。但是根据（i），哥德尔数为 n 的那个公式**就是**（G）本身。简而言之，如果（G）为假——那（G）就为真。因此，（G）不可能为假。

但是，根据（ii），如果（G）为真，哥德尔数为 n 的那个公式在 P 中就是不可证明的——而这意味的是：根据（i），（G）在 P 中本身是不可证明的。

因此，（G）为真，但在 P 中不可证明。系统 P 是不完备的。 206

12.1 维特根斯坦对哥德尔对其证明的
非正式概述的讨论

维特根斯坦对哥德尔的回应被记录在三组评论序列中，这些评论序列分别写于 1937 年、1938—1939 年以及 1941 年。第一组评论已经被出版为《数学基础评论》第 I 部分的附录 III，并且受到了相当多的关注。[1]1938—1939 年的评论在 MS 121 中（见 76r—85v）；

---

[1]   Anderson 1958; Dummett 1959; Bernays 1959; Shanker 1988; Rodych 1999a; Floyd & Putnam 2000, 2006; Steiner 2001; Bays 2004; Priest 2004; Berto 2009a, 2009b; Lampert 2018. 对 *RFM* I.III 最仔细和详尽的评论是沃尔夫冈·肯策勒（Wolfgang Kienzler）的一篇卓越的论文（2008）；修订版英译见 Kienzler & Greve 2016。

1941 年的评论来自 MS 163，它们中的一些已经被出版为 *RFM*（见 383—389 页）。

维特根斯坦并未讨论哥德尔的实际的证明。作为一名数学**哲学家**，维特根斯坦不把卷入到一场数学争论中作为他的任务（*RFM* 383gh）。[1] 他也不认为哥德尔的证明具有哲学上的重要性：

> 问哥德尔的证明对我们的工作具有什么重要性，这是正当的。因为一件数学作品并不能解决困扰**我们**的那类问题。——回答是：我们感兴趣的是这样一个证明把我们带进去的那种**境况**。"我们现在该说些什么？"——这是我们的主题。
>
> （*RFM* 388d）

而哥德尔的证明把我们带进去的那种境况，维特根斯坦似乎是根据哥德尔对其证明的非正式的初步概括来构想的，而不考虑详细的证明本身。尤其是，维特根斯坦接受并反思哥德尔对一个句子的如下看法：这个句子在一个给定的公理系统中"说其自身是不可证明的"（Gödel 1931，175；tr.：19）。维克多·罗迪奇认为这是"维特根斯坦的（大）错误"，因为在实际的证明中被讨论的那个句子严格来说并没有说出关于其自身的任何东西，而只是关于某个数的——这个数碰巧就是那个句子自己的哥德尔数（Rodych 1999a，182）。这个批评是双倍不公平的。一方面，正如已经提到过的那样，维特根斯坦并不意图对哥德尔的不完备性证明给出一个讨论或者评价。事实上，在维特根斯坦 1937 年的评论中（*RFM* I，附录 III）——这段文本是三段文本中维特根斯坦在某个时候意在出版的唯一一段——哥德尔

207

----

[1] 尽管在某些例子中他确实考虑到那些证明的细节（比方说，斯科伦或者康托尔的证明），为的是澄清证明结果的含义。

的名字甚至都没有被提及。毋宁说，这个问题是以一种半虚构的方式被引入的：

> 我想象有人向我咨询；他说："我在罗素的符号系统中构造了一个命题（我会用'P'来指示它），而通过某些定义和变形它能够被如此解释以至于它说的是：'P 在罗素的系统中是不可证明的'……"

（*RFM* I，118b）

这个看法明显取自哥德尔，但却是从哥德尔证明的那些细节中抽取出来的，并没有声称要对它或者它的结果给出一个准确的说明。在别的地方，维特根斯坦解释说：为了阐明哥德尔的看法的哲学上的重要性，对他在哥德尔的看法中发觉有趣的东西给出一个简化版本，他认为是恰当的：

> 哥德尔的证明发展了一种困难，这种困难必定也会以一种初级得多的方式显示其自身。

（MS 163, 39v—40r）[1]

另一方面，正如已经提到过的那样，是哥德尔自己在对他的证明的一个概括说明中说：一个哥德尔句子**说**其自身在 P 中是不可证明的。因此，在讨论这个看法之际，维特根斯坦肯定不能被指控为误解或者曲解了**哥德尔**。维特根斯坦觉得在哲学上有趣的并非哥德尔的证明，而是他的非正式讨论，维特根斯坦毫不隐讳地说他自己：

---

[1]　*Der G'sche Beweis entwickelt eine Schwierigkeit, die auch in viel elementarerer Weise erscheinen muß.*

　　我感兴趣的不是哥德尔的证明，而是哥德尔通过他的讨论让我们的注意力转向的那些可能性。

（MS 163, 37v）[1]

即便哥德尔在下面这一点上弄错了，即他认为这是对他后续证明之关键要素的一个合理地准确的概括，维特根斯坦肯定还是有权认为哥德尔的梗概看法在哲学上是有趣且值得讨论的。

12.2 "说其自身在 *P* 中不能被证明的一个命题"

　　但是（这是对罗迪奇的批评的第三个回应），哥德尔如其所是地那样概括他的证明，他错了吗？毕竟，实际的证明中的那个哥德尔句子似乎并没有说出关于其自身的任何东西；毋宁说，它否认了某个数具有某种数字属性。但是，那个数是那个句子本身的哥德尔数，而那种属性是这样定义的，即它适用于一个数，当且仅当那个句子（其哥德尔数就是这个数）在 *P* 中是可证明的。

　　简单地说，哥德尔如此引入了一个任意系统来对形式化了的算术系统 *P*（我们假设它是合理的）中的所有公式进行编号，以至于通过分解这样一个哥德尔数，人们可以确定它指示的是哪个公式。他也这样定义了一个数谓词 "*Bew*"：

　　（G1）"*Bew*" 适用于一个数 x，当且仅当，哥德尔数为 x 的那个句子在 *P* 中是可证明的。

---

[1] *Nicht der G'sche Beweis interessiert mich, sondern die Möglichkeiten auf die G. durch seine Diskussion uns aufmerksam macht.*

此外，哥德尔还表明怎样去构造一个数 *n* 以至于：

（G2）"*~Bew(n)*"就是哥德尔数为 *n* 的那个句子。

然后他可以像下面这样来论证：

1. *Bew(n)* 当且仅当"*~Bew(n)*" / 由（G1）&（G2）可得
   在 *P* 中是可证明的。

2. "*p*"在 *P* 中是可证明的 ⊃*p*。 / 假定：*P* 是合理的

3. *Bew(n)* ⊃ *~ Bew(n)*。 / 由（1）&（2）可得

4. *~Bew(n)*。 / 由（3）可得

5. "*~Bew(n)*"在 *P* 中是不可证明的。 / 由（1）&（4）可得

总而言之，哥德尔给出了一个句子：

（G）*~Bew(n)*

这个句子为真（结论：4）且在 *P* 中不可证明（结论：5）。把（G）
这个句子称为一个**哥德尔句子**，把"*Bew(n)*"称为一个**哥德尔谓
词**，并把保证（G1）和（G2）的那个规约系统称为**哥德尔式系统**
（*Gödelisation*）。

（a）哥德尔谓词是这样来定义的，即它们对一个哥德尔数
的应用**等同于**对那个公式（这个公式和那个哥德尔数关联起来）
的一个断言。

（b）哥德尔式系统让下面这点成为可能，即一个句子说出

关于**它自己**的哥德尔数的某种东西。

但是，要是哥德尔式系统（哥德尔编号和定义哥德尔谓词的那个系统）允许我们**推导出**这样一个自指断言，那这个断言就能被合理地说成是**蕴含在**（G）（那个哥德尔句子）**的含义中**。

209　　因此，终究还是可以说（正如哥德尔自己在他的非正式证明梗概中所做的那样）一个哥德尔句子说它自身是不可证明的[1]；从而至少可以和说谎者悖论相比较。因此，当维特根斯坦从这种自指的角度来讨论哥德尔的成果的时候（*RFM* 118b—123；MS 121，78v—85v），他不仅仅就下面这点而言得到了辩护，即他遵循了哥德尔自己的概括[2]——因此肯定是在讨论哥德尔给出的一个看法，他也在下面这点上得到了辩护，即关涉到哥德尔的详细证明，维特根斯坦说一个哥德尔句子"经由某些定义和变形能被解释为说出了"其自身在 P 中是不可证明的，这么说是十分合适的（*RFM* 118b）。[3]

12.3　哥德尔句子和说谎者悖论之间的不同

但是，完全自指的例子和哥德尔用哥德尔数设计的自指之间存在一个重要的差异。请考虑：

---

[1] 哥德尔写道："于是我们面前就有了一个说其自身在 P 中不可证明的命题……一开始它［只是］断言某个明确定义的公式……是不可证明的。只是后来［可以说是偶然地（*zufällig*）］它才变成下面这样，即这个公式正好就是那个命题本身由之被表达出的那个公式"（Gödel 1931，175；tr.：19，42）。括号里的插入语当然有点不准确，因为逻辑蕴含即便只是"后来"才得出的，它们也并不因此就仅仅是偶然的或者视条件而定的。

[2] 维特根斯坦完全意识到这些评论不是实际的那个证明，他把它称为"哥德尔的序言式非正式证明线索"（*Gödels einleitende beiläufige Beweisführung*）（MS 126，127）。

[3] 哥德尔的实际的证明确实依赖于这种元数学解释，对表明这一立场的一个详细论证，请见 Lampert 2018，338—343。

（GL）这个句子不可能被证明。

如果它能被证明，那它就是假的（因为它断言不可被证明），但它也是真的（因为它被证明了）。因此，一个证明会导致矛盾。所以它不能被证明。所以它必定为真。

但那样的话，它的真值（truth）就是空的：它没有表达任何实际的命题。它是指称失败的一个例子，而这也可以说是说谎者语句的终极缺陷（参 *Z* §691；Ryle 1950）。

与此相反，哥德尔句子在某种程度上有两层内容。它不**只是**断言它自身的不可证明性。毋宁说，它首先说某个数不具有某种数字属性（或者不属于某一组数）；而只是在第二步才意味的是这个句子本身是不可证明的。

这对我而言是哥德尔针对如下反驳的最可信辩护，即（G）是说谎者悖论的一个版本并因此同样是错误的。并非如此：说谎者悖论的自指性必须"依赖于语境的、经验的因素"（Berto 2009b，9），因为定义和使用一个合适的反身代词让它直接就是分析的。也不是这样（正如哥德尔在一则脚注中认为的）：（G）的自指性只是视条件而定的（*zufällig*）。逻辑和数学中不存在偶然性（contingencies）。——不，这种差异并不像说谎者悖论的那个句子，（G）不能被斥为指称失败的一个例子：就好像它没有表达一个命题似的。

210

12.4　真与可证明性

维特根斯坦对哥德尔的证明不感兴趣，他感兴趣的只是"这样的一个证明把我们带进去的那种**境况**"（*RFM* 388d）。这可能会被当成是表明了下面这一点，即他对这个证明的结果（第一不完备定理）感兴趣；但是，事实上他并不感兴趣——

> 我对下面这个数学事实不感兴趣，即在这里有一个在 P 中既不能被证明也不能被论证为假的算术命题。
>
> （MS 163, 37v—38r）[1]

维特根斯坦把一种形式化了的算术的不完备性接受为一个数学事实，但他对它没有哲学上的兴趣。他感兴趣的是哥德尔的方法，而不是他得到的结果："他证明的**那东西**不是我们关心的。"（MS 163，40v）[2]

这并不像它可能会看上去的那样让人大吃一惊。请记住，首先，维特根斯坦从未接受哥德尔的思考基于其上的那个基本假设，即算术能够并且应该以形式逻辑和集合论的形式（沿用《数学原理》之线索的一套公理系统 P）来重构。正如在第 3 章中展开的那样，维特根斯坦出于多个理由拒斥了弗雷格和罗素的逻辑主义。但是，要是算术不等同于在一个像 P 这样的公理系统中对算术的逻辑的或者集合论重构，那后者的不完备性就一定不能和算术的不完备性相混淆。

哥德尔的不完备定理有时据说是确立了如下这一点，即数学真理并不和可证明性相重合（参 Connes 2000）。但事实上，定理据说能表明的全部就是：数学真理并不和**在 P 中**（或者在任何一个公理系统中）的可证明性相重合。和希尔伯特不同，维特根斯坦从未认为二者是重合的。与此相反，他强调数学是各种不同的证明技术的

---

[1] *Die mathematische Tatsache, daß hier ein arithmetischer Satz ist, der sich in P nicht beweisen noch als falsch erweisen läßt, interessiert mich nicht.*

[2] *Was er beweist, geht uns nichts an, ...*

一个混杂（*RFM* 176c），拒绝将其还原为一种单一的演算。

哥德尔自己并不认为他著名的证明确立了不可证明的数学真理之存在。毋宁说，和维特根斯坦对这一点的看法相一致，他只是认为自己表明了数学中一种机械的形式主义的局限性：

> 我的定理只是表明了数学的**机械化**（即对**心灵**和**抽象**实体的消除）是不可能的……我并没有证明存在对人类的心灵而言不可判定的数学问题，而只是证明了没有任何**机制**（或者**盲目的形式主义**）能够判定所有的数论问题（即便是非常特殊的某一类）。

> （Gödel 2003, 176）

但是，哥德尔确实认为数学真理不与可证明性相重合，不过是出于不同但紧密联系在一起的一些原因，这些原因他在一封信中解释道：

> 如下事实跟随在对语义悖论的正确解决之后，即一种语言的那些命题的"真"概念是**不能**被表达在这同一语言中的，但是可证明性（作为一种算术关系）则**可以**。因此，真 ≠ 可证明。

> ［哥德尔，给巴拉斯（Balas）的信（大约 1970 年），
> Vol. IV, p. 10；Mancosu 2004, 246］

哥德尔的看法似乎是：语义悖论（例如说谎者悖论）只能通过仔细区分对象语言（object language）和元语言（meta-language）来避免［沿着塔斯基（Tarski）为人工形式语言给出的那些线索（Tarski

1937；参 Sainsbury 1995，118—121）]。如果关于句子的真值断言只能在一个有区别的、低层次语言中被给出，那说谎者悖论所需要的那种自指性就变得不可能了。然而，通过禁用一种语言（这种语言允许矛盾构成）来**避免**一个矛盾，这和**解决**一个矛盾并不是一回事（——正如一个象棋难题不能通过改变该难题所依赖的那些象棋规则来解决一样）。这意味的只是把它扫到地毯下面。事实依然是[而且塔斯基完全意识到了这一点（1936，406）]：自然语言并不分层为对象语言和元语言，而且在同一语言中做出关于诸陈述的真值断言是完全合法和普遍的。更重要的是，对真值的这种断言是我们自然语言的一件非常有用且功能良好的工具，我们没有理由仅仅因为一些哲学家在空闲时候成功用这种断言来构造一个稍微有点儿趣味但完全无意义的谜题而废除它（*RFM* 120a）。无论如何，并不是将真值谓词应用于同一语言的那些陈述之上导致了悖论，而只是那种非常独特的用法（在这里，它被应用于它出现在其中的那个典型陈述之上）导致了悖论（因此，可以认为它没有表达任何命题）。

哥德尔断言真不能被表达在同一语言中，他错了。在英语中就能；而即便在一个演算中，人们也很容易就能引入一种真值算子：

p	Tp
T	T
F	F

此外，说可证明性是一种算术关系，这不准确且误导人。一方面，哥德尔在他的 P 系统中成功定义的那种关系仅仅是 P 中的可证明性（provability-in-P）。他能够合理地谈及数学真理在 P 中不可证

明，这只是因为能用不同的方式来证明它们。另一方面，对 P 中的可证明性的定义蕴含了在 P 中为真的观念，因为"去证明"意味的就是：去表明为真。这就是说，不同于可导性（derivability）的纯句法概念，可证明性（provability）是一个语义的或者知识的概念。在一个不一致的系统中推导出 p 且 $\sim p$，这并不是对 p 且 $\sim p$ 的一个证明。只有当我们认为那个演算是合理的时候，我们才把一个推导接受为证明。因此，可证明性的概念和真的概念依然是联系在一起的，而且不能被独自定义。

总而言之，哥德尔有权得出的全部结论就是："数学真理 ≠ 在 P 中可证明（provable-in-P）"。他并没有表明有任何东西可以阻止我们坚持认为（参 *RFM* 118c）：

　　（i）在 P 中为真 = 在 P 中可证明；
　　（ii）数学真理 = 数学上可证明（或者被接受为一个公理）。[1]

针对（i），有人可能会反驳说：哥德尔句子（G）就是 P 中为真但不可证明的一个公式，因为它的真值是由元数学推理建立起来的（即"如果它为假，那它不可证明就为假；因此它是可证明的；因此它为真；因此它不可能为假，而必定为真"）。不过，维特根斯坦指出：可以用一个既定公理系统中的语汇写出的一个真理不必因此就在该系统中为真（*RFM* 118—119）。比方说，在《数学原理》的那种符号系统中写下一个经验真理，这是可能的；这样的一个经验真理显然不是《数学原理》的一个真理，即一个逻辑真理。

---

[1] 请注意：并非每一种可能的演算都能被接受为数学；并非每一个受规则制约的（从其他符号得出的）符号推导都是一个数学证明。在维特根斯坦看来，一个数学证明必须要发展出一些概念，这些概念在数学之外有一个用法，或者至少要和这样的概念能联系起来（*RFM* 257de）。

213　　　　或者还有，想象一种演算 Q 只覆盖命题逻辑的一部分：有合取引入（conjunction introduction）规则，但没有像合取消去（conjunction elimination）这样的东西。那么就有可能在 Q 中推导出某些合取作为定理，但不是它们单个的合取。援引对 Q 中合取的自然解释，那时我们就可以争论说：如果"$\varphi \cdot \psi$"为真，那肯定是既"φ"又"ψ"。但再说一遍，这种论证让我们超出这个系统之外。在 Q 中，"$\varphi \cdot \psi$"可以是一个定理，而那单个的合取则不是。

　　　　总而言之，由于哥德尔并没有成功否证数学中的真与可证明性之间的等价性，他不能被说成是建立了数学柏拉图主义。[1]

12.5　哥德尔类型的证明

　　　　如果维特根斯坦对哥德尔的结果不那么感兴趣，对像 P 这样的一种演算的完备性不感兴趣，那他对哥德尔的作品感兴趣的**是**什么呢？他说"这样的一个证明把我们带进去的那种**境况**"（*RFM* 388d）这话是什么意思呢？

　　　　维特根斯坦对哥德尔的评论的最引人注目之处似乎是他固执地反复询问一个问题，即（人们应该认为）哥德尔的证明由于不可能而被排除在外了。哥德尔确立了下面这一点，即某个句子（G）在 P（假定 P 是一致的）中不可能被证明；但维特根斯坦不断质问："要是我们在 P 中**确实**发现了对（G）的一个证明，那又

---

[1]　参 Hacking 2014，202："作为对一个古旧的算术实在之存在的一个论证（它的所有真理都是完整的），［援引不完备性］乞题了。如果你不认为那种实在是已经给定的，那么对于任何一致且充分的公理系统，哥德尔就展示了我们有根据称其为真但在那个系统中不可证明的一个句子。这并没有表明：存在所有算术真理的实际总体"。对于任何这样的系统都有某些东西不能被证明，这一事实并没有表明：有某些东西在任何系统中都不能被证明。

如何？"

现在，我该如何把（G）当成已经被证明了？

（*RFM* 121e）[1]

如果我们根据我们的推理规则从那个公理系统中推出**这个算术命题**（G），那我们便**通过这种方式**论证了它的可导性，不过（经由那种翻译规则）我们应该也证明了一个命题是能够被表达的：这个算术命题（即我们的命题）是不可推导的。

（*RFM* 387b）

但现在："我不能以方式 k 来证明"。假设我们可以用这种方式推导出这个句子……

214

（MS 163，32r）[2]

如果你根据基本的逻辑和算术原理推导出了一个数学语句，而它最自然的应用似乎让（对被推导出的那个句子的）推导看起来毫无希望……

（MS 163，32v——33r）[3]

为何维特根斯坦如此聚焦于思考（G）告诉我们是不可能的那

---

[1]　维特根斯坦谈到的是一个句子"P"在罗素的系统中不可证明。因为"P"这个字母也是哥德尔为被讨论的那个公理系统取的名字，我就把维特根斯坦句子中的字母改成了"G"，作为对哥德尔句子的惯用标签。

[2]　*Aber nun: "Ich bin nicht auf die Weise k beweisbar." Nehmen wir an wir können den Satz auf diese Weise ableiten; ...*

[3]　*Hättest Du einen mathematischen Satz aus logischen und arithmetischen* [33r] *Grundprinzipien abgeleitet, dessen natürlichste Anwendung zu sein schiene das Ableiten des abgeleiteten Satzes als hoffnungslos darzustellen, ...*

种东西的可能性？有两则评论为维特根斯坦的独特进路投下了进一
步的光亮：

> 我们关心的不是［哥德尔］证明了**什么**，但我们必须考虑
> 那种数学**证明**的**类型**。
>
> （MS 163，40v）[1]

> 哥德尔作品的非哲学本性在如下事实上表现出自身，即他
> 没有看到数学和它的应用之间的关系。他在这里有大多数数学
> 家有的那种黏糊糊的概念。
>
> （MS 124，115）[2]

维特根斯坦在哥德尔的作品中发现了一种新的数学证明**方法**，这种
方法是会引起一位数学哲学家的兴趣的。此外，他认为**可应用性**问
题与哥德尔的证明有关，而哥德尔自己似乎没有意识到这一点。

哥德尔类型的证明的奇特之处在于：作为结果的那条定理（即
P 的某条公式在 P 中是不可判定的）实际上并不是在 P 中得出的。
毋宁说，哥德尔这样来构造了一个公式（G），即大致来说，它能够
被解释为说其自身在 P 中是不可证明的。考虑到对（G）的自指解
释，那我们就可以认为：（G）——尽管不是在 P 中得出的——必定
为真。简而言之，哥德尔在他的证明中并没有根据演算规则使用一
种逐步的推导，而使用的是**对一个未经证明的公式的解释**，以此来
表明那个公式必定为真（参 Lampert 2018）。

---

[1] *Was* er beweist, geht uns nichts an, aber wir müssen uns mit dieser mathematischen *Beweisart* auseinandersetzen.

[2] *Das Unphilosophische an Gödels Aufsatz liegt darin, daß er das Verhältnis der Mathematik und ihrer Anwendung nicht sieht. Er hat hier die schleimigen Begriffe der meisten Mathematiker.*

请记住：在维特根斯坦看来，数学是必须要被证明背书的一个准语法规范系统。数学真理是由于一个证明而被赋予一个公式的那种规范性力量。一个未经证明的公式可以起到一种刺激作用，刺激我们去寻找一个证明，但与此同时它也不具有规范性力量。如果（正如在哥德尔的例子中那样）对一个未经证明的公式的解释允许我们认为它必定为真——那我们借此就为那个公式提供了一个证明，虽然是和 P 内部的那些证明不同的一种证明。

但现在通过证明（G）我们到底证明了什么？想来我们是证明了（G）在 P 内部是不可被证明的。而现在我们来看看维特根斯坦指控哥德尔忽略了什么：（G）的**应用**。在维特根斯坦看来，一个不可能性证明的应用是一种心理上的应用：它要劝阻人们不要尝试做某事。

> 如果我们真的证明了正七边形是不可能被作出的，那它就应该是一个使我们放弃尝试的证明——而这是一个经验的事情。类似的情况还有证明某个命题是不可证明的。
>
> （*LFM* 56）

这里有一点很重要：在这种情况下，维特根斯坦总是考虑到这样一种可能性，即我们面对的东西**似乎**是被讨论的那个命题的一个证明，或者是被讨论的那个图形的一个构造。比方说，很容易想象有人画了一幅复杂的图画，画出了一个有七条边的图形，而根据我们的测量，这七条边都是相等的。而与此类似，我们也可以想象 P 中的一个很长的推导得出"~*Bew(n)*"这个公式。——人们可能会倾向于反驳说：根据哥德尔的证明，这是逻辑上不可能的，因此甚至是不能想象的，但维特根斯坦的回应是：我们需要想象的只是下面这一点，即我们**似**

乎遇到了对（G）的一个证明，而这事实上可能基于一个隐藏的错误计算之上，而不知怎地我们还识别不出这个错误（*RFM* 388b）。

现在，维特根斯坦的一个成功的不可能性证明的标准是：在（遭遇到一个明显反例的）这样一种情形下，这个不可能性证明给予我们一个"强有力的理由"来拒斥那个据说是反面的证明（*LFM* 56；*RFM* 120c）。在某种意义上，这是琐碎的。对 *p* 的一个证明给予你相信 *p* 的一个理由，这是理所当然的；因此，关于某事在数学上是不可能的一个证明给予你一个理由来拒斥任何它已经被实现了的断言。但维特根斯坦心中所想的不止于此。他的意思是：证明实现 *X* 是不可能的必须要为你给出对如下这一点的"一个十分清楚得多的观念"，即实现 *X* 要包括什么（*LFM* 87）。比方说，用直尺和圆规不可能构造一个正七边形的证明就提升了我们对用直尺和圆规构造一个 *n* 边形的方法的理解，以至于我们能看到这对 *n*=7 做不到。在这里，我们再次遇到维特根斯坦的如下看法，即一个数学证明相当于一个概念的转变。"这个［构造一个正七边形的］问题之所以产生，是因为一开始的时候我们的观念是一个不同的构造正 *n* 边形的观念；后来，我们的观念被这个证明**改变了**。"（*LFM* 89）。不过，正如之前（在 10.1 中）所表明的那样，把这当成是提升了我们对一个既定概念之含意（以及这个概念和其他概念的关系）的理解，而不是改变了一个概念，这是更加合理的。但是，对一个概念的这种更好的理解（或者"观念"）可能会导致一种新的技术，而这种新技术会让区分出下面这一点变得简单，即这个概念在哪些情形下适用，在哪些情形下不适用，这是真的。[1]

因此，为了让哥德尔的证明给予我们一个很好的理由来把

---

[1]　因此，比方说，高斯就在他的《算术研究》（1801）中表明了哪些无限多可能的正多边形是能被作出的，哪些是不能被作出的（Boyer & Merzbach 1989，563）。

"～*Bew(n)*" 这个公式当成是在 *P* 中不可判定，这个证明应该丰富我们对如下事物的理解，即在 *P* 中进行推导的技术——但是它没有。维特根斯坦的不满也许可以用下面这话来表达，即哥德尔的证明产生了一个结果，但没有产生理解。

12.6　维特根斯坦的第一个反驳：
一个无用的悖论

维特根斯坦的如下不满沿着两条截然有别的线索被进一步发展了，即哥德尔的证明并没有为我们提供一个"强有力的理由"来接受（G）在 *P* 中是不可被推导出的。第一条线索强调的是（G）自相矛盾的异常。维特根斯坦写道：

> 14. 对不可证明性的一个证明在某种程度上是一个几何证明；是关乎证明的几何学的一个证明。十分类似于（比方说）这样一个证明：用直尺和圆规不可能作出如此这般的一个构造。现在，这样的一个证明包含一个预言因素，这因素是物理的。因为由于这样一个证明的缘故，我们对某人说："别费力去找（比方说，对一个角的三等分）的一种构造了——可以证明这是不可能做到的。"这就是说：如下这一点是基本的，即对不可证明性的一个证明应该能够这样被应用。它必须——我们可以说——是我们放弃搜寻（也就是对如此这般的一种构造的）一个证明的一个**强有力的理由**。
>
> 一个矛盾作为这样一个预言来说不可用。
>
> （*RFM* 120cd）

217 第二段言简意赅的裁定似乎有点令人困惑。请考虑另一种不可能性证明，比方说，欧几里得的不存在最大素数证明。这个证明是通过假设存在一个最大的素数，然后推导出一个矛盾来进行的——这个矛盾似乎非常适合说服我们放弃寻找一个最大的素数。因此［正如保罗·博内斯（Paul Bernays）评论的那样］维特根斯坦会说一个矛盾对这样一个目的来说是不可用的，这是相当奇怪的："事实上，不可能性证明总是通过对一个矛盾的演绎来进行的。"（Bernays 1959，523）

沃尔夫冈·肯策勒（Wolfgang Kienzler）在他对 *RFM* I（附录 III）的有洞察力的评论中，提供了针对博内斯的反驳的两条回应（Kienzler 2008，179—180）。首先，在哥德尔的证明中不存在我们要被劝阻的一个具体的数学命题。其次，被讨论的那个矛盾只不过是一个"无用的悖论"。后者对我而言似乎是正确的回应（稍后我将回到这个回应），而前者则不那么有说服力。肯策勒写道，在哥德尔的推理中"**不存在后来被表明为不可证明的某种（数学上的）东西**——实际上，毋宁说，不存在任何东西（除了那个矛盾本身）……与此类似，情况并非：人们之前试图证明哥德尔的公式，但后来哥德尔表明那是做不到的"（Kienzler & Greve 2016，104）。

然而，为何这应该是对哥德尔的一个反驳，这对我来说尚不清楚。如果（G）显然是不可证明的，那就没人会哪怕去尝试证明它——这就更好了。但是，之前并不明显的是：在 P 中存在不可判定的句子；于是人们就会尝试去寻找对 P 的完备性的各种证明。呈现 P 的一个明显不可证明的句子，这正好就是劝阻人们不去寻找完备性证明所需要的东西。此外，维特根斯坦事实上似乎并不认为（G）**显然是**不可证明的，因为他不断思考寻找对（G）的一个证明的可能性。而这确实没有什么"数学上的东西"，这就是它应该是的那个样子：同样，没有像一个最大的素数这样的东西，而这就是欧几里得的证明通过矛盾表明的那东西。这是所有不可能性证明的情况：它们表明一个猜想是不一致的。

另一方面，肯策勒的第二点回应在我看来正中下怀。正如在上下文中清楚地表明的那样，当维特根斯坦在 *RFM* 120d 中谈及一个"矛盾"的时候，他心中所想的并不是出现在一个归谬证明中的那种逻辑学家的矛盾"$p . \sim p$"。毋宁说，这是包含在说谎者悖论中的那种矛盾（*RFM* 120a）：隐含在语义悖论中的那个矛盾（"如果可证明那就为假"）。这样的话，这就是维特根斯坦对哥德尔的第一个反驳。和说谎者悖论的句子一样，带有自指解释的（G）只是一个奇怪的反常现象：数学语言休假去了（参 *PI* §38）。由于它自相矛盾的矫揉造作性，它在数学上依旧是贫瘠不育的：它实际上不能说服我们任何东西。因此，我们可以认为，在一种更加实际的意义上，*P* 的完备性这个问题依然是开放的：也许所有合适的句子——那些具有一些有用的数学内容的句子——在 *P* 中都是可判定的。不同于在一个**归谬**论证中的"$p . \sim p$"，（G）是一个**空转的**矛盾（*idle contradiction*），而我们无需对之加以任何注意。

哥德尔自己对这个反驳没什么印象。在给卡尔·门格（Karl Menger）的一封信中，他愤怒地回应道：

> 就我的关于不可判定命题的定理而言，从你的引文中的确可以清楚地看出：维特根斯坦并**没有**理解它（或者假装不理解它）。他把它解释为一种逻辑悖论，而事实上恰好相反，也就是说它是一个完全无争议的数学部分（有限数论或者组合学）中的一个数学定理。顺便说一句，你引用的全文对我来说是毫无意义的。
>
> （哥德尔，给卡尔·门格的信，1972 年 5 月 20 日；
> Ramharter 2008，69—70）

218

哥德尔在下面这点上当然是正确的，即他的证明完全不像说谎者悖论那样会**导致**一个矛盾。不过，维特根斯坦在 *RFM* 120d 中反对的那种"矛盾"或者悖论更合理地来说是位于哥德尔证明的那种语义建制中的，正如他在早前的一则评论中描述的那样：

> 9. 因为，说（G）和"（G）是不可证明的"是同样的命题，这是什么意思？它意味的是：这**两个**汉语句子在如此这般的一个记号系统中具有一个**单一的**表达。
>
> （*RFM* 119b；命题标记有改动）

换句话说，哥德尔的证明奠基于一个自相矛盾的记号性歧义之上的那种方式，这是维特根斯坦所反对的。（G）和"（G）是不可证明的"从形式上来说并不矛盾，但我们一旦考虑它们的认识上的支撑就会产生一种准矛盾（quasi-contradictory）的张力：证明（G）的那东西会否证"（G）是不可证明的"；而证明"（G）是不可证明的"那东西会让（G）名誉扫地。因此，用一个同样的表达来呈现两者就会产生悖论。它导致这样一个句子：证明它反而会表明它是假的——这让证明概念变得毫无意义。

12.7 维特根斯坦的第二个反驳：基于不确定含义的一个证明

对哥德尔的另一个更加具体的反驳在接下来的 *RFM* I 的三则评论（附录 III，§§15—17）中被发展了。首先，维特根斯坦提醒我们注意他的如下看法（在前面的 10.2 中讨论过），即一个数学命题的含义（至少部分）是由对它的证明决定的：

证明是运算系统的一部分，是游戏的一部分，而这个命题
在这个游戏中被使用并且向我们表明其"意义"。

（*RFM* 121a）

现在，为了看清楚**什么**被证明了，请看那个证明。　　219

（*RFM* 121e）

从中可以得出：当（G）还未被证明的时候，它就不具有清楚的数
学含义。尤其是，解释说（G）携带着"（G）是不可证明的"之含
义，这是不够好的，因为这话是什么意思仍然有待决定：什么被算
作是一个证明（*RFM* 121d）。但那样的话，如果（G）的含义仍然有
点不确定（只要它还没有被赋予一个公认的数学命题所具有的那种
地位）——如果"它的意义依然是被遮盖着的"（*RFM* 121d）——
那我们就不能把（G）的含义当成是对（G）的一个元数学证明的基
础。换句话说，从维特根斯坦的观点看，在哥德尔对（G）的真理
性的元数学证明中存在一个恶性循环：为了证明（G）——并因此来
决定（G）的含义——必须预设（G）的含义。

　　由于（G）一开始的不确定性，我们还是可以想象寻找对（G）
的一个证明；而只有那时（取决于那个证明是什么样的）我们才能
赋予（G）一个准确的含义。在接下来的这则评论中（§17），维特根
斯坦考虑了一些可能性。[1] 最后的结局可能是：在 P 中找到了在我
们看来是对（G）的一个证明这一点的光照下，我们终究还是决定
收回我们对（G）一开始的解释，即它蕴含着它自身的不可证明性
（*RFM* 121e；参 Lampert 2018，326）。

[1]　对维特根斯坦考虑的这些可能性的一个详细阐述，请参 Kienzler 2008，182—184。

13 结语：维特根斯坦与柏拉图主义

　　数学哲学中最大的问题自然是：**数学是什么？**这就是说：**数学命题的地位和含义是什么？**最受欢迎的答案也许一直都是柏拉图主义者给出的那个答案：数学命题是对独立存在的抽象对象的描述。维特根斯坦的数学哲学从根本上是反柏拉图主义的。在《逻辑哲学论》中，维特根斯坦就已经给出了对数学的一种非描述性说明，因此就更不包含对柏拉图式数学对象的描述了。他完全意识到集合论（集合论基于康托尔对无限总体的看法）的柏拉图式含意，并因此勾画了对算术的另一种逻辑主义说明，即不是从类或集合的角度，而是从运算的角度（Marion 1998，2—3）。数学是算法的而非描述的，这依然是贯穿维特根斯坦职业生涯的数学哲学的一个主旋律（*WVC* 106，*PR* 188）；"数学家是发明者而不是发现者"（*RFM* I §168：99）。为了回应是什么的问题，维特根斯坦将数学说明成一种（类似于）语法（的东西），这种说明邀请我们用这样一种方式来看待数学，这种方式避开了哪怕是诉诸任何形式的柏拉图主义的诱惑。

　　事实上，维特根斯坦的反柏拉图主义不仅仅是一种独特的数学观；它根植于他在语言哲学中最基本的洞见，即语言含义是由用法决定的（*PI* §43），而不同的语言表达往往是在明显不同的方式上被使用的（这些不同的方式为表层句法的相似性所掩盖）（*PI* §§8—17）。因此，我们需要不断地去抵制这种自然而然的描述主义偏见（这个偏见由《哲学研究》开篇对圣奥古斯丁的引用所阐明），根据该看法，语言的全部只关乎命名和描述对象。笛卡尔式二元论是相信语言整饬（linguistic uniformity）这一幼稚信念的一个后果（这在 *PI* §§243—315，即所谓的私人语言论证中被批评性地讨论了）。如果所有的名词都被解释为对象的名称，那像"疼痛""感觉""思想"或者"希望"这样的名词想必就是**内在**对象——在人们的意识的私人领地中发生的东西 [1]——的名称。同理，数学柏拉图主义源自于把数词解释为对象——存在于时空之外的抽象对象——的名称。在这两种情况下，一个语法上的差异（某些词在使用上的差异）被误解为是一个本体论上的差异（被指示的那个对象的差异），这是由于我们天真地坚持一幅简单化的有关语言之功能的指示性图画。

在《哲学研究》的第一部分，维特根斯坦就已经指出（在最初级的层面上）数学柏拉图主义是怎样由于语义偏见［对含义的一种指称主义（或者指示性）说明］而产生。他想象了一个简单化的语言游戏来阐明我们是怎样运用语词的（参 *PI* §449）；我们怎样使用句子作为工具来实现各种目的（*PI* §421），比方说：来买一些苹果。结局是：一个想象的柏拉图式指称物会和一个数词的实际使用无关（*PI* § 1；在 3.3 中被引用）。诚然，在 *PI* § 1 中，这一点只适用于最基本的算术策略——数数，但没有理由认为这不对更高级的数学也适用。无论如何，这是剑桥数学家、菲尔兹奖得主蒂莫西·高尔斯

221

---

[1]　对维特根斯坦对这种"内在对象"心灵模式进行攻击的一个详细说明，请看 Schroeder 2006，181—233。

的看法［高尔斯用维特根斯坦的一个隐喻把柏拉图主义描述为一个空转的轮子（不是机械装置的一部分）（参 *PI* §271）］，他评论道，一位持有柏拉图式信念的数学家的工作并不会因此就和一位反柏拉图主义同行（或者把这种形而上学问题当成完全无意义的一位数学家）的工作有任何区别（Gowers 2006，198）。[1]

保罗·贝纳塞拉夫（Paul Benacerraf）在他影响深远的《数学真理》（1973 年）一文中给出了与数学柏拉图主义作哲学斗争的一个说明，尽管贝纳塞拉夫依然同情柏拉图主义，但该说明还是可以被看成是对维特根斯坦的反柏拉图主义观点的一种辩白。贝纳塞拉夫非常令人信服地解释了柏拉图主义是如何通过他所谓的语义"标准观"［即语言（包括数学语言）指示和描述对象］而被强加给我们，他还进一步解释了接踵而来的抽象数学对象观是如何和我们的标准认识论相冲突的。因为，我们怎么能对感官无法感知的物体有知识呢？最自然的柏拉图式回应是由哥德尔（1947，271）给出的：和感官感知相比，我们必须承认另一种感知，即"数学直觉"。不过，正如贝纳塞拉夫正确地评论的那样，这只不过是给我们并不真正理解的获取知识的方式贴上了一个标签（1973，497）。在贝纳塞拉夫看来，到目前为止没有哪位数学哲学家成功地既满足了语义要求（把语言解释为指示和描述对象的要求）又满足了认识论要求（说明我们对被讨论的那些对象的知识的要求），但他对最终能找到这样一个哲学理论似乎是乐观的。不过，从维特根斯坦的观点看，贝纳塞拉夫的困境恰好是那种流行的偏见，即所有语言必须契合于同样的指称主义模式（那幅天真的奥古斯丁式语言图画），如何让我们陷入麻烦，导致

---

[1] 虽然维特根斯坦可能会反驳说：柏拉图主义数学家更有可能在集合论上浪费时间（参 *RFM* 264d），但也许可以这样认为：维特根斯坦对集合论声名远扬的厌恶针对的不是那种演算本身，而是其被误导的（赋予算术以一个基础的）应用（*RFM* 260a）以及对它的一般解释［将其解释为对实无限的一个描述（*PG* 368）］。参 Marion 1998，15—19。

一个不可解决的困境的一个简洁例证。拒斥对指称主义和语言同质性的天真信念——贝纳塞拉夫的问题就不会出现。贝纳塞拉夫论文的引人注目之处在于：他完全理解正是由于对一种同质化的指称主义语义理论的坚持才导致了问题的出现；但他不能把自己从那种坚持中解放出来，因此他认为所有语言都指示和描述对象就是极为自然的了，而且他发现对数学的任何替代说明都如此难以置信。

在前一章中我们看到，和一般的信念相反，哥德尔的第一不完备定理并没有提供任何有利于柏拉图主义的新论证。更具体地来说，由于哥德尔的结果只关注一个既定公理系统中的可证明性：它并没有表明真不可以和可证明性直接等同起来。不过，高尔斯给出了一个不同的反驳，反对把数学真理和可证明性等同起来，这个反驳可以被认为是替柏拉图主义说话。

请考虑"π 的十进制展开中的某处有一串一百万个7"这个陈述。人们确实感觉到：这是真是假是一个事实，即便人们可能永远都不知道是哪个。

是什么让我想要说这话：这一长串的7肯定要么在那里要么不在那里——而不是对排中律的一个一般且乞题的信念？好吧，实际上我被诱导更进一步并且说我相信这一长串的7**确实**在那里，而且我有一个明确的理由来支持那个更强的信念，这个理由如下。所有的证据都表明 π 的小数序列没有什么系统性的东西。事实上，它们的表现得似乎就像你在0到9之间随机选择一串数字一样。这种预感听起来含混不清，但它可以像下面这样被弄得很准确：统计学家对序列进行了各种各样的测试，以确定它们是否可能是随机产生的，而 π 的小数序列看起来非常有可能通过这些测试。前几百万个肯定会通过测试。一

223

个显而易见的测试是看任何既定的简短数字序列（比如 137）在长周期内是否以大致正确的频率出现。在数字串 137 的例子中，人们可以期望它在 π 的十进制展开中出现的频率大约是千分之一。如果在检查了几百万个数字之后，我们发现它实际上出现的频率是百分之一，或者根本没有出现，那我们就会感到惊讶，并且想知道是否有一个解释。

但经验确实强烈地表明：出现在自然界的那些无理数的十进制展开项中的短序列，**确实**是以正确的频率出现的。而要是这样的话，那我们就可以期望一百万个 7 在 π 的十进制展开中出现的频率大约为 $10^{-10000000}$——而我们实际上不能直接核实这一点，这当然并不奇怪。然而，如下论证虽然不是一个证明但还是非常有说服力的，即它最终确实会出现……

这……为那些很容易就把真和可证明性等同起来的人制造了麻烦。如果你观察实际的数学实践，尤其是观察数学信念是如何形成的，你会发现数学家在有正式证明之前很久就有了自己的观点。当我说我认为 π 在它的十进制展开中几乎肯定有一百万个 7 的时候，我并不是说我认为几乎肯定存在对这个断言的一个（切实可行地简短的）**证明**——也许有，也许没有。因此，这看起来就像我承诺了某种柏拉图主义——即存在这样或那样的事实，并且这就是为什么推测哪个是有意义的原因。

（Gowers 2006, §6；参 Davis & Hersh 1982, 363—369）

根据维特根斯坦思想中的两个关键看法（我称之为"语法观"和"演算观"），对上述考虑的一种维特根斯坦式回应是双重的。

首先，语法观（把数学当成是一个表征规范系统）是维特根斯坦对数学哲学最具特色的贡献，也是他反驳柏拉图主义倾向的主要路线。数学并不描述一个数学对象的世界，因为它（就像一个语法规则系统）并不描述任何东西，而是在我们的经验命题之间制约推理。不过，语法观并不要求所有这样的准语法规范都为证明所确立。我们可以想象它们建立在教士权威或者智者阶层的基础上。更实际地来说，这样的规范可以（而且实际上经常是）从试错中抽象出来，正如维特根斯坦毫不隐讳地设想对经验命题"硬化为规则"（*RFM* 324b）的谈论那样。从这个观点看，高尔斯的如下描述就不是一种窘境，即数学家们怎样不用任何正式证明就能获得数学上的说服力。唯一重要就是：数学共同体能够被说服去授予某些数学命题以规范性地位，不管是基于正式证明、合理的经验猜想或者甚至是宗教冥想。

224

　　其次，正如我们看到的那样，维特根斯坦也为下面这个看法辩护，即数学结果必须要通过计算建立起来。维特根斯坦的反柏拉图主义立场中的这条"构成主义"线索，似乎正是高尔斯的评论要挑战的地方。不过，高尔斯自己进一步给出了一个可信的回应。即便对我们的数学实践来说下面这一点是根本的，即新的数学断言是通过正确论证确立起来的，我们也必须要记住：数学家们将其接受为"证明"的那东西（也就是把一个数学命题认作为真的那个合理的根据），也不必是在一个公理系统中的一个正式推导。哥德尔给出了一个例子来说明如何在没有一个正式证明的情况下表明某事是正确的，而高尔斯则阐明了数学家们如何能被统计的或者概率上的考量（至少暂时性地[1]）说服，他把这称为"听似合理的启发式论证"（reasonable-sounding heuristic argument）。

　　事实上，（对我们把什么当成是数学中一个有说服力的论证的）

---

[1]　高尔斯给出了似乎"绝对正确"的一个猜想的另一个例子：孪生素数猜想，并指出他对这个猜想的信心不如对 π 数列的统计上的正态分布的信心大（2006，§6）。

这种实际来说可变通的进路和维特根斯坦对数学的人类学立场契合得非常好。如果数学证明要被理解为这样一些论证，即它们说服我们把某种东西接受为一个表征规范（参 *RFM* I §33：50；§63：61），那我们要期待的就只是：可能存在不同程度的说服力，正如在其他形式的理性话语中一样。因此，甚至是在数学家们并不期待出现一个正式证明的地方，也存在他们有各种理由接受为真而且被科学家们成功应用了的一些数学猜想，而既然成功应用了，它们就应该被当成是属于我们的数学全集的，即便它们的地位相比于那些经过严格证明的数学要更加不牢靠。

正是维特根斯坦强调的数学本质上作为一种人类实践所具有的人类学维度，让他和所有主流的数学哲学流派分道扬镳。

柏拉图主义并不从人类的视角而是从上帝的视角来看待数学。数学事实被认为是无关乎人类理解而存在；它们在某种意义上存在于上帝的心灵中（*PI* §352）。此外，为了维护下面这个理性主义看法，即数学提供了对实在的一个描述——实际上是对实在的最不可置疑的描述［戴维斯和赫什（Davis and Hersh）称之为"欧几里得之谜"（the Euclid myth）（1982，322—330）］，柏拉图主义必须假定一个不同的实在领域（就像宗教形而上学的那种超验性一样），一个永恒真理的王国。维特根斯坦的反驳是：超验的东西不能解释我们的人类实践。

形式主义正确地强调了制造数学证明的那种人类实践，并且在很多方面是对柏拉图主义的一个可信的替换物。维特根斯坦对希尔伯特形式主义的反驳和对一致性证明的关注在第 11 章中已经讨论了。维特根斯坦也区别于形式主义的后期版本的地方在于：他坚持认为应用对数学也是基本的（参 Klenk 1976，26—28）。这是数学作为语法之观点的一个关键面相：即它制约（被应用于纯数学之外的）语言。并非每一个单独的定理都必须被应用，或者哪怕是可应用的；但是，把数学整体和一个单纯的游戏网络区别开来的东西是下面这一点，即数学的初级部分是在经验应用中被牢固地建立起来的，而它更高阶的部分至少倾向于要朝着可能的应用而转动，或者是针对可能的应用而考虑的。正如上面解释过的那样，正是维特根斯坦的说明中的这第二个关键看法让他能够灵活地顺应数学实践的诸多面相，这些面相让把数学真理和可证明性等同起来的严格形式主义者感到尴尬，例如在高尔斯给出的试验性数学推理的那些例子中，或者比方说在黎曼猜想中。如果"'数学'并不是被严格限定的一个概念"（MS 127，185），而是由两个关键看法刻画的，那在不同的情况中发现这两个看法应用到不同的程度，这就不足为奇了：和经过严格证明且可应用的数学的范例相比较，还有这样一些数学例证，它们是经过严格证明的，但是很少或者没有作为语法规范的功能，而且我们也可以设想一些不那么严格地被建立起来的数学命题，只要它们是有用的。

"构成主义"（constructivism）是**可以**被应用于维特根斯坦的数学哲学的一个标签，正如从他的著名口号中清楚地看出的那样："数学家是发明者而不是发现者"（*RFM* I §168：99）；但是，他显然不是直觉主义类型的一种构成主义者。他无暇顾及布劳威尔的心理主义，心理主义的看法是数学作为"一种本质上无语言的心灵活动"（Brouwer 1952，141—142；参第7章；Hacker 1986，120—128；Marion 2003），他也不会同意对布劳威尔的修正主义，即要求数学根据直觉主义原则来重构。维特根斯坦的构成主义不是一种基础主义方案，而是为了描述数学家们实际上做了什么所做的一种尝试。数学家们构造概念，发展这些概念的含意，这么做的过程中有时也修改和扩展这些概念；当然，并不是自由地或者任意地修改和扩展，而是既被现存概念，也被对得出的那些定理的可应用性的关注所限制（见第8—10章）。

参考文献

Aigner, M. & Ziegler, G. (2001): *Proofs from the Book*, Berlin: Springer.

Ambrose, Alice (1959): 'Proof and the Theorem Proved', in: *Mind* 68; 435—445.

Anderson, Alan Ross (1958): 'Mathematics and the "Language Game" ', in: P. Benacerraf & H. Putnam (eds.) (1964): *Philosophy of Mathematics. Selected Readings*, Englewood Cliffs, NJ: Prentice-Hall; 481—490.

Ayer, A.J. (1936): *Language, Truth, and Logic*, Harmondsworth: Penguin, 1971.

Baker, G.P. & Hacker, P.M.S. (1980): *Wittgenstein: Understanding and Meaning. An Analytical Commentary on the Philosophical Investigations*, vol. 1, Oxford: Blackwell.

Baker, G.P. & Hacker, P.M.S. (2009): 'Grammar and Necessity', in: G.P. Baker & P.M.S. Hacker (eds.), *Wittgenstein: Rules, Grammar and Necessity. An Analytical Commentary on the Philosophical Investigations*, vol. 2, 2nd ed., extensively rev. by P.M.S. Hacker, Oxford: Wiley Blackwell; 241—370.

Bangu, S. (2016): 'Later Wittgenstein on the Logicist Definition of Number', in: S. Costreie (ed.), *Early Analytic Philosophy. New Perspectives on the Tradition*. Volume in the Western Ontario Series in Philosophy of Science. Series editor W. Demopoulos, Wien & New York: Springer.

Bangu, S. (2017): 'Later Wittgenstein and the Genealogy of Mathematical

Necessity', in: K.M. Cahill & T. Raleigh (eds.), *Wittgenstein and Naturalism*, London: Routledge; 151—173.

Bays, Timothy (2004): 'On Floyd and Putnam on Wittgenstein on Gödel', in: *Journal of Philosophy* CI (4); 197—210.

Becker, Oskar (1964): *Grundlagen der Mathematik in geschichtlicher Entwicklung*, Frankfurt/Main: Suhrkamp, 1975.

Benacerraf, P. (1965): 'What Numbers Could Not Be', in: *Philosophical Review* 74; 47—73.

Benacerraf, P. (1973): 'Mathematical Truth', in: *Journal of Philosophy* 70; 661—679; Reprinted in: Marcus, R. & McEvoy, M. (eds.) (2016): *An Historical Introduction to the Philosophy of Mathematics: A Reader*, London: Bloomsbury; 487—500.

Benacerraf, P. & Putnam, H. (eds.) (1964): *Philosophy of Mathematics. Selected Readings*, Englewood Cliffs, NJ: Prentice-Hall.

Bennett, Jonathan (1961): 'On Being Forced to a Conclusion', in: *Proceedings of the Aristotelian Society* 35; 15—34.

Bernays, Paul (1959): 'Comments on Ludwig Wittgenstein's *Remarks on the Foundations of Mathematics*', in: P. Benacerraf & H. Putnam (eds.) (1964): *Philosophy of Mathematics. Selected Readings*, Englewood Cliffs, NJ: Prentice-Hall; 510—528.

Berto, F. (2009a): 'The Gödel Paradox and Wittgenstein's Reasons', in: *Philosophia Mathematica* III (17); 208—219.

Berto, F. (2009b): *There's Something About Gödel. The Complete Guide to the Incompleteness Theorem*, Oxford: Wiley Blackwell.

Bourbaki, N. (1939): *Eléments de mathématique: Théorie des ensembles*, Paris: Éditions Hermann, 1977.

Bouveresse, Jacques (1988): *Le Pays des Possibles: Wittgenstein, les mathématiques et le monde réel*, Paris: Les Éditions de Minuit.

Boyer, C.B. & Merzbach, U.C. (1989): *A History of Mathematics*, 2nd ed., New York: John Wiley.

Brouwer, L.E.J. (1952): 'Historical Background, Principles and Methods of Intuitionism', in: *South African Journal of Science* 49; 139—146.

Büttner, Kai (2016a): 'Surveyability and Mathematical Certainty', in: *Axiomathes* 26 (2).

Büttner, Kai (2016b): 'Equinumerosity and One-One Correlatability', in: *Grazer Philosophische Studien* 93; 152—177.

Cantor, Georg (1891): 'Ueber eine elementare Frage der Mannigfaltigkeitslehre', in: *Jahresbericht der Deutschen Mathematiker-Vereinigung* 1; 75—78.

Chihara, C.S. (1977): 'Wittgenstein's Analysis of the Paradoxes in his *Lectures on the Foundations of Mathematics*', in: *Philosophical Review* 86; Reprinted in: Shanker 1986; 325—337.

Connes, Alain (2000): 'La réalité mathématique archaïque', in: *La Recherche* 332; 109.

Da Silva, Jairo Jose (1993): 'Wittgenstein on Irrational Numbers', in: K. Puhl (ed.), *Wittgenstein's Philosophy of Mathematics*, Vienna: Hölder-Pichler-Tempsky; 93—99.

Davis, Philip J. & Hersh, Reuben (1982): *The Mathematical Experience*, Brighton: The Harvester Press.

Dawson, Ryan (2016): 'Wittgenstein on Set Theory and the Enormously Big', in: *Philosophical Investigations* 39 (4); 313—334.

de Bruin, B. (2008): 'Wittgenstein on Circularity in the Frege-Russell Definition of Cardinal Number', in: *Philosophia Mathematica* III (6); 354—373.

Dehaene, Stanislas (2011): *The Number Sense: How the Mind Creates Mathematics*, Oxford: OUP. du Sautoy, Marcus (2011): 'Exploring the Mathematical Library of Babel', in: J. Polkinghorne (ed.), *Meaning in Mathematics*, Oxford: OUP; 17—25.

Dummett, Michael (1959): 'Wittgenstein's Philosophy of Mathematics', in: P. Benacerraf & H. Putnam (eds.) (1964): *Philosophy of Mathematics. Selected Readings*, Englewood Cliffs, NJ: Prentice-Hall; 491—509 [also in: G. Pitcher (ed.) (1966): *Wittgenstein. The Philosophical Investigations*, London: Palgrave Macmillan; 420—447].

Feigl, Herbert (1981): 'The Wiener Kreis in America', in: R.S. Cohen (ed.), *Inquiries and Provocations: Selected Writings 1929—1974*, Dordrecht: D. Reidel; 57—94.

Floyd, Juliet & Mühlhölzer, Felix (2020): *Wittgenstein's Annotations to Hardy's Course of Pure Mathematics: An Investigation of Wittgenstein's Non-Extensionalist Understanding of the Real Numbers*, Cham: Springer.

Floyd, Juliet & Putnam, Hilary (2000): 'A Note on Wittgenstein's "Notorious Paragraph" About the Gödel Theorem', in: *The Journal of Philosophy* XCVII (11); 624—632.

Floyd, Juliet & Putnam, Hilary (2006): 'Bays, Steiner and Wittgenstein's "Notorious Paragraph" about the Gödel Theorem', in: *The Journal of Philosophy* CIII (2); 101—110.

Frascolla, P. (1994): *Wittgenstein's Philosophy of Mathematics*, London: Routledge.

Frascolla, P. (2001): 'Philosophy of Mathematics', in: H.J. Glock (ed.), *Wittgenstein. A Critical Reader*, Oxford: Wiley Blackwell; 268—288.

Frege, Gottlob (1884): *Foundations of Arithmetic*, trans. J.L. Austin, Oxford: Wiley Blackwell, 1950.

Frege, Gottlob (1889): 'Ueber die Zahlen des Herrn H. Schubert, Jena: Pohle', in: G. Patsig (ed.), *Logische Untersuchungen*, Göttingen: Vandenhoeck & Ruprecht, 1993; 133—162.

Frege, Gottlob (1893): *Basic Laws of Arithmetic*, trans. P.A. Ebert & M. Rossberg, Oxford: OUP, 2013.

Friederich, Simon (2011): 'Motivating Wittgenstein's Perspective on Mathematical Sentences as Norms', in: *Philosophia Mathematica* III (19); 1—19.

Galileo (1632): *Dialogues Concerning Two New Sciences*, Evanston, IL: Northwestern University, 1939. Reprinted by Dover 1954.

Gandon, Sebastien (2012): 'Wittgenstein et le logicisme de Russell: remarques critiques sur "A Mathematical Proof Must be Surveyable" de F. Mühlhölzer', in: *Philosophiques* 39 (1); 163—187.

Giaquinto, Marcus (2002): *The Search for Certainty: A Philosophical Account of Foundations of Mathematics*, Oxford: Clarendon Press.

Glock, Hans-Johann (1996): *A Wittgenstein Dictionary*, Oxford: Wiley Blackwell.

Glock, Hans-Johann & Büttner, Kai (2018): 'Mathematik und Begriffsbildung', in: J. Bromand (ed.), *Wittgenstein und die Philosophie der Mathematik*, Paderborn: Mentis; 175—193.

Gödel, Kurt (1931): 'Über formal unentscheidbare Sätze der Principia Mathematica und verwandter Systeme I, transl. On Formally Undecidable Propositions of *Principia Mathematica* and Related Systems I', in: S.G. Shanker (ed.), *Gödel's Theorem in Focus*, London: Routledge, 1989; 17—47.

Gödel, Kurt (1947): 'What Is Cantor's Continuum Problem?' in: P. Benacerraf & H. Putnam (eds.) (1964): *Philosophy of Mathematics. Selected Readings*, Englewood Cliffs, NJ: Prentice-Hall; 258—273.

Gödel, Kurt (2003): *Collected Works*, vol. 5, Oxford: OUP.

Goldstein, R. (2005): *Incompleteness: The Proof and Paradox of Kurt Gödel*, New York: Norton.

Goodstein, R.L. (1972): 'Wittgenstein's Philosophy of Mathematics', in: A. Ambrose & M. Lazerowitz (eds.), *Ludwig Wittgenstein: Philosophy and Language*, Bristol: Thoemmes Press, 1996; 271—286.

Gowers, Timothy (2006): 'Does Mathematics Need a Philosophy?' in: R. Hersh (ed.), *18 Unconventional Essays on the Nature of Mathematics*, New York: Springer; 182—201.

Hacker, P.M.S. (1986): *Insight and Illusion: Themes in the Philosophy of Wittgenstein*, rev. ed., Oxford: Clarendon Press.

Hacker, P.M.S. (1996): *Wittgenstein: Mind and Will: An Analytical Commentary on the Philosophical Investigations*, vol. 4, Oxford: Wiley Blackwell.

Hacking, Ian (2014): *Why Is There Philosophy of Mathematics at All?* Cambridge: CUP.

Han, Daesuk (2010): 'Wittgenstein and the Real Numbers', in: *History and Philosophy of Logic* 31 (3); 219—245.

Hart, H.L. (1961): *The Concept of Law*, Oxford: OUP.

Higgins, P.M. (2011): *Numbers*, Oxford: OUP.

Hilbert, David (1922): 'Neubegründung der Mathematik, Abhandlungen aus dem Seminar der Hamburgischen Universität, 1', English translation in P. Mancosu (ed.) (1998), *From Brouwer to Hilbert: The Debate on the Foundations of Mathematics in the 1920s*, Oxford: OUP; 198—214.

Hilbert, David (1925): 'On the Infinite', in: P. Benacerraf & H. Putnam (eds.) (1964): *Philosophy of Mathematics. Selected Readings*, Englewood Cliffs, NJ: Prentice-Hall; 134—151.

Hilbert, David (1928): 'Die Grundlagen der Mathematik', English translation in van Heijenoort (ed.), *From Frege to Gödel: A Sourcebook in Mathematical Logic, 1897—1931*, Cambridge, MA: Harvard UP, 1967; 464—479.

Hoffmann, D.W. (2017): *Die Gödel'schen Unvollständigkeitssätze*, 2nd ed., Berlin: Springer.

Intisar-ul-Haque (1978): 'Wittgenstein on Number', in: *International Philosophical Quarterly* 18; Reprinted in: Shanker 1986; 45—59.

Kant, Immanuel (1787), *Critique of Pure Reason*, trans. N. Kemp Smith, London: Palgrave Macmillan, 1929.

Kienzler, Wolfgang (1997): *Wittgensteins Wende zu seiner Spätphilosophie*, Frankfurt/Main: Suhrkamp.

Kienzler, Wolfgang (2008): 'Wittgensteins Anmerkungen zu Gödel. Eine Lektüre der *Bemerkungen über die Grundlagen der Mathematik*, Teil I, Anhang III', in: M. Kroß (ed.), *"Ein Netz von Normen": Wittgenstein und die Mathematik*, Berlin: Parerga; 149—198.

Kienzler, Wolfgang & Greve, Sebastian (2016): 'Wittgenstein on Gödelian "Incompleteness", Proofs and Mathematical Practice: Reading Remarks on the Foundations of Mathematics, Part I, Appendix III, Carefully', in: S. Greve & J. Macha (eds.), *Wittgenstein and the Creativity of Language*, Basingstoke: Palgrave Macmillan; 76—116.

Klenk, V.H. (1976): *Wittgenstein's Philosophy of Mathematics*, The Hague: Martinus Nijhoff.

Kline, Morris (1953): *Mathematics in Western Culture*, Harmondsworth: Penguin, 1972.

Kline, Morris (1980): *Mathematics: The Loss of Certainty*, New York: OUP.

Körner, Stephan (1960): *The Philosophy of Mathematics: An Introductory Essay*, London: Hutchinson.

Kreisel, G. (1958): 'Wittgenstein's Remarks on the Foundations of Mathematics', in: *British Journal for the Philosophy of Science* 9 (34); 135—158.

Kripke, Saul (1982): *Wittgenstein on Rules and Private Language*, Cambridge, MA: Harvard UP.

Lampert, Timm (2008): 'Wittgenstein on the Infinity of Primes', in: *History and Philosophy of Logic* 29; 63—81.

Lampert, Timm (2018): 'Wittgenstein and Gödel: An Attempt to Make "Wittgenstein's Objection" Reasonable', in: *Philosophia Mathematica* 26 (3); 324—345.

Leibniz, G.W. (1875—1890): *Die philosophischen Schriften*, ed. C.I. Gerhardt, Berlin: Weidmann. Reprinted by G. Olms.

Mancosu, Paolo (1998): 'Hilbert and Bernays on Metamathematics', in: P. Mancosu (ed.) (2010), *The Adventure of Reason: Interplay between Philosophy of Mathematics and Mathematical Logic, 1900—1940*, Oxford: OUP; 125—158.

Mancosu, Paolo (2004): 'Review of Gödel's *Collected Works*, Vols. IV and V', in: P. Mancosu (ed.) (2010), *The Adventure of Reason: Interplay between Philosophy of Mathematics and Mathematical Logic, 1900—1940*, Oxford: OUP; 240—254.

Mancosu, Paolo (2009): 'Measuring the Size of Infinite Collections of Natural Numbers: Was Cantor's Theory of Infinite Number Inevitable?' in: *The Review of Symbolic Logic* 2 (4), December; 612—646.

Mancosu, Paolo & Marion, Mathieu (2003): 'Wittgenstein's Constructivization of Euler's Proof of the Infinity of Primes', in: P. Mancosu (ed.) (2010), *The Adventure of Reason: Interplay between Philosophy of Mathematics and Mathematical Logic, 1900—1940*, Oxford: OUP; 217—231.

Marconi, Diego (2000): 'Verificationism in the *Tractatus*?' in: P. Frascolla (ed.), *Tractatus Logico-Philosophicus. Sources, Themes, Perspectives, Annali dell'Università della Basilicata*, vol. 11; 75—87.

Marconi, Diego (2002): 'Verificationism and the Transition', in: R. Haller & K. Puhl (eds.), *Wittgenstein and the Future of Philosophy. A Reassessment after 50 Years*, Vienna: Hölder-Pichler-Tempsky; 241—250.

Marion, Mathieu (1998): *Wittgenstein, Finitism, and the Foundations of Mathematics*, Oxford: Clarendon Press.

Marion, Mathieu (2003): 'Wittgenstein and Brouwer', in: *Synthese* 137; 103—127.

Marion, Mathieu (2008): 'Brouwer on "Hypotheses" and the Middle Wittgenstein', in: M.V. Atten, P. Boldini, M. Bourdeay & G. Heinzmann (eds.), *One Hundred Years of Intuitionism (1907—2007): The Cerisy Conference (Publications des Archives Henri Poincaré Publications of the Henri Poincaré Archives)*, 2008th ed., Basel: Birkhäuser

Verlag; 96—114.

Marion, Mathieu (2011): 'Wittgenstein on Surveyability of Proofs', in: O. Kuusela & M. McGinn (eds.), *The Oxford Handbook of Wittgenstein*, Oxford: OUP; 138—161.

Marion, M. & Okada, M. (2013): 'Wittgenstein on Contradiction and Consistency: An Overview', in: *O Que No Faz Pensar* 33; 52—79.

Marion, M. & Okada, M. (2014): 'Wittgenstein on Equinumerosity and Surveyability', in: Kai Büttner et al. (eds.), *Themes from Wittgenstein and Quine*, Amsterdam: Rodopi; 61—78.

Marion, M. & Okada, M. (2018): 'Wittgenstein, Goodstein and the Origin of the Uniqueness Rule for Primitive Recursive Arithmetic', in: D. Stern (ed.), *Wittgenstein in the 1930s. Between the Tractatus and the Investigations*, Cambridge: CUP; 253—271.

McGuinness, Brian (1988): *Wittgenstein: A Life: Young Ludwig 1889—1921*, vol. 1, London: Duckworth.

Meschkowski, Herbert (1984): *Problemgeschichte der Mathematik I*, Mannheim: Bibliographisches Institut.

Monk, Ray (1990): *Wittgenstein: The Duty of Genius*, London: Jonathan Cape.

Mühlhölzer, Felix (2001): 'Wittgenstein and the Regular Heptagon', in: *Grazer Philosophische Studien* 62; 215—247.

Mühlhölzer, Felix (2006): '"A Mathematical Proof Must Be Surveyable". What Wittgenstein Meant by This and What It Implies', in: M. Kober (ed.), *Deepening Our Understanding of Wittgenstein*, Amsterdam: Rodopi.

Mühlhölzer, Felix (2010): *Braucht die Mathematik eine Grundlegung?* Frankfurt/Main: Klostermann.

Mühlhölzer, Felix (2012): 'Wittgenstein and Metamathematics', in: P. Stekeler Weithofer (ed.), *Wittgenstein: Zu Philosophie und Wissenschaft*, Hamburg: Felix Meiner Verlag; 103—128.

Peacocke, C. (1981): 'Reply: Rule-Following: The Nature of Wittgenstein's Arguments', in: S. Holtzman & C. Leich (eds.), *Wittgenstein: To Follow a Rule*, London: Routledge; 72—95.

Poincaré, Henri (1905): *Science and Hypothesis*, trans. W.J. Greenstreet, London: Scott.

Potter, Michael (2011): 'Wittgenstein on Mathematics', in: O. Kuusela & M.

McGinn (eds.), *The Oxford Handbook of Wittgenstein*, Oxford: OUP; 122—137.

Priest, Graham (2004): 'Wittgenstein's Remarks on Gödel's Theorem', in: M. Kölbel & B. Weiss (eds.), *Wittgenstein's Lasting Significance*, London: Routledge; 206—225.

Quine, Willard Van Orman (1936): 'Truth by Convention', in: P. Benacerraf & H. Putnam (eds.) (1964): *Philosophy of Mathematics. Selected Readings*, Englewood Cliffs, NJ: Prentice-Hall; 322—345.

Ramharter, Esther (ed.) (2008): *Prosa oder Beweis? Wittgensteins 'berüchtigte' Bemerkungen zu Gödel. Texte und Dokumente*, Berlin: Parerga.

Rodych, Victor (1999a): 'Wittgenstein's Inversion of Gödel's Theorem', in: *Erkenntnis* 51; 173—206.

Rodych, Victor (1999b): 'Wittgenstein on Irrationals and Algorithmic Decidability', in: *Synthese* 118; 279—304.

Rodych, Victor (2000): 'Wittgenstein's Critique of Set Theory', in: *The Southern Journal of Philosophy* XXXVIII; 281—319.

Rodych, Victor (2018): 'Wittgenstein's Philosophy of Mathematics', in: *Stanford Encyclopedia of Philosophy*, first published, 2007: https://plato.stanford.edu/entries/wittgenstein-mathematics/.

Rundle, Bede (1979): *Grammar in Philosophy*, Oxford: Clarendon Press.

Russell, Bertrand (1918): 'The Philosophy of Logical Atomism', in: *His: Logic and Knowledge. Essays: 1901—1950*, London: George Allen & Unwin, 1956; 175—282.

Russell, Bertrand (1919): *Introduction to Mathematical Philosophy*, London: George Allen & Unwin.

Russell, Bertrand (1956): *Portraits from Memory*, London: George Allen & Unwin.

Russell, Bertrand & Whitehead, A.N. (1927), *Principia Mathematica*, 2nd ed. (1st ed., 1910—1913), Cambridge: CUP.

Ryle, Gilbert (1950): 'Heterologicality', in: *His Collected Papers*, vol. 2, London: Hutchinson, 1971.

Sainsbury, R.M. (1995): *Paradoxes*, 2nd ed., Cambridge: CUP.

Schroeder, Severin (1998): *Das Privatsprachen-Argument: Wittgenstein über*

参考文献

Empfindung und Ausdruck, Paderborn: Schöningh.

Schroeder, Severin (2001): 'Private Language and Private Experience', in: H.J. Glock (ed.), *Wittgenstein: A Critical Reader*, Oxford: Wiley Blackwell; 174—198.

Schroeder, Severin (2006): *Wittgenstein: The Way Out of the Fly-Bottle*, Cambridge: Polity.

Schroeder, Severin (2009a): 'Analytic Truths and Grammatical Propositions', in: H.J. Glock & J. Hyman (eds.), *Wittgenstein and Analytic Philosophy: Essays for P.M.S. Hacker*, Oxford: OUP; 83—108.

Schroeder, Severin (2009b): *Wittgenstein Lesen: Ein Kommentar zu ausgewählten Passagen der Philosophischen Untersuchungen*, Stuttgart-Bad Cannstatt: Fromman-Holzboog.

Schroeder, Severin (2012): 'Conjecture, Proof, and Sense, in Wittgenstein's Philosophy of Mathematics', in: C. Jäger & W. Löffler (eds.), *Epistemology: Contexts, Values, Disagreement. Proceedings of the 34th International Ludwig Wittgenstein Symposium in Kirchberg, 2011*, Frankfurt/Main: Ontos; 461—475.

Schroeder, Severin (2013): 'Wittgenstein on Rules in Language and Mathematics', in: N. Venturinha (ed.), *The Textual Genesis of Wittgenstein's Philosophical Investigations*, London: Routledge; 155—167.

Schroeder, Severin (2014): 'Mathematical Propositions as Rules of Grammar', in: *Grazer Philosophische Studien* 89; 21—36.

Schroeder, Severin (2015): 'Mathematics and Forms of Life', in: *Nordic Wittgenstein Review*, October; 111—130.

Schroeder, Severin (2016): 'Intuition, Decision, Compulsion', in: J. Padilla Gálvez (ed.), *Action, Decision-Making and Forms of Life*, Berlin: de Gruyter; 25—44.

Schroeder, Severin (2017a): 'On Some Standard Objections to Mathematical Conventionalism', in: *Belgrade Philosophical Annual* 30; 83—98.

Schroeder, Severin (2017b): 'Grammar and Grammatical Statements', in: H.J. Glock & J. Hyman (eds.), *A Companion to Wittgenstein*, Chichester: Wiley Blackwell; 252—268.

Shanker, S.G. (1986): 'Introduction: The Portals of Discovery' in: S.G. Shanker (ed.), *Ludwig Wittgenstein: Critical Assessments, Vol. 3: From the Tractatus to Remarks on the Foundations of Mathematics*, London: Croom Helm.

Shanker, S.G. (1987): *Wittgenstein and the Turning-Point in the Philosophy of Mathematics*, London: Routledge.

Shanker, S.G. (1988): 'Wittgenstein's Remarks on the Significance of Gödel's Theorem', in: S.G. Shanker (ed.), *Gödel's Theorem in Focus*, London: Routledge; 155—256.

Singh, Simon (1997): *Fermat's Last Theorem*, London: Fourth Estate.

Steiner, Mark (1975): *Mathematical Knowledge*, Ithaca, NY: Cornell UP.

Steiner, Mark (2000): 'Mathematical Intuition and Physical Intuition in Wittgenstein's Later Philosophy', in: *Synthese* 125; 333—340.

Steiner, Mark (2001): 'Wittgenstein as His Own Worst Enemy: The Case of Gödel's Theorem', in: *Philosophia Mathematica* 9 (3); 257—279.

Steiner, Mark (2009): 'Empirical Regularities in Wittgenstein's Philosophy of Mathematics', in: *Philosophia Mathematica* III (17); 1—34.

Steiner, Mark (2013): 'The "Silent Revolution" of Wittgenstein's Philosophy of Mathematics', presentation given at Göttingen University.

Stroud, Barry (1965): 'Wittgenstein and Logical Necessity', in: S. Shanker (ed.), *Ludwig Wittgenstein: Critical Assessments*, vol. 3, London: Routledge, 1996; 289—301.

Tarski, Alfred (1936): 'The Establishment of Scientific Semantics', in: *His: Logic, Semantics, Metamathematics: Papers from 1923 to 1938*, Oxford: OUP; 401—408.

Tarski, Alfred (1937): 'The Concept of Truth in Formalized Languages', in: *His: Logic, Semantics, Metamathematics: Papers from 1923 to 1938*, Oxford: Clarendon Press, 1956; 152—278.

von Savigny, Eike (1996): *Der Mensch als Mitmensch: Wittgensteins "Philosophische Untersuchungen"*, Munich: Deuscher Taschenbuchverlag.

Waismann, Friedrich (1936): *Einführung in das mathematische Denken*, München: dtv, 1970.

Waismann, Friedrich (1982): *Lectures on the Philosophy of Mathematics*, ed. W. Grassl, Amsterdam: Rodopi.

Wang, Hao (1961): 'Process and Existence in Mathematics', in: Y. Bar-Hillel et al. (eds.), *Essays on the Foundation of Mathematics dedicated to A.A. Fraenkel on His Seventieth Anniversary*, Jerusalem: Magnes; 328—351.

Weyl, Hermann (1921): 'Über die neue Grundlagenkrise der Mathematik', in: *Mathematische Zeitschrift* 10; 39—79.

Wright, Crispin (1980): *Wittgenstein on the Foundations of Mathematics*, Cambridge, MA: Harvard UP.

Wright, Georg Henrik von (1954): 'A Biographical Sketch', in: N. Malcolm (ed.), *Ludwig Wittgenstein: A Memoir*, Oxford: OUP, 1984; 1—20.

Wrigley, Michael (1980): 'Wittgenstein on Inconsistency', in: S. Shanker (ed.), *Ludwig Wittgenstein: Critical Assessments*, vol. 3, London: Routledge, 1986.

Wrigley, Michael (1989): 'The Origins of Wittgenstein's Verificationism', in: *Synthese* 78; 265—290.

索 引

（页码据英文版原书，即本书边码）

E

Egyptians 埃及人 128, 137

Einstein, Albert 阿尔伯特·爱因斯坦 77

empiricism 经验论，经验主义 59, 93, 95, 117, 119—120, 126—140, 142, 170

$_N$English (*vs.* $_{N+}$English) $_N$ 英语（对 $_{N+}$ 英语） 69, 71, 74, 132, 187—188

equation 等式 10, 14, 16, 25—28, 30—33, 35, 36—39, 41—45, 60—64, 66, 119, 123, 135, 136, 167—168, 171, 172

equinumerosity 等势性 8, 10—11, 13, 15—21, 23, 30, 143—146

essence 本质 145, 148, 181

Euclid 欧几里得 76, 150, 158—166, 186, 217

Euclidian geometry 欧几里得几何 39, 75, 76, 77

Euler, Leonhard 莱昂哈德·欧拉 76, 138

Euler's proof of infinity of primes 欧拉的素数无限证明 46

expansion (of irrational number)（无理数的）展开 151—155, 222—223

experiment 实验 29, 30, 110, 119, 126—127, 131, 133, 142, 145, 169—170, 184, 186, 190; picture of an 实验的一幅图画 169—170

extensionalism 外延主义 50—51, 53, 151—154

F

Fermat's proposition/Last Theorem 费马的命题 / 费马大定理 43, 45, 47, 49, 166, 176, 184

Floyd, Juliet 朱丽叶·弗洛伊德 118

formalism 形式主义 ix, x, 3, 4, 189—190, 225

form of life 生活形式 71, 124—125, 200

foundation(s) 基础 viii, xi, 3—8, 12, 13, 21, 27—34, 82, 87, 108, 133, 189, 200, 202, 203, 225

Franz Josef I. 弗兰茨·约瑟夫一世 162

Frascolla, Pasquale 帕斯夸里·弗拉斯科拉 91—92

Frege, Gottlob 戈特洛布·弗雷格 ix, 5, 7—8, 9—12, 15—25, 26, 27, 35, 81, 83, 101—102, 132, 135—136, 189, 193, 201, 210

Friederich, Simon 西蒙·弗里德里希 191

G

Galileo 伽利略 158

Gandon, Sébastien 塞巴斯蒂安·冈东 31

Gauß, Carl Friedrich 卡尔·弗里德里希·高斯 159, 216

generality (generalisation) 普遍性（概括） 38, 43, 50, 51—52, 53, 59, 67, 80—81, 97, 102, 106—109, 119—120, 127—128, 130, 132, 133, 137, 144, 146, 151, 153, 162, 170, 178, 181, 182, 191

God 上帝 71, 224

Gödel 哥德尔 5, 158, 197, 203—219, 222, 224; incompleteness theorems 哥德尔不完备定理 203—219, 222, 224

Goldbach's conjecture 哥德巴赫猜想 49—50, 176, 178

Gowers, Timothy 蒂莫西·高尔斯 23, 50, 221, 222—224, 225

grammar 语法 4, 39, 42, 48, 59—77, 78, 118, 187, 203, 220, 225; autonomy of 语法的自治性 130—131

grammar view 语法观 x, 57—77, 118, 130, 136, 137, 141, 142, 161, 171, 172, 184, 187, 223

grammatical proposition (rule) 语法命题（规则） x, 39—41, 53, 58, 59—77, 78, 93, 95, 96, 98, 126—128, 135, 136, 141—142, 145, 161, 171, 176, 177, 182, 184, 192, 215, 223

图书在版编目(CIP)数据

维特根斯坦论数学 / (德) 塞弗伦·施罗德
(Severin Schroeder) 著 ; 梅杰吉译. -- 上海 : 上海
人民出版社，2024. -- ISBN 978-7-208-19147-1

Ⅰ. O1-0

中国国家版本馆 CIP 数据核字第 2024H652F0 号

责任编辑　陈依婷　于力平
封面设计　零创意文化

维特根斯坦论数学

[德]塞弗伦·施罗德　著

梅杰吉　译

出　　版	上海人民出版社	
	(201101　上海市闵行区号景路 159 弄 C 座)	
发　　行	上海人民出版社发行中心	
印　　刷	上海商务联西印刷有限公司	
开　　本	635×965　1/16	
印　　张	22.5	
插　　页	2	
字　　数	263,000	
版　　次	2024 年 10 月第 1 版	
印　　次	2024 年 10 月第 1 次印刷	

ISBN 978 - 7 - 208 - 19147 - 1/B · 1785

定　　价　98.00 元